普通高等学校“十四五”规划生命科学类创新型特色教材

生物分离工程原理与应用

主　编　汪文俊　金文闻　向　福
副主编　王丽梅　尹艳丽　汪华方　梁晓声
王亚伟　夏　爽　范艳利
编　委　（按姓氏笔画为序）
王亚伟　武汉轻工大学
王丽梅　武汉轻工大学
王蔚新　黄冈师范学院
尹艳丽　河南工业大学
向　福　黄冈师范学院
吴　伟　黄冈师范学院
吴　鹏　黄冈师范学院
汪文俊　中南民族大学
汪华方　武汉纺织大学
张羽琦　武汉民政职业学院
范艳利　洛阳师范学院
金文闻　华中科技大学
夏　爽　中南民族大学
梁晓声　中南民族大学

华中科技大学出版社
中国·武汉

内容简介

本书是普通高等学校“十四五”规划生命科学类创新型特色教材。

本书共分为11章，包括绪论、实验试剂的制备与纯化、固液分离技术、固相析出分离技术、萃取技术、膜分离技术、吸附与离子交换分离技术、色谱分离技术、新型生物分离技术、浓缩与干燥、分离过程的清洁生产技术。

本书可用作高等学校生物类专业的教学参考书，也可供从事生物分离生产和科研的专业技术人员参考学习。

图书在版编目(CIP)数据

生物分离工程原理与应用/汪文俊，金文闻，向福主编．—武汉：华中科技大学出版社，2024.3
ISBN 978-7-5772-0583-0

Ⅰ.①生…　Ⅱ.①汪…　②金…　③向…　Ⅲ.①生物工程-分离　Ⅳ.①Q81

中国国家版本馆CIP数据核字(2024)第034420号

生物分离工程原理与应用　　汪文俊　金文闻　向　福　主编
Shengwu Fenli Gongcheng Yuanli yu Yingyong

策划编辑：罗　伟
责任编辑：李艳艳　李　佩
封面设计：廖亚萍
责任校对：阮　敏
责任监印：周治超
出版发行：华中科技大学出版社(中国·武汉)　　电话：(027)81321913
武汉市东湖新技术开发区华工科技园　　邮编：430223
录　　排：华中科技大学惠友文印中心
印　　刷：武汉市洪林印务有限公司
开　　本：787mm×1092mm　1/16
印　　张：13.75
字　　数：355千字
版　　次：2024年3月第1版第1次印刷
定　　价：49.80元

普通高等学校“十四五”规划生命科学类创新型特色教材

组编院校

（排名不分先后）

北京理工大学
广西大学
广州大学
哈尔滨工业大学
华东师范大学
重庆邮电大学
滨州学院
河南师范大学
嘉兴学院
武汉轻工大学
长春工业大学
长治学院
常熟理工学院
大连大学
大连工业大学
大连海洋大学
大连民族大学
大庆师范学院
佛山科学技术学院
阜阳师范大学
广东第二师范学院
广东石油化工学院
广西师范大学
贵州师范大学
哈尔滨师范大学
合肥学院
河北大学
河北经贸大学
河北科技大学
河南科技大学
河南科技学院
河南农业大学
石河子大学
菏泽学院
贺州学院
黑龙江八一农垦大学
华中科技大学
南京工业大学
暨南大学
首都师范大学
湖北大学
湖北工业大学
湖北第二师范学院
湖北工程学院
湖北科技学院
湖北师范大学
汉江师范学院
湖南农业大学
湖南文理学院
华侨大学
武昌首义学院
淮北师范大学
淮阴工学院
黄冈师范学院
惠州学院
吉林农业科技学院
集美大学
济南大学
佳木斯大学
江汉大学
江苏大学
江西科技师范大学
荆楚理工学院
南京晓庄学院
辽东学院
锦州医科大学
聊城大学
聊城大学东昌学院
牡丹江师范学院
内蒙古民族大学
仲恺农业工程学院
宿州学院
云南大学
西北农林科技大学
中央民族大学
郑州大学
新疆大学
青岛科技大学
青岛农业大学
青岛农业大学海都学院
山西农业大学
陕西科技大学
陕西理工大学
上海海洋大学
塔里木大学
唐山师范学院
天津师范大学
天津医科大学
西北民族大学
北方民族大学
西南交通大学
新乡医学院
信阳师范学院
延安大学
盐城工学院
云南农业大学
肇庆学院
福建农林大学
浙江农林大学
浙江师范大学
浙江树人学院
浙江中医药学院
郑州轻工业大学
中国海洋大学
中南民族大学
重庆工商大学
重庆三峡学院
重庆文理学院
辽宁大学
燕山大学
临沂大学
山西医科大学
宁夏大学
重庆第二师范学院
齐鲁理工学院
六盘水师范学院
河西学院
广西贵港工业学院
衡阳师范学院
怀化学院
湖南应用技术学院

网络增值服务

使用说明

欢迎使用华中科技大学出版社医学资源网 yixue.hustp.com

1 教师使用流程

（1）**登录网址：http://yixue.hustp.com**（注册时请选择教师用户）

注册 → 登录 → 完善个人信息 → 等待审核

（2）**审核通过后，您可以在网站使用以下功能：**

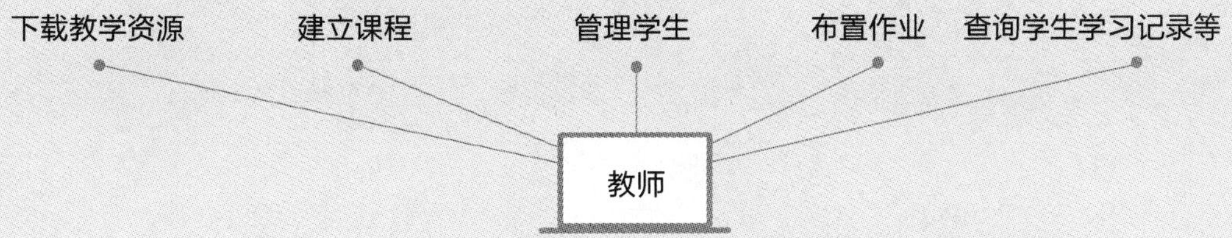

2 学员使用流程

（建议学员在PC端完成注册、登录、完善个人信息的操作）

（1）**PC 端操作步骤**

①登录网址：http://yixue.hustp.com（注册时请选择普通用户）

注册 → 登录 → 完善个人信息

②查看课程资源：（如有学习码，请在个人中心－学习码验证中先验证，再进行操作）

（2）**手机端扫码操作步骤**

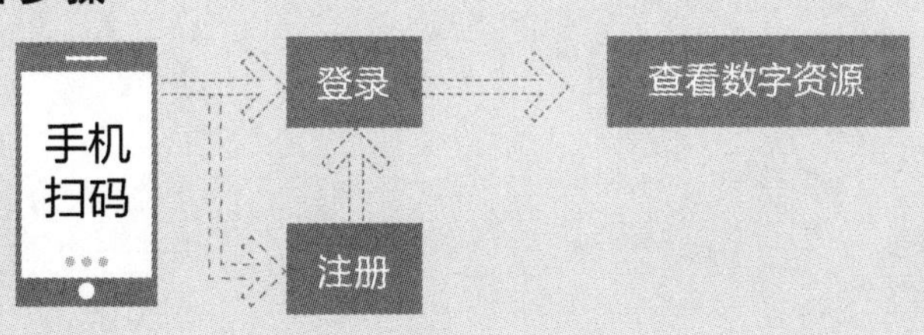

序言

随着深层液体发酵、高密度发酵及基因工程等技术的快速发展与应用，生物工程技术成为国际上日新月异的高新技术之一，广泛应用于生物医药等领域。生物分离工程是生物产品生产的一个关键环节，采用生物分离工程的各种技术、设备和工艺获得目标产物，并利用一定的精制操作方法将生物工程技术生产的生物材料(如生物体、发酵液、细胞培养液或酶促反应液等)，纯化到所需的纯度或活力，最终得到生物产品。然而目标产物在生物材料中的含量一般较低，且伴随着种类繁多的杂质，而对于具有生物活性的目标产物，为了保持其活性，对分离工艺中的分离、精制操作方法和技术要求很高，特别是对于医药级产品，要求更高，这导致生物分离纯化的成本往往占总成本的70%～90%。由此可见，掌握先进的生物分离工程技术及工艺对生物产品生产的重要性。

参与编写本书的各位编者均是多年从事“生物分离工程”课程本科生教学的高校教师，多数人还从事研究生“生物分离工程”课程的教学与相关科研工作，他们在该领域内积累了丰富的教学和科研经验及心得体会。在本书编写过程中，各位编者查阅并收集了大量的资料，以确保顺利完成编写工作。

本人对本书的内容进行了较为充分的阅读，此书内容全面、编排合理、难度适中，对生物分离工程技术的内容进行了较为完整的归纳，十分适合普通高等学校生物类学生使用。相较于其他同类书籍，本书侧重点在分离技术的工程计算、应用实例及生物分离工程新技术的进展等方面。本书十分注重理论与实际相结合，既阐明分离原理、工程基础，又结合实例来介绍具体的操作方法、应用场景及工程计算方法，对生物分离工程技术的新发展、新技术进行了总结。

鉴于此，本人认为本书可以作为高等学校生物类专业的教学参考书，也可供从事生物分离生产和科研的专业技术人员参考学习。

华中科技大学喻园

2023 年 10 月

前言

在生物技术高速发展的当下，生物产业已成为众多国家的战略性产业之一，日益受到世界经济强国的重视。生物产业生产系统通常由品种改良（如微生物等的育种，通常称为生物工程上游技术）、生物反应过程优化（如大规模发酵、细胞大规模培养等，称为生物工程中游技术）和生物产品的分离纯化（如抗生素、胰岛素等的精制等，也称生物工程下游技术）3 个部分组成。生物分离工程是生物产品生产的最后一个必要环节，其采用生物分离工程的各种技术、设备和工艺对发酵液、细胞培养液或酶促反应液等生物材料进行提取、精制，最终得到生物产品。

参与编写本书的各位编者来自国内多所高校，长期在教学第一线从事“生物分离工程”的教学与科研工作，在该领域内积累了丰富的教学和科研经验及心得体会。本书对生物分离工程相关原理、技术与应用的内容进行了较为完整的归纳，注重理论与实际相结合，对生物分离工程技术的新发展、新技术也进行了总结。本书可作为高等学校生物类专业的教学参考书，也可供从事生物分离生产和科研的专业技术人员参考学习。

本书的章节、编者及单位如下：第 1 章绪论（汪文俊，中南民族大学）、第 2 章实验试剂的制备与纯化（尹艳丽，河南工业大学）、第 3 章固液分离技术（汪华方，武汉纺织大学）、第 4 章固相析出分离技术（夏爽，中南民族大学）、第 5 章萃取技术（汪文俊，中南民族大学）、第 6 章膜分离技术（梁晓声，中南民族大学）、第 7 章吸附与离子交换分离技术（汪文俊，中南民族大学）、第 8 章色谱分离技术（王丽梅、王亚伟，武汉轻工大学；范艳利，洛阳师范学院）、第 9 章新型生物分离技术（金文闻，华中科技大学）、第 10 章浓缩与干燥（向福、吴鹏，黄冈师范学院）、第 11 章分离过程的清洁生产技术（吴伟、王蔚新，黄冈师范学院），武汉民政职业学院的张羽琦老师对本书相关图表的制作进行了精心编辑。

本书参考了国内外的许多教材和文献资料，借鉴了相关的图、表、公式、数据及重要结论，在此表示诚挚的感谢。本书的编写得到了中南民族大学、华中科技大学等高校及华中科技大学出版社的关心和支持，在此表示衷心的感谢。

由于编者水平有限，生物分离工程技术的发展日新月异，书中难免有不足与疏漏之处，恳请广大读者批评指正。

编　者

目录

第1章 绪论

扫码看课件

大约6000多年前，人类已开始了生物分离过程，如酒的蒸馏。随着科学技术的发展，很多分离技术、设备及理论也得到发展，特别是20世纪80年代以来，基因工程、基因组学、合成生物学等现代生物技术取得日新月异的进步，生物产业迅猛发展，相应的生物分离技术与设备也得到了快速的发展。这些技术使许多微量的、天然存在的生物活性物质可以通过细胞大量培养，实现工业规模化生产，经济效益十分显著，如用DNA重组技术生产的胰岛素、干扰素、白细胞介素、疫苗，以及用杂交瘤技术生产的单克隆抗体等。许多国家先后制订出今后几十年内将用生物过程取代传统化学过程的目标及战略计划，现代生物制造已经成为全球性的战略新兴产业，是世界各经济强国的战略重点。

现代生物产业需要迅速发展分离纯化技术并培养所需人才，以实现低成本、高收率、高纯度地纯化目标产物的目的。而生物技术基础研究与化工分离、材料学、电子计算机科学等相关学科的进步，极大地推动了新型高效生物分离技术的发展，涌现了许多适合大分子物质（如蛋白质、酶等）分离纯化的新技术，如新型的萃取技术（如双水相萃取、反胶团萃取、超临界流体萃取、液膜萃取等）、膜分离技术（如微滤、超滤、纳滤和反渗透等）、色谱技术（如凝胶色谱、亲和色谱、离子交换色谱和疏水色谱等）和电泳技术（如凝胶电泳、等电聚焦电泳等）等。

1.1 生物分离工程的概述

1.1.1 生物分离工程的定义

随着科技的进步与发展，生物产品在工业、医疗、生活等领域越来越重要，对生物产品制造过程中的分离技术也提出了越来越高的要求。工业生物过程是一个集成系统，由上游（品种改良）、中游（生物反应过程优化）、下游（分离过程处理）3个部分组成。中、下游是生物技术与化学工程等多学科发展与结合的产物，渗透了生物学、化学、医药学、工程学等许多学科领域。上游是基础，下游是支撑，实现生物产品的商品化和产业化，必须将上、下游相结合，优先发展支撑技术。生物分离工程是指从微生物发酵液、动植物细胞培养液、酶反应液和动植物组织细胞与体液等中提取、富集、分离和纯化生物产品的过程，以及分离生物产品时所涉及的原理、方法、技术及相关硬件设备的总称。

1.1.2 生物分离工程的研究内容

生物制造过程就是要实现生物产品的高效生产，生物分离工程是完成生物产品分离纯化而得到高质量产品的必需环节，通常生物分离纯化成本会占总成本的70%～90%，所以选择高效的分离技术和工艺流程是十分必要的。生物分离工程的研究内容主要是两个方面，一是研究目标产物的性质，二是根据目标产物选择合适的分离纯化技术与工艺流程，以实现生物产品高效分离纯化的最终目标，一般包括分离技术的原理、方法和基本设备、产品的分离纯化、质量监测等一系列单元操作，所采用的分离技术和设备应该满足高容量、高速度和高分辨率的要求。

1.1.3　生物分离工程在生物工程中的地位及发展历史

随着新的生物产品的不断涌现，对生物制造过程中的分离技术也提出了越来越高的要求。与上游和中游过程相比，处于整个产品生产过程后端的生物分离过程难度大、成本高。生物分离工程是指从微生物、动植物细胞及其生物化学产品中提取、分离、纯化出有用物质的过程。因为它描述了生物产品分离纯化过程的原理、方法和设备，且处于整个生物产品生产过程的后端，所以有时也称生物工程下游技术。

分离和纯化是最终获得生物产品的重要环节。生物分离工程技术广泛应用于食品、轻工、医药等领域产品的分离及提纯。另外，环境工程中污水的净化与有效成分的回收，也常采用生物分离技术。因此，生物分离过程是生物工程中必不可少的，也是极为重要的环节之一。生物分离纯化技术是生物技术转化为生产力时所不可缺少的重要环节，它的进步对于保持和提高各国在生物技术领域内的经济竞争力至关重要。

1.2　生物分离工程的一般流程及其选择依据

生物分离纯化过程受生物产品所处的位置、分子特性、产品的类型、用途和质量要求的影响。不同产物分离纯化的流程多种多样，但绝大多数生物分离加工过程按工艺流程顺序主要分为预处理、提取、精制、成品制作 4 个阶段(图 1-1)。每个阶段又有若干单元操作。

预处理→	细胞分离→	细胞破壁→	碎片分离→	提取 →	精制 →	成品制作
加热	过滤	匀浆法	离心	沉淀	层析	浓缩
调节pH	离心	研磨法	双水相	吸附	离子交换	无菌过滤
絮凝	膜分离	酶解法	膜分离	萃取	色谱分离	干燥
				超滤	膜分离	
				结晶		

图 1-1　生物分离工程的工艺流程及单元操作

1. 预处理　无论是分离胞内还是胞外的生物产品，首先都要进行料液的预处理，然后将固相、液相分离后，才能采用各种分离方法进行产物的进一步纯化。料液的预处理过程十分重要，主要采用加热、调节 pH 和絮凝等方法来加速固相、液相分离，提高过滤速度。过滤和离心是料液预处理最基本的单元操作。

2. 提取　提取是产物的初步纯化过程，旨在将目标产物和与其性质有较大差异的杂质分离，使产物浓度有较大幅度的提高。这是一个多单元协同操作的结果，可采用沉淀、吸附、萃取、超滤、结晶等单元操作。

3. 精制　精制是目标产物高度纯化的过程，主要是除去与目标产物性质相近的杂质，因而常采用对目标产物具有高选择性的分离方法，如离子交换、色谱分离和膜分离等。

4. 成品制作　经过前述分离纯化过程，已经获得了足够纯度的生物产品，但它还不是最终成品，还要根据产品的用途、质量要求进行最后的加工，如浓缩、无菌过滤与干燥等过程。

5. 生物分离纯化工艺流程的选择依据 生物分离纯化工艺流程需要在可能采用的多种工艺流程中选择一种最佳的，其选择直接影响到设备选型、厂房布置、产品的产量和质量以及生产经营管理等方面。不同的工艺流程对工艺设计方案的优劣起着关键性作用。为了适应市场需求变化，工艺技术必须具有一定的灵活性，能根据产品的多品种、多功能及其升级换代需要做相应的调整或改变。在选择合适的生物分离纯化工艺流程时，应考虑下列因素。

(1)生产成本：分离纯化成本占生物产品总成本的比例较大，尤其对于价值较高的基因工程产品，其成本占比可达80%～90%。

(2)料液组分和性质：料液中目标产物含量较低，如青霉素含量约4.2%、庆大霉素含量约0.2%，而有些产物含量更低，且含有大量的杂质，如细胞、碎片和其代谢物及培养基成分等。

(3)分离纯化操作步骤要少：生物产物的纯化通常都有多步操作，每步操作都会有损失，因而操作步骤越多，产品的总收率越低，也会增加分离成本。

(4)分离纯化方法的使用程序要合理：要根据生物产品的特点设计产物分离纯化方法的使用程序，如通常在色谱分离之前采用沉淀的方法，而亲和分离的纯化效率高，通常在精制阶段使用，凝胶过滤介质的容量较小而导致其处理量也较小，一般常在纯化过程的最后一步中使用。

(5)产品的稳定性：生物产品在分离过程中因所处环境的变化易失去其活性，采用的分离方法需考虑对其稳定性的影响程度。

(6)产品的技术规范：不同技术规范的产品，由于产品纯度、活性形式、物理特性、卫生指标等的不同，分离纯化工艺流程差异很大，要与之相适应。

(7)生产方式：有些分离操作单元适合分批生产，有些则能够连续操作，选择工艺流程时需要考虑其实用性。

(8)环保和安全要求：要充分考虑环保因素和危险生物物质的处理，以免产生环保问题而导致工艺无法通过审批。

1.3 生物分离工程的发展趋势

1.3.1 生物分离工程的发展趋势

生物分离技术发端于利用微生物提取奶酪、乙醇、蔗糖，利用蒸馏提取天然香料等工艺技术，近代发酵制造的乙醇和有机酸均采用生物分离工程，因而形成了发酵产业。20世纪40年代初，抗生素的成功分离纯化进一步提高了生物分离技术，为基因工程产品的分离纯化打下了良好的基础。

随着现代工业的发展和科学技术的不断进步，人们对生物分离技术提出了越来越高的要求，促进了分离理论及新技术的研究，因此开发和研究高效、安全的分离方法尤为重要。生物分离工程的发展需要充分发挥多学科交叉优势，在生物产品分子结构的各个层次上深入研究。近年来，生物分离技术的发展取得了长足的进步，产生了一些新分离技术，如新型高效分离智能聚合物(smart polymer)材料，其对某些外界环境条件如温度、pH敏感，随外界条件的变化而可逆地溶解或沉淀。在智能聚合物上耦联亲和配基，便可使目标蛋白质随着智能聚合物沉淀或复溶。用这种方法可以直接从发酵液中提取目标蛋白质,省去了脱盐及粗分离等步骤,条件温和且易于放大,可极大地提高现有分离技术的效率,怎样更好地了解结构-性能的关系,设计并合成出所需的智能聚合物是今后的研究方向。分离技术的集成化是提高分离效果和选择性的有效途径,如利用具有生物亲和作用的高度特异性与其他分离技术集成,出现了亲和过滤、亲和双水相萃取、亲和反胶团萃取、亲和沉淀、亲和色谱和亲和电泳等亲和纯化技术。

目前在研究分离过程和技术进展方面出现了前所未有的踊跃局面,各种新的现代分离技术不断涌现,建立了接近实际情况的数学模型。我国生物分离技术还有很大的发展空间,研究设计高效的分离设备、分离技术都落在生物工程专业学生的身上,合理的、完善的分离设备能够达到提高分离效率、减少分离步骤、获得高质量产品、降低生产成本、提高企业经济效益的目的。未来我国生物分离工程的发展一片光明。

1.3.2 生物分离工程研究应注意的问题

总体上看,我国生物分离工程技术已经得到了广泛的应用,但是相较发达国家仍有很大的提升空间。形成差距的主要原因是我国在生物分离工程技术的研发上相对比较缓慢,同时分离技术中所需要的设备与发达国家存在差距。虽然新型的分离技术已经得到了广泛的发展和应用,但目前我国的分离技术依然以传统分离技术为主,同时分离工程的发展受到技术以及设备发展的限制,我国的技术仍存在发展落后、工艺流程相对单一等缺点。因此研究、设计、优化分离操作设备对生物产品的生产十分重要,主要可以在以下三个方面做出改变。

(1)提高分离过程的选择性:主要是应用分子识别与亲和作用来提高大规模分离的分离精度,利用生物亲和作用的高度特异性与其他分离技术,如将膜分离、双水相萃取、反胶团萃取、沉淀分级、色谱和电泳等相结合。这里需要特别指出的是智能聚合物的研究和应用值得注意。非水介质电泳具有高分辨率、低焦耳热的特点,有助于实现电泳技术的放大。

(2)强化传质过程:如将电泳与色谱耦合产生的电泳色谱技术,又如将亲和色谱、离子交换色谱与液-固流态化技术耦合的膨胀床色谱技术等,通过强化生物分离过程中的传质,可以缩短分离时间,增加处理量。

(3)加强生物分离过程的研究:生物分离过程的优化能产生显著的经济效益,但大多数生物分离过程目前尚处于经验状态,对其机理缺乏必要的认识,新的分离手段不断出现,而且分离过程中还存在失活问题,这就使得准确描述和控制生物分离过程变得很困难。这是一个边缘学科,需要综合运用化学、工程学、生物学、数学、计算机等多学科知识和工具,学科间的联合将有助于在该领域取得突破。

我们在面对研发费用高、成本高、周期长等问题时,更应该加强基础理论的研究,在最基础的知识中找到解决办法。如研究非理想溶液中溶质与添加物料之间的选择性机制、影响因素,研究界面的结构、动力学和传质机制以及影响因素,研究下游加工过程数学模型的建立和计算机模拟,完善传统技术,发明新技术。我们要学会正确对待"新"分离技术和"传统"分离技术,将传统分离技术与新分离技术相互结合,有效地将分离过程进一步提高,取其精华,去其糟粕,并研发新型高效经济的分离技术,推进各分离技术的杂交、分离技术与发酵技术的结合,强化化学原理对分离技术的影响。绿水青山就是金山银山,在改进分离技术的过程中也要注意对环境的保护,同时应该考虑生物分离过程所需要的设备、材料对环境的影响。

思 考 题

1.简述生物产品加工的一般工艺流程。

2.生物工程下游技术分别包括哪些单元操作?

参 考 文 献

[1] 严希康.生化分离工程[M].北京:化学工业出版社,2001.

[2] 欧阳平凯,胡永红,姚忠.生物分离原理及技术[M].3版.北京:化学工业出版社,2019.

[3] 孙彦.生物分离工程[M].3版.北京:化学工业出版社,2013.

[4] 杜翠红,邱晓燕.生化分离技术原理及应用[M].北京:化学工业出版社,2011.

[5] 田瑞华.生物分离工程[M].北京:科学出版社,2008.

[6] 谭天伟.生物分离技术[M].北京:化学工业出版社,2007.

[7] 胡永红,刘凤珠,韩曜平.生物分离工程[M].武汉:华中科技大学出版社,2015.

(汪文俊)

第2章 实验试剂的制备与纯化

扫码看课件

2.1 化学试剂的一般知识

化学试剂是生产、科学研究等部门用以探测物质组成、性状及其质量优劣的纯度较高的化学物质，也是制造高纯度产品及特种性能产品的原料或辅助材料，化验室的日常工作会经常接触到化学试剂。因此，了解化学试剂的分类、规格以及用途等一般知识，是很有必要的。

2.1.1 化学试剂的分类和规格

化学试剂种类繁多，分类方法也不同，其中按用途可分为普通用途试剂和特殊用途试剂。普通用途试剂包括一般试剂、基准试剂、高纯试剂；特殊用途的试剂包括色谱纯试剂、生化试剂、光谱纯试剂和指示剂。

1. 一般试剂 化工产品纯度指原料的纯净程度，也指原料的含杂程度，纯度越高的原料所含的杂质种类和数量越少。化工原料按纯度可分为工业纯和试剂纯两大类。而试剂纯的原料按纯度高低又可分为四级，根据化学工业部颁布的《化学试剂 包装及标志》(GB 15346—2012)的规定，化学试剂的不同等级分别用不同的颜色来标志。

(1)优级纯试剂也称为保证试剂，为一级品，纯度可达 99.8%，杂质极少，主要用于精密分析和科学研究，常以 GR 表示。一般瓶上用深绿色标签。

(2)分析纯试剂也称为分析试剂，为二级品，纯度略低于优级纯，可达 99.7%，杂质含量略高于优级纯，适用于重要分析和一般性研究工作，常以 AR 表示。一般瓶上用金光红色标签。

(3)化学纯试剂为三级品，纯度较分析纯差，纯度可达 99.5%，高于实验试剂，适用于工厂、学校一般性的分析工作，常以 CP 表示。一般瓶上用中蓝色标签。

(4)实验试剂为四级品，纯度比化学纯差，但比工业品纯度高，主要用于一般化学实验，不能用于分析工作，常以 LR 表示。

2. 基准试剂 基准试剂是指分析化学中可直接用作标准的试剂，用它配制的标准溶液无需标定。为达到满意的研究结果，要求纯度达到 99.99%以上，因此也称为高纯物质。另外基准试剂应具备以下条件。

(1)组成恒定，并与其化学式完全相符，性质稳定，不易吸湿、风化、分解，能准确称量，能被准确地分析。

(2)能够制备纯度高于 99%以上的纯品，并能保证试剂浓度准确。

(3)化学性质稳定，不发生任何化学变化，可以长期保存。

(4)参加反应时,按反应方程式定量地进行,不发生副反应。

(5)有较大的分子量,在配制标准溶液时可以减少称量误差。

3. 高纯试剂 高纯试剂不是指试剂主体成分的含量,而是指相对试剂中某种杂质的含量而言,高纯试剂用“9”的多少表示纯度,如 99.99%、99.999%等,这种纯度是 100%减去杂质含量得出的。一般只考虑试剂中的阳离子、某些非金属(如硫、磷、硅等)的阴离子或气体杂质的含量。纯度通用的标注是用 9 的数目来表示,例如,纯度为 99.999%,含 5 个 9 则表示为 5N;纯度为 99.995%,含 4 个 9、1 个 5,表示为 4.5N。

4. 色谱纯试剂 色谱技术由于其快速准确等优点得到了广泛的应用,色谱纯试剂也因此有了很大的发展余地。色谱纯试剂包括气相色谱的固定相和液相色谱的流动相等需使用到的试剂。

5. 生化试剂 生化试剂是指与生命科学研究相关的生物材料或有机物,以及临床诊断、医学研究用的试剂,是从生物体中提取的或由化学合成的生物体的基本成分,用于生物成分的分析鉴定及生物产品的制造。随着生命科学的发展,生化试剂已发展成为化学试剂的一个大类。生化试剂种类繁多,主要包括免疫试剂、基因工程试剂、诱变剂、临床诊断试剂等 4000 多种,并且还在不断增加。生化试剂按生物体组织中所含有的或在代谢过程中所产生的物质,可分为氨基酸、多肽、蛋白质、核苷酸、核酸、酶、辅酶、糖、酯、激素等;按生物学研究的需要,可分为电泳试剂、色谱纯试剂、免疫试剂、标记试剂、组织化学试剂等。生化试剂根据用途不同,对其纯度及技术均有一定的要求,例如,酶试剂有粗制酶、结晶酶、多次结晶酶以及不含某些杂酶的酶制剂等多种。生化试剂有 3 种生产方法:①从生物体中分离、提纯;②化学合成;③发酵。对生化试剂产品的要求包括含量、熔点、冰点、旋光度、含水量、光谱特征、折光率、密度和生物活性等。

6. 光谱纯试剂 光谱纯试剂通常是指经光谱分析过的、纯度较高的试剂,缩写为 SP,表示光谱纯净。光谱纯试剂是以光谱分析时出现的干扰谱线的数目及强度来衡量的,即其杂质含量用光谱分析已测不出或杂质含量低于某一限度标准。

光谱纯试剂并不是高纯物质。光谱纯试剂、化合物或金属,通常以简单的光谱分析方法鉴定,仅要求在光谱中不出现或很少出现杂质元素的谱线。不同的光谱纯试剂、化合物或金属所含杂质多少存在差异。

7. 指示剂 指示剂是一类化学试剂。一般分为酸碱指示剂、氧化还原指示剂、金属指示剂、吸附指示剂等。在各类滴定过程中,随着滴定剂的加入,被滴定物质和滴定剂的浓度都在不断变化,在等电点附近,离子浓度会发生较大变化,能够对这种离子浓度的变化做出显示的化学试剂被称为指示剂。

2.1.2 化学试剂的用途

1. 一般试剂的用途 一级试剂(优级纯)用于精密分析和研究工作;二级试剂(分析纯)用于较精密的分析研究工作;三级试剂(化学纯)用于实验室及一般的分析研究;四级试剂(实验试剂)用于一般化学实验。

综合来说,一般试剂主要用于定性分析、定量分析、比色分析、光谱分析和色谱分析等方面,作为标准物质或辅助材料来鉴定产品的质量,指导工业生产。

2. 光学纯试剂的用途 这类试剂主要应用于下列 3 个方面:①光学仪器分析,如红外、紫外分光光度计分析;②色谱分离;③高纯有机试剂的精制。

3. 高纯试剂的用途 高纯酸：HNO_3、H_2SO_4、HF 等。可在高纯物质测试中作为溶剂或辅助剂。

4. 色谱纯试剂的应用 色谱纯试剂则是指进行色谱分析时使用的标准试剂，在色谱条件下只出现指定化合物的峰，不出现杂质峰。使用的色谱纯试剂应达到相应色谱分析的纯度要求。

5. 指示剂的用途 在一定介质条件下，其颜色能发生变化、能产生浑浊或沉淀，以及有荧光现象等。常用指示剂检验溶液的酸碱性，在滴定分析中指示滴定终点，在环境检测中检验有害物质。

2.2 化学试剂的简易纯化方法

在生物分离以及其他的实验过程中经常需要用到纯度很高的试剂，有些试剂能够满足使用要求，然而有些比较难以生产或保存的试剂难以达到使用要求，所以需要借助一些简易纯化方法来处理试剂，以便得到所需纯度的试剂。常用纯化方法有等温扩散法、蒸馏法、共沉淀法、重结晶法、溶剂萃取法、吸附分离法和色谱法。

2.2.1 标准溶液的配制方法

在生物分离实验中，大多需要配制溶液进行实际操作，在测定时又多使用标准试剂的溶液，简称标准溶液，用来作为分析被测元素的标准。不是任何试剂都可用来直接配制标准溶液的，必须是基准物质或标准物质才能直接配制标准溶液。

1. 基准物质 能用于直接配制标准溶液或标定标准溶液的物质，称为基准物质或标准物质。基准物质应符合以下要求。

(1)组成恒定：应与其化学式完全相符，若含有结晶水，则其含量也应固定不变，如草酸($H_2C_2O_4 \cdot 2H_2O$)，其结晶水的含量也应与化学式完全相符。

(2)纯度高：杂质的含量应少到不影响分析准确度，一般要求纯度达到 99.9%以上。

(3)性质稳定：在储存或称量过程中组成和质量不变。

(4)参与反应时应按反应方程式定量进行，没有副反应。

(5)应具有较大的分子量，因为分子量越大，称量时相对误差越小。

常用的基准物质有苯甲酸、邻苯二甲酸氢钾、四硼酸钠、碳酸钠、草酸钠、重铬酸钾、氯化钠、三氧化二砷、氧化锌等，还有如银、铜、锌、镉等纯金属也可用作基准物质。

2. 标准溶液的配制方法

(1)直接配制法：准确称取一定量的基准物质，溶解后配制成一定体积的溶液，根据物质的量和溶液的体积，即可计算出该标准溶液的准确浓度。

(2)间接配制法：有很多物质不能直接用于配制标准溶液，这时可先配制成近似所需浓度的溶液，然后用基准物质来标定其准确浓度。

2.2.2 试剂的纯化方法

生产高纯试剂的关键就是如何确定提纯技术。目前国内外常用的提纯技术有十几种之多，它们各具所长。因此，若能融会贯通，巧妙地联合使用，则在工作中定能取得成效。现将几种提纯技术分别加以介绍。

1. 等温扩散法 等温扩散法包括等温蒸馏以及等压蒸馏，主要是指在不加热、不加压的状态下，溶剂自然挥发（扩散）和冷凝（被吸收）。该方法适用的试剂主要是挥发性很强且易溶于水的溶剂，如挥发性酸和挥发性碱。

该方法的特点是提纯试剂的纯度高，所需设备简单，操作步骤简便，但是该方法的产量比较小，速度比较慢，既耗费时间也耗费原料。

2. 蒸馏法 蒸馏法是指利用物质的挥发性或沸点的差异进行试剂分离与提纯的方法。根据相平衡原理，当试剂和杂质的饱和蒸气压或沸点相差很大时，低沸点杂质先蒸馏出来而被除去，高沸点试剂则留于母液中。蒸馏法主要分为以下 3 种。

(1)普通蒸馏法。

①蒸馏纯化时，应测定气-液平衡点的温度，严格收集一定温度下的馏分。

②收集馏分时，应弃去前 20% 的馏分，蒸馏至原料还剩约 1/3 时停止收集。

③蒸馏设备上分馏柱：液体可在柱上多次达到挥发与冷凝平衡，分离效果会更好。

需要注意的是，沸点相差较小或易形成恒沸体系的组分，不能采用蒸馏法分离。

(2)亚沸蒸馏法：实验室制备高纯水、酸和一些有机试剂的常用方法。亚沸状态是指溶液处于接近沸腾但还未沸腾的状态。亚沸蒸馏是在溶液表面以上加热，使溶液处于亚沸状态时进行蒸馏。该方法的特点是液体本身不会沸腾，不会产生微小雾滴和溅射，所以能大大提高分离效率。

(3)等温蒸馏法：又称为等压蒸馏法，挥发和冷凝吸收是在相同温度和压力下进行的。

3. 共沉淀法 共沉淀法是指在溶液中含有两种或多种阳离子，它们以均相形式存在于溶液中，加入沉淀剂，经沉淀反应后，可得到成分均一的沉淀。该方法主要用于制备高纯无机试剂，主要包括单相共沉淀和多相共沉淀。

当沉淀物为单一化合物或单相固溶体时，称为单相共沉淀。溶液中的金属离子是以具有与配比组成相等的化学计量化合物形式沉淀的。因而，当沉淀颗粒的金属元素之比就是产物化合物的金属元素之比时，沉淀物具有在原子尺度上的组成均匀性。

当沉淀产物为混合物时，称为多相共沉淀。为了获得均匀的沉淀，通常将含多种阳离子的盐溶液慢慢加到过量的沉淀剂中并进行搅拌，使所有沉淀离子的浓度大大超过沉淀的平衡浓度。尽量使各组分按比例同时沉淀出来，从而得到较均匀的沉淀物。但由于各组分之间产生沉淀时的浓度及沉淀速度存在差异，故溶液的原始原子水平的均匀性可能部分失去。沉淀通常是氢氧化物或水合氧化物，也可以是草酸盐、碳酸盐等。此法的关键在于如何使组分的多种离子同时沉淀。一般通过高速搅拌、加入过量沉淀剂以及调节 pH 的方法来得到较均匀的沉淀物。

4. 重结晶法 应用对象：无机盐的纯化，特别是除去固体颗粒杂质。

结晶法是普通的提纯方法之一，常用于固体的纯化，主要用于除去不溶性的颗粒。重结晶法是利用加热时盐类溶解度增大的现象，制备沸腾温度下的饱和溶液，通过过滤除去机械杂质，然后冷却至室温或室温以下，让溶解的物质结晶出来，再把结晶和滤液分开，杂质就留在母液中。这样的过程有时可进行多次，又称为重结晶法。在多数情况下，结晶都要重复进行几次，这取决于分配系数，它表明杂质在晶体与溶液之间的分配关系：$K=N_{固}/N_{液}$。

这里 $N_{固}$ 和 $N_{液}$ 分别代表杂质在固相和液相中的物质的量分数。K 越小，则在一次结晶过程中提纯效果越好。重结晶法的提纯效率也取决于所提纯物质的溶解度，极易溶解的物质不宜用重结晶法进行提纯。

实例：重结晶法制备 NaF，在塑料杯中用高纯水溶解 NaF，制得饱和溶液，过滤除去不溶物，在滤液中加入乙醇析出 NaF，过滤并用乙醇洗涤，结晶在 105 ℃烘干。

5. 溶剂萃取法

(1)分离原理：利用与水互不相溶的有机相和试样溶液一起振荡，由于各组分在两相中的分配系数不同，一些组分进入有机相，而另一些组分仍留在水相中，从而实现分离。被萃取组分分配在溶液和有机溶剂层中，其分配比例取决于分配系数的大小：$K=C_{有机}/C_{溶液}$。

(2)萃取法的优点：①在分配系数足够大时，可以从非常稀的溶液中进行萃取；②萃取时不发生共沉淀，并且被萃取物质能够定量地以纯物质形式分出；③本方法能够对其他方法不能分离的物质进行分离。

(3)应用：利用金属离子与一些有机试剂形成配合物的原理，可以从各种基体中有效地除去痕量金属杂质，从而达到提纯试剂的目的，也可以用于除去有机溶剂中的无机杂质。

6. 吸附分离法

(1)吸附：固体物质(吸附剂)表面对气体或液体分子(吸附质)的吸着现象。

(2)吸附分离：利用混合物中各组分与吸附剂表面结合力强弱的不同，即各组分在固体相(吸附剂)和流体相间吸附分配能力的差异，使混合物中难吸附组分与易吸附组分得以分离。

(3)吸附分离法的特点：①选择性，多数吸附剂选择性良好，被吸附组分在不同条件下易脱附，便于被吸附组分收集和吸附剂再生；②稳定性，吸附剂化学稳定性好，所得产物纯度高；③吸附与解吸速度快，快速分离和便于小体积淋洗；④吸附剂价廉，实验操作简单；⑤多孔结构和大比表面积，传质快，吸附容量大。

(4)试剂提纯常用吸附剂：①活性炭，脱色、气体净化(烃类杂质)、除水中的酚、硅胶、干燥、气体混合物及石油组分的分离；②分子筛：除水；③吸附树脂：废水处理、医药工业(中药成分分离)、化学工业、分析化学、临床和治疗；④氧化铝：气体和液体干燥剂、气体净化吸附剂、饮水除氟剂、工业污水颜色和气味消除剂。

7. 色谱法 色谱法的种类很多，叫法也不统一，下面介绍两种常用的色谱分析和提纯试剂的方法。

(1)液相色谱法：液相色谱法中的离子交换色谱应用最普遍，它是利用离子交换剂与溶液中的离子所发生的交换反应来进行分离的方法。将几种不同的离子交换到色谱柱上，根据它们对树脂亲和力的不同，选用适当的洗脱剂，可将它们逐个洗出而互相分离。这种方法不仅用于带相反电荷离子之间的分离，而且用于带相同电荷或性质相近离子之间的分离。因此，利用不同性质的树脂，能广泛用于微量组分的富集和高纯物质的制备。

(2)吸附色谱分离法：在用氧化铝或二氧化硅、纤维素等作为载体的柱上进行分离的方法。此法纯化的有机溶剂，足以符合吸光光度法的应用要求，这种方法又称为柱上色谱分离法或吸附过滤法。

2.3 高纯水制备

2.3.1 概述

高纯水是化工、电子、电力、医药、生物和食品等工业所必需的基础材料之一，其质量不仅影响企业的经济效益、人民健康，而且也直接影响科技事业的进步与发展。

高纯水是指将水中的电解质几乎完全除去，又将水中的非电解质、气体和有机物含量都降到最低程度的水。25 ℃时，高纯水的电阻率在 1×10^{7} Ω·cm 以上。

水是一种很好的溶剂，因此水中含有很多杂质，如电解质、颗粒物、有机物、微生物、硅酸盐和各种气体等。为了适应各行各业对水质的不同要求，需要制备高纯水，这就是水的净化技术。

国际标准化组织(ISO)于 1983 年制定纯水标准，将纯水分为 3 个级别，其主要技术指标见表 2-1。美国材料与试验学会(ASTM)纯水标准将纯水分为 4 个级别(表 2-2)。

表 2-1 国际标准化组织(ISO)纯水标准

项目	一级水	二级水	三级水
pH(25 ℃)	—	—	5.0～7.5
电导率(25 ℃)/(S/cm)	1×10^{-7}	1×10^{-6}	5×10^{-6}
电阻率(25 ℃)/(Ω·cm)	1×10^{6}	1×10^{5}	2×10^{5}
最大耗氧量/(mg/L)	—	0.08	0.4
最大吸光度(254 nm，1 cm 比色皿)	0.001	0.01	—
SiO_2最大含量/(mg/L)	0.02	0.06	—

表 2-2 美国材料与试验学会(ASTM)纯水标准

规定特性	一级水	二级水	三级水	四级水
杂质最高含量/(mg/L)	0.1	0.1	1.0	2.0
电导率(25 ℃)/(S/cm)	6×10^{-4}	1×10^{-6}	1×10^{-6}	5×10^{-6}
电阻率(25 ℃)/(Ω·cm)	16.66×10^{6}	1×10^{6}	1×10^{6}	2×10^{5}
pH(25 ℃)	6.8～7.2	6.6～7.2	6.5～7.5	5.0～8.0
高锰酸钾褪色最短时间/min	60	60	10	10

2.3.2 纯水中杂质的种类

水中的杂质与水源有直接关系，不同的水源中杂质的成分、种类和含量也不同。一般来说，水中杂质可分为五大类。

1. 有机物 水中所含有机物主要是指天然或人工合成的有机物，如有机酸、有机金属化合物等。这类物质体积庞大，常以阴性或中性状态存在。通常用总有机碳测定仪或化学耗氧量法分析此类物质在水中的含量。

2. 电解质 电解质是指在水中以离子状态存在的物质，包括可溶性的无机物、有机物及带电的胶体离子等。电解质具有导电性，所以可以用测量水的电阻率或电导率的方法来反映此类杂质在水中的相对含量，以离子色谱法及原子吸收光谱法等分析方法来测定水中各种阴、阳离子的含量。

3. 颗粒物质 水中的颗粒物质包括泥沙、尘埃、有机物、微生物及胶体颗粒等，可用颗粒计数器来反映此类物质在水中的含量。

4. 微生物 水中的微生物包括浮游生物和藻类等，可用培养法或膜过滤法测定其含量。

5. 溶解气体 水中的溶解气体包括 N_2、O_2、Cl_2、H_2S、CO、CO_2、CH_4 等。

2.3.3 纯水制备过程与技术

水的净化是一个多级过程，每一级都要除掉一定量的污物，为下一级做准备。水中的各种阴、阳离子可用电渗析法、反渗透法及离子交换树脂法等去除；水中的颗粒一般可用超滤、膜过滤法等去除；水中的细菌目前国内多采用加药、紫外灯照射或臭氧杀菌的方法去除。

高纯水的制备通常由预处理、脱盐和后处理三大步骤组成。

预处理有物理法、化学法和电化学法等。物理法：澄清法、砂滤法、脱气法、膜过滤法、活性炭吸附法等；化学法：混凝法、加药杀菌法、消毒法、氧化还原法、配位法、离子交换法等；电化学法：电凝聚法等。

脱盐工序有电渗析、反渗透、离子交换等。

后处理工序包括紫外线杀菌、臭氧杀菌、超滤、微滤等。

1.预处理 预处理指的是脱盐工艺之前的全部工艺。其主要目的是全部或部分去除原水中的机械杂质、悬浮物、微生物、胶体、溶解气体及部分无机、有机杂质，为脱盐及后处理工序创造条件。预处理包括凝聚、混凝、过滤、吸附、软化和脱气等。

(1)凝聚与混凝：水中杂质分别以粗分散系(粒径 0.2～1000 μm)、胶态分散系(粒径在 1～200 nm)及高分散系(包括分子和原子，粒径 0.5～10 nm)形态存在。粗分散系杂质由于颗粒大，易于通过沉淀过滤除去；高分散系杂质一般可通过脱盐工艺除去；胶态分散系则主要通过混凝、澄清、过滤等工艺去除。

向水中投加药剂后，混合、凝聚、絮凝这几种作用综合进行，整个过程概括起来称为混凝，所投加的药剂包括凝聚剂、絮凝剂、助凝剂等，统称混凝剂。铝盐和铁盐是最常用的混凝剂，铝盐如 $AlCl_3$、$Al_2(SO_4)_3$ 等，铁盐如 $FeCl_3$、$FeSO_4$、$Fe_2(SO_4)_3$ 等。

(2)过滤：原水经过沉淀或澄清处理后，部分大颗粒杂质被除去，水的浑浊度降低。但要进一步提高水质，还需要用过滤的方法除去细小的杂质颗粒。水的过滤可被认为是一种物理-化学过程，水通过颗粒物料滤床，分离出水中的悬浮杂质和胶体杂质。在纯水制备中，它是一种不可缺少的工艺过程。

(3)吸附：在固相与液相或固相与气相的界面上，由于分子集中在固体表面而被黏附，从而使相界面上物质浓度发生变化的现象。吸附作用主要分为化学吸附和物理吸附两类。

固体表面原子的不饱和键能够与周围邻近分子键合，从而产生表面吸附，吸附反应放出的热较大(从几万至几十万卡)，接近反应热，这种吸附称为化学吸附。化学吸附有选择性，一种固体只能吸附某几种分子。

物理吸附又称范德瓦尔斯吸附，吸附力是分子间的范德瓦尔斯力。与化学吸附力不同，范德瓦尔斯力无一定的方向，如果不饱和键以共价键结合，则有一定的键角，以离子键结合则无固定键角。物理吸附只能在低温下进行，吸附热很小。物理吸附无选择性，吸附分子不限于一层，往往是多层吸附。实际上，许多吸附二者兼有，在低温下以物理吸附为主，在高温时以化学吸附为主。

在吸附过程中用来实行吸附的固体材料称为吸附剂。常用的吸附剂有活性炭、硅藻土、白陶土、硅胶和分子筛等。其中活性炭是具有强吸附力的物质之一，因此广泛应用于水质处理吸附法中。由于活性炭中有大的孔隙，因此有很大的比表面积，有机物和无机物均能被其所吸附，但并非对所有有机物都有吸附力。

(4)软化：为了防止产生水垢，在制备纯水的预处理过程中，时常需要将水进行软化。常用的软化方法有两种，一种是软化剂软化法，另一种是离子交换法。

软化剂软化法是加入软化剂，如磷酸三钠、磷酸氢二钠等。这种方法适用于非碱性水，一般指钙的硬度在 75～175 mg/L 或 SiO_2 含量高的水，用这种方法软化效果较好。

离子交换法是以圆球形树脂(离子交换树脂)过滤原水，水中的离子会与固定在树脂上的离子进行交换。离子交换是一种特殊的固体吸附过程，它是由离子交换剂在电解质溶液中进行的。一般的离子交换剂是一种不溶于水的固体颗粒状物质，即离子交换树脂。它能够从电解质溶液中吸取某种阳离子或者阴离子，而把自身所含的另外一种带相同电性的离子等量地交换出来，并释放到溶液中去。离子交换树脂的优点是稳定性好、交换容量高，其最大的特点是失效后可以再生，使树脂能够在较长时期内反复使用，利用效率高，成本低，出水水质好等，因而广泛地应用于纯水制备中。

(5)脱气：天然水中溶解的气体主要有 O_2、CO_2 和少量的 CH_4 气体，脱气是基于 CO_2 在水中溶解度低(0.6 mg/L，15 ℃)这一特点，采取某些措施促进 CO_2 从水中转入大气。

在制备高纯水的过程中，脱气的作用有 3 个：①除去水中的 CO_2、O_2，减少对用水设备的腐蚀；②除去水中的 CO_2，降低阴离子交换树脂的负荷，提高水处理系统的经济性与出水水质；除去水中各种溶解气体，使之含量(如 O_2 含量、总溶解气体等)指标达到出水水质的规定。

2. 脱盐

(1)电渗析法：一种膜分离技术，它在外加直流电场的作用下，利用阴离子交换膜(简称阴膜，只允许阴离子通过而阻挡阳离子)和阳离子交换膜(简称阳膜，它只允许阳离子通过而阻挡阴离子)的选择透过性，使一部分离子通过离子交换膜迁移到另一部分水中去，从而一部分水被纯化，另一部分水被浓缩。

电渗析无相变过程，因此电渗析器耗能低，一般将其作为离子交换法的前级处理工序，这样相比单独用离子交换法可节约 50%～90%生产费用，并且电渗析器出水稳定、运行周期长。电渗析器的操作简便，对环境污染少，在运行过程中，仅控制电压、电流、浓度、流量等几个参数，便可稳定运行。目前改进的电渗析器已能频繁自动倒板，不易生成水垢，节约了大量化学药品，实现了操作运行自动化。

离子交换膜是含有活性交换基团的高分子电解质，它具有选择透过性，是实现电渗析过程的关键部件。就其实质来说，离子交换膜即膜状的离子交换树脂，它与离子交换树脂的化学组成和化学结构、用途都一致，不同的是离子交换膜的外形为薄膜片状，其作用机理为对离子的选择透过。而离子交换树脂的外形为颗粒状，其作用机理为对离子的选择吸附交换。

电渗析器的主要缺点：清洗拆卸麻烦，脱盐效果不如反渗透法，在没有实现浓水回收、极水循环时，水回收率低，仅 50%，而反渗透法水回收率能达到 75%。

尽管电渗析法脱盐存在这些缺点，但由于它成本低、占地面积小、耗能低，仍是目前我国高纯水制备中广泛采用的脱盐设备之一。

(2)反渗透法：目前高纯水制备中应用最广泛的一种脱盐技术，反渗透(RO)、超滤(UF)、微滤(MF)和电渗析(ED)技术都属于膜分离技术。通常将反渗透器和电渗析器用于高纯水制备中的脱盐，超滤多用于制水系统的后处理，膜过滤则用于水处理的预处理和后处理，目的是过滤微粒和细菌。

反渗透法的原理是当膜两侧的静压差大于浓液的渗透压差时，溶剂将从浓度大的一侧透过膜流向浓度低的一侧，这就是反渗透现象。鉴于反渗透装置价格昂贵，目前我国很多工厂仍采用电渗析器预脱盐，也是很有效的。

3. 后处理

(1)超滤:一种膜分离技术,主要是通过膜两侧产生的压力差使水通过膜孔完成固液相分离。超滤膜是一个分子筛,它以尺寸为基准,让溶液通过极微小孔径的滤膜。超滤膜截留的颗粒粒径范围是 0.001～5 μm,分子量大于 500 的各种微粒、胶体、有机物、细菌热源等,但是不能截留无机离子。

(2)微滤:又称精密过滤,它主要是以静压差为推动力,利用膜的筛分作用完成分离的过程。微滤膜具有比较整齐、均匀的多孔结构,每平方厘米滤膜中包含 1000 万至 1 亿个小孔,孔隙率占总体积的 70%～80%,故阻力很小,过滤速度快。微滤的目的是去除纯水中微米级及亚微米级的细小悬浮物、微生物、微粒、细菌和胶体物质等杂质。微滤作为纯水设备的终端,与普通的深层过滤膜相比,微滤膜的孔隙更加均匀精细。

(3)消毒灭菌:在整个水处理系统中,虽前述各个处理过程已经除去水中几乎所有的营养物质,使水中营养成分极其稀薄,但细菌仍能在其中生长繁殖。绝大部分的细菌或细菌尸体的直径都大于 0.45 μm,因此用孔径不大于 0.22 μm 的微滤膜过滤、反渗透、超滤,均可滤除细菌。但细菌会在某些膜的表面(如醋酸纤维素膜)繁殖,从而堵塞或破坏膜本身。虽然超滤器和精密过滤器可以除去水中的部分细菌,但却不能抑制细菌的滋生和繁殖,而细菌对纯水系统的危害很大,因此必须经常对制水装置进行杀菌,以防止微生物的生长。超纯水装置的杀菌,可以用多种简单实用的方法来进行,如加药、氧化、紫外线照射和臭氧等。下面将介绍两种杀菌方法。

①紫外线杀菌。紫外线可以抑制细菌的繁殖并可以杀死细菌,因此已在高纯水制备中广泛应用。主要是认为生物体内的核酸吸收了紫外线的能量而改变了自身的结构,进而破坏了核酸的功能,当生物体吸收的能量达到致死量,并且紫外线持续照射时,细菌便大量死亡。紫外线杀菌能力强、速度快,对所有菌种均有效,不需向水中投加药剂,不改变水的化学成分,并且除菌率可达到 98%,因而较适合纯水制备系统。

②臭氧消毒灭菌。虽然消毒杀菌的方法都具有除去细菌和微生物的能力,但这些方法中没有哪一种能在多级水处理系统中除去全部细菌及水溶性的有机污染物。目前在高纯水装置中,能连续去除细菌和病毒的最好方法是臭氧。它较用氯处理水优越,能除去水中卤化物。由于臭氧具有强氧化性,因此能够破坏分解细菌的细胞壁,扩散进入细胞内,氧化破坏细胞内酶,从而杀死细菌。由于其氧化能力极强,能够在几秒内杀死细菌,同时还能氧化、分解水中的污染物,对于水中残存的臭氧,用紫外线照射即可轻易去除,所以臭氧是一种理想的水处理消毒剂。

4. 高纯水的检测 高纯水制备完成后,需要对水质的纯度进行检测,检测内容包括高纯水的电阻率、电导率、pH 及杂质含量等,所有检测需达到各自的指标,才算成功制备了高纯水。

(1)电阻率测量:衡量水中含盐量的单位,可直接用 mg/L 表示。但是,高纯水中溶解的离子已经很少了,要测定其含量比较费时,为了能够瞬时反映水中溶解离子的含量,往往利用水的导电性来测定纯水的纯度。如果水中有带正电荷和负电荷的离子,在接通电源后,它们就定向移动而产生电流,离子含量越大,导电性越好,电阻就越小,电阻的大小反映了水的纯度。对于边长为 1 cm 的正方体的水通上直流电所测定的电阻称为电阻率。电阻率的倒数为电导率,有时也用电导率来表示水的纯度。因此,通过测量纯水的电阻率就能反映水的纯度,表 2-3 将纯水级别及纯水的电阻率与其中电解质的含量做了简单的分类说明。

表 2-3 纯水中电阻率与电解质含量关系

纯水级别	电阻率(25 ℃)/(MΩ·cm)	相当于电解质的质量浓度/(μg/mL)
纯水	≥0.1	2～5
高纯水	≥1	0.2～0.5
超纯水	≥10	0.01～0.02
理论纯水	18.3	0.00

当然表 2-3 中表示的电解质含量仅为近似值。由于水中各种离子的导电性能不一样，而且许多弱电解质在水中对电阻率的影响极微，所以电阻率虽然与含盐量有关，但不能直接反映含盐量。

(2)pH 测量：按照 pH 酸度计说明书，使用标准缓冲溶液调整 pH 计的变化范围为 5.0～8.0，然后在锥形瓶中加入被测水样，调节水温为(25±1) ℃，以玻璃电极为指示电极，甘汞电极为参比电极，测量被测水样的 pH。定性检验方法是取两支试管，各取水样 10 mL，在甲试管中加入甲基红指示液 2 滴，不得显红色；在乙试管中加入溴百里香酚蓝指示液 5 滴，以不显蓝色为合格。

(3)耗氧量测量：耗氧量是 1 L 水中还原物质(无机的或有机的)，在一定的条件下被氧化时所消耗氧的毫克数。耗氧量可以反映水中 NO_2、Fe^{2+} 的含量，但主要是大量的有机物。一般水样的耗氧量采用酸性高锰酸钾法测定。

测定方法是取 100 mL 或 1000 mL 水样加入 10 mL 硫酸(98 g/L)溶液和 1.0 mL、0.01 mol/L $KMnO_4$ 溶液，摇匀煮沸 5 min(或放置 60 min 以上)，检查试液是否完全褪色，若试液仍呈粉红色即为合格。或者测定水样所消耗的氧化剂量，再换算为氧的消耗量(mg/L)。

(4)吸光度测量：先在 1 cm 比色皿中倒入水样，于波长 254 nm 处将吸光度调至零点，再以同一水样用 2 cm 比色皿，在相同条件下测量吸光度，或者使用装有合适滤光片的光度计测量。

(5)硅量测量：吸取 250～500 mL 水样，置于铂坩埚中蒸发至体积为 20 mL 左右，转移至 200 mL 塑料烧杯中，在磁力搅拌器下分别加入 0.5 mL 氢氟酸溶液(400 g/L)、40 mL 硼酸溶液(50 g/L)、5 mL 钼酸铵溶液(40 g/L)，每加一种溶液均需稳定数分钟，再加入 5 mL 酒石酸溶液(80 g/L)和 5 mL 亚硫酸钠还原液。最后移去磁力搅拌器，将试液转移至 100 mL 容量瓶中，稀释至刻度线摇匀，放置 2～3 h。同时取 20 mL 纯水作为空白实验。用 1 cm 比色血，以纯水作为参比溶液，于波长 810 nm 处测量其吸光度，或定性检验以不呈蓝色为合格。

亚硫酸钠还原液配制方法：将 0.1 g 亚硫酸钠溶于 20 mL 蒸馏水中，加入 1-氨基-2-萘酚-4-磺酸 0.15 g 搅拌得到溶液；另将 9 g 无水亚硫酸氢钠溶于 160 mL 水中，将这两种溶液合并至 200 mL 容量瓶中，以蒸馏水稀释至刻度线，摇匀即可。

(6)化学定性检验。

①氯离子：取水样 100 mL，加入稀硝酸数滴，滴加 1～2 滴硝酸银溶液(1%)，摇匀，以无白色浑浊为合格。

②硫酸根：取水样 100 mL，加入 1 mL 氯化银溶液(1%)，摇匀，以无白色浑浊为合格。

③钙离子：取水样 10 mL，调节试液 pH 至 12～12.5，加入适量钙指示剂，摇匀，以溶液呈蓝色为合格。

④镁离子及其他阳离子：取水样 10 mL，加入 2～3 滴氨缓冲液(pH 为 10.1)，2～3 滴铬黑 T 指示液，摇匀。若呈纯蓝色，表明无镁离子及其他阳离子，若含有，则呈紫红色。

⑤不挥发物：取水样 100 mL，水浴蒸干并于 105 ℃时在烘箱干燥 1 h，残渣不得超过 0.1 mg。

⑥CO_2：使用带磨口的三角烧瓶加入水样 30 mL，加入氢氧化钙溶液 25 mL，加盖塞紧摇匀，以静置 1 h 不变浑浊为合格。

⑦重金属盐：取水样 30 mL 加入稀乙酸 1 mL、新配制的硫化氢试液 10 mL 于 50 mL 比色管中，10 min 后与对照液(即取水样 40 mL，加入 1 mL 稀乙酸)比较，以其颜色不比对照液更深为合格。

此外，为适应不同要求的纯水，尤其对高纯水的质量要求，除上述检验方法外，根据某些特殊用途的纯水还可采用下述方法进行质量分析，确保纯水水质。

金属离子分析，如钠、钾、钙、铜、铁等，可用原子吸收分光光度法或 ICP 发射光谱法测定；阴离子分析，如 Cl^-、SO_4^{2-}、NO_3^- 等可用离子色谱法；有机物的分析可用液相色谱法等。

思　考　题

1. 试剂需要纯化的原因有哪些？
2. 试剂的纯化方法有哪些？
3. 高纯水如何制备？

参考文献

[1]　林英杰，刘伟，王会萍，等，译. 实验室化学品纯化手册[M]. 北京：化学工业出版社，2007.

[2]　严希康. 生化分离工程[M]. 北京：化学工业出版社，2001.

[3]　欧阳平凯，胡永红，姚忠. 生物分离原理及技术[M]. 3 版. 北京：化学工业出版社，2019.

[4]　孙彦. 生物分离工程[M]. 3 版. 北京：化学工业出版社，2013.

[5]　杜翠红，邱晓燕. 生化分离技术原理及应用[M]. 北京：化学工业出版社，2011.

[6]　田瑞华. 生物分离工程[M]. 北京：科学出版社，2008.

[7]　胡永红，刘凤珠，韩曜平. 生物分离工程[M]. 武汉：华中科技大学出版社，2015.

(尹艳丽)

第3章 固液分离技术

扫码看课件

固液分离是一种重要的单元操作，此过程可以分为两大类：一是沉降分离，二是过滤分离。微生物或动植物细胞在合适的培养基、pH、温度和通气搅拌（或厌氧）等条件下生长和合成生物活性物质，培养（发酵）液中包含菌体（细胞）、胞内外代谢产物、胞内的细胞物质及剩余的培养基残分等。不管人们所需要的产物是在菌体（细胞）内、菌体（细胞）外，还是菌体本身，都要先进行培养（发酵）液的预处理和菌体（细胞）回收，然后进行后续的分离操作。本教材中不做特殊说明时，培养液指微生物的发酵液。

3.1 发酵液的预处理

3.1.1 发酵液预处理的目的

预处理是生物活性物质分离纯化的第一个必要步骤，是以发酵液为起始点，通过改变发酵液的性质，提高固液分离器从悬浮液中分离固形物的速度和效率，同时除去其他悬浮颗粒（如菌体、絮凝体或培养基残渣等），并改善滤液的性状，以利于后续分离操作。发酵液预处理要达到以下 3 个方面的目的。

(1)改变发酵液中固形物的物理性质，如改变其表面的类型、增大其尺寸、提高其硬度等，加快悬浮液中固形物的沉淀速度。

(2)尽可能使发酵产物转移进入后续工序处理的一相中（多数为液相）。

(3)能够去除部分杂质，减少后续处理的负荷。例如，使某些可溶性的胶状物变成不溶性的粒子；改变发酵液的物理性质，如降低其黏度和密度等。

3.1.2 发酵液预处理的要求

发酵液的预处理过程需满足以下要求，才能达到处理的目的。

1. 菌体分离 发酵液中除了发酵产物外，还含有大量的菌体，为方便提取和精制等后序操作的进行，首先要将菌体与发酵液分离，通常采用的方法为离心法和过滤法。为保证离心和过滤的顺利进行，要正确控制发酵终点。若发酵周期太长，则菌体自溶，使发酵液变得黏稠，影响过滤法的分离效果，有的发酵产物甚至会因过滤时间过长而变性或被破坏，为了保证发酵产品质量和卫生标准，应设法提高过滤速度和分离效率。

2. 固体悬浮物的去除 通过过滤处理，将发酵液中相当数量的固体悬浮物去除，获得透光度合格且澄清的处理液。

3. 蛋白质的去除 发酵液除去菌体和固体悬浮物后，一些可溶性蛋白质仍留在滤液中，必

须设法除去。除去蛋白质的滤液要保证在一定的 pH 范围内不发生浑浊，否则影响提取（乳化严重）和离子交换提取（影响树脂的吸附量）的效果。

4. 重金属离子的去除 重金属离子不仅影响提取、精制，而且直接影响发酵产物的质量和收率，必须除去。

5. 色素、热原质、毒性物质等的去除 对于药用的发酵产品，特别是针剂产品，如抗生素、ATP、核酸、酶、氨基酸等，都要设法将色素、热原质和毒素物质等除去。

6. 改变发酵液的性质，以利于提取和精制等后续工序的顺利进行 当发酵结束时，发酵产物可能在发酵液中，也可能在菌体内部或两相同时存在。常常采用调节 pH、酸性和碱性的方法，使得发酵产物转入后续处理的相中（多数为液相）。例如，四环素类抗生素由于能和 Ca^{2+}、Mg^{2+} 等形成不溶于水的化合物，大部分沉积在菌体内，用草酸酸化后，就能将抗生素转入水相；链霉素在中性的发酵液中，约有 25%在菌体内，酸化后就能逐步释放出来。

7. 调节适宜的 pH 和温度 一方面是为了满足后续工序的要求，另一方面是为了保证预处理时发酵产物的质量，避免因发酵液 pH 过高或过低而引起产物的破坏损失。

3.1.3 常用的发酵液预处理方法

1. 凝聚和絮凝 凝聚与絮凝是预先投加化学药剂到发酵液中，改变细胞、菌体和蛋白质等胶体粒子的分散状态，破坏其稳定性，使它们聚集成可分离的絮凝体，再进行分离。凝集和絮凝不仅能使悬浮颗粒的尺寸有效增加，并且会加大颗粒的沉降或浮悬速度，从而使滤饼在深层过滤时产生较好的颗粒。

凝聚指在投加的化学药剂（如凝聚剂，铝、铁的盐类等）的作用下，发酵液中的胶体脱稳并使粒子相互凝聚成为 1 mm 大小块状凝聚体的过程。絮凝是指使用絮凝剂，如天然的或合成的高分子聚电解质，将胶体粒子交联成网，形成 10 mm 大小絮凝团的过程（图 3-1）。

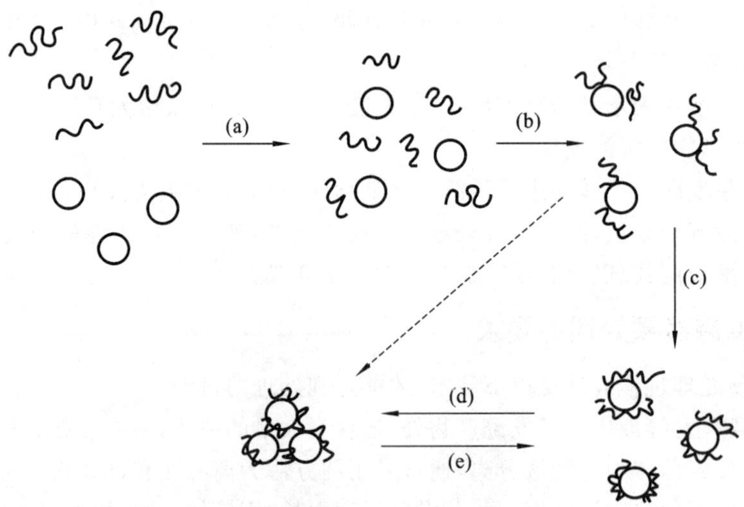

图 3-1 高分子絮凝剂的混合、吸附和絮凝作用示意图

（1）凝聚的机理：有些凝聚剂的作用是使初始粒子表面的电荷简单中和，有些是消除粒子表面稳定的双电荷层，还有些是以氢键或者其他复杂的形式与胶体粒子相结合，并最终使得胶体粒子的排斥点位降低而发生聚沉，相互聚集成大粒子。

(2)絮凝机理:絮凝机理比较复杂,主要有如下 3 种理论。

①胶体理论:把菌体直接当作胶体溶液中的胶粒来解释絮凝过程,絮凝是由于菌体表面的极性基团引起表面吸附,而使表面自由能降低的过程。

②高聚物架桥理论:发现菌体表面有分泌出来的高聚物,如蛋白质、多糖等,这些高聚物在菌体表面形成胞外纤丝。菌体的絮凝是由于这些胞外纤丝之间架桥交联形成的。这个理论可以解释絮凝取决于菌体生长的胞龄以及表面分泌物的种类和数量。

③双电荷层理论:大多数菌体表面都有一定的电荷,絮凝是加入电解质后,相同电荷的排斥以及细胞表面水合程度不同而产生聚集的过程。实验证实,菌体表面的离子键和氢键参与了细胞的絮凝过程。

(3)絮凝剂的类型。

①常用的絮凝剂:絮凝剂根据活性功能基团所带电性不同,可以分为阴离子型、阳离子型和非离子型 3 类,如聚丙烯酰胺可经不同改性合成上述 3 种类型的絮凝剂。聚丙烯酰胺类絮凝剂具有用量少、絮凝体粗大、分离效果好、絮凝速度快以及种类多等优点,所以适用范围广。除此之外,人工合成的高分子絮凝剂还有非离子型的聚氧化乙烯、阴离子型的聚丙烯酸钠和聚苯乙烯磺酸、阳离子型的聚丙烯酸二烷基胺乙酯等。天然的和生物的絮凝剂目前使用较少,天然有机高分子絮凝剂有壳聚糖和葡聚糖等聚糖类,还有明胶、骨胶、海藻酸钠等,无机高分子聚合物也是较好的一类絮凝剂,如聚合铝盐和聚合铁盐等。微生物絮凝剂是近年来研究和开发的新型絮凝剂,是由微生物产生的具有絮凝细胞功能的物质,主要成分是糖蛋白、黏多糖、纤维素及核酸等高分子物质。微生物絮凝剂和天然絮凝剂与化学合成的絮凝剂相比,最大的优点是安全、无毒和不污染环境。

②新型絮凝剂。

a. 主絮凝剂+助絮凝剂。该种絮凝剂的制作方法与普通絮凝剂不同,比传统的有机絮凝剂和无机絮凝剂复杂,但是用量少,效果更明显。如在维生素生产过程中,去除蛋白质等易乳化的杂质所用的新型絮凝剂主要由主絮凝剂 A 和助絮凝剂 B 组成,絮凝作用由两者协同完成,主絮凝剂 A 吸附蛋白质,助絮凝剂 B 将吸附蛋白质后的主絮凝剂进一步交联,加快其沉降速度。

b. 新型絮凝剂 F-717。它是一种网状多聚电解质的分散体(由强碱性阴离子交换树脂经物理磨碎得到),在生产抗生素的预处理过程中效果较好。

c. SPAN 絮凝剂。它是一系列不同接枝率的淀粉与聚丙烯酰胺的接枝共聚物。淀粉类絮凝剂价格低,絮凝效率高,已经在国外实现了工业化生产,而在我国的发展较晚。

(4)凝聚和絮凝在发酵液预处理中的应用:凝聚和絮凝技术能有效地改变细胞菌体和蛋白质等胶体粒子的分散状态,使其聚集起来,增大体积以便固液分离,常用于菌体细小而且黏度大的发酵液的预处理。絮凝技术作为一种有效的生化分离方法已被广泛地应用于细胞体、细胞碎片及可溶性蛋白质的处理中,成为连续发酵和分离生物化学产品过程中常采用的预处理方法。

①在除去细胞体、细胞碎片及可溶性蛋白质中的应用。在酶分离过程中,如果目的产物是胞外酶,则絮凝剂不会对其产生干扰,因其与细胞结合在一起,有可能在细胞破碎后干扰胞内酶。

②在连续发酵中的应用。在乙醇发酵中,无论是细菌还是酵母发酵,都存在着细胞回收和循环使用的问题,即将细菌或酵母及时从发酵液中分离出来,循环使用。Lary 研究了用聚乙烯亚胺和聚丙烯酰胺从发酵液中回收酵母,酵母沉降速度可提高上百倍,细胞回收率在 99%

以上。利用基因工程手段，对酵母进行品种改良，可以得到自身絮凝和沉降性能很好的酵母。在发酵过程中，酵母自身絮凝，达到循环使用细胞的目的。絮凝酵母已成功地应用于乙醇的连续发酵中。絮凝酵母与传统的固定化细胞相比，不需要固定化细胞载体、成本低、节省空间，可以获得高菌体浓度，实现连续发酵。

③在生物产品分离中的应用。絮凝技术可代替或改善离心和过滤过程，富集或除去发酵液中的细胞或细胞碎片。Bautista 研究了用聚电解质 Superfloc-N-100 絮凝透明质酸酶发酵液中的细菌，经过 120 min，总发酵液中 80%为上清液，而酶活力也没有任何损失。周荣清等将透明质酸的发酵液分别经过三氯乙酸、0.45 μm 微孔膜、活性炭+硅藻土、絮凝和离心 5 种方式预处理，所得的清液经超滤分离透明质酸。实验结果表明，通过絮凝进行预处理的效果较佳。Hustedt 用聚丙烯酰胺絮凝 α-淀粉酶发酵液中的细菌 *B. ammoniagenes*，聚电解质浓度为 0.012%时，可完全絮凝细菌，上清液中酶活力收率在 95%以上。苏利民等在预处理后的酶清液中，添加聚苯乙烯磺酸钠或聚酰胺为主的絮凝剂，外加低压直流或低压交流电场强化絮凝效果，离心分离后得到的固体产品可用作食品酶。这一工艺同硫酸铵盐析、乙醇沉淀等传统提取工艺相比，可使酶活力收率由 60%左右提高到 90%左右，酶活力的自然损失率下降到 3%。

2. 加热法 加热是最简单和经济的预处理方法，即把发酵液加热到所需温度并保温适当时间。加热能使杂蛋白变性凝固，从而降低发酵液的黏度，使固-液分离变得容易。但加热法只适合对热稳定的生物活性物质。

3. 调节悬浮液的 pH 调节发酵液的 pH，不仅可以促进凝聚和絮凝作用，而且还可以使存在于胞内的发酵产物转入液相中或使发酵产物以合适的离子状态或游离状态存在于发酵液中，防止其沉淀、氧化或变性等。在调节 pH 时，一般采用草酸等有机酸或某些无机酸碱，调节时要尽量避免过酸或过碱，防止发酵产物的破坏和损失。

4. 加水稀释法 加水稀释法适用于离心沉降分离的发酵液预处理过程，对同质量悬浮固体物的发酵液，加水稀释至适当倍数，对提高后续的沉降速度非常有利。例如，用离心机分离放线菌链霉素发酵液时，先加 1 倍发酵液体积的水进行稀释后，再加 1%草酸，于 70～75 ℃热处理 15 min，最后再离心。

5. 加入助滤剂法 为了加速发酵液的过滤，常在发酵液预处理过程中加助滤剂，以避免滤布或生成的滤饼阻塞而影响过滤。这是因为在从发酵液中分离菌体、蛋白质等胶态杂质时，其中的悬浮物往往是细小而易受压的，如果不加助滤剂，这些物质易阻塞或粘住过滤介质的细孔，并且很难清除。助滤剂能在过滤介质和要分离的固形物之间形成一层不可压缩的多孔且极为细密的滤层，从而截留了悬浮杂质，保证过滤操作的顺利进行。另外，助滤剂还能使形成的滤饼疏松，具有 85%～90%的孔隙，形成畅通的细密管道。

在实际生产中，由于酶制剂和抗生素发酵液的黏度较大，通常加入助滤剂。常用的助滤剂有硅藻土、活性炭、纤维素、珠光岩、纸浆、石棉、酸性白土等。助滤剂的使用方法有两种，一种为在过滤器的滤布上预先涂上一层助滤剂，作为过滤介质使用，过滤结束后与滤布一起除去，该种方法适用于非常细小的或可压缩的低固形物含量(≤5%)的发酵液；另一种是将助滤剂按一定比例均匀混入发酵液中，然后一起进入过滤器或离心机，使滤层形成疏松的滤饼，降低其可压缩性，使过滤畅通。还有一种方法是将含助滤剂的发酵液通过压滤机，形成过滤介质层，然后进行过滤，从而提高滤饼的渗透性，此法适用于菌体细小、黏度较大的发酵液。

6. 加吸附剂法或加盐法 加吸附剂法或加盐法就是将吸附剂加入细菌发酵的悬浮液中，使细菌细胞吸附在吸附剂上的方法。吸附剂在发酵液中形成庞大的絮状物，把悬浮液中的悬浮粒子裹住，吸附在其中。常用的吸附剂有磷酸氢二钠和氯化钙形成的 $CaHPO_4$ 凝胶、氧化铝凝胶和聚丙烯酰胺凝胶等。例如，在枯草杆菌的发酵液中加入磷酸氢二钠和氯化钙后，三者形成庞大的凝胶，同时多余的 Ca^{2+} 又与发酵液中菌体自溶释放出的核酸类物质生成不溶性钙盐，它们会裹住其他粒子一起沉淀下来，从而大大改善了发酵液的过滤特性。

3.1.4 杂质的去除方法

1. 杂蛋白的去除方法

(1)等电沉淀法：蛋白质一般以胶体状态存在于发酵液中，胶体粒子的稳定性和其所带电荷有关。和氨基酸等两性物质一样，蛋白质在酸性溶液中带正电荷，在碱性溶液中带负电荷，而在某一 pH 下，净电荷为 0，溶解度最小，可使其产生沉淀而被除去，称为等电点沉淀法。

(2)变性沉淀：蛋白质从有规则的排列变成不规则结构的过程称为变性，变性蛋白质在水中的溶解度较小而产生沉淀。使蛋白质变性的方法：加热、大幅度改变 pH、加有机溶剂(丙酮、乙醇等)、加重金属离子(Ag^+、Cu^{2+}、Pb^{2+} 等)、加有机酸(三氯乙酸、水杨酸、苦味酸、鞣酸、高氯酸等)以及加入表面活性剂。

(3)吸附：利用吸附作用常能有效除去杂蛋白。在发酵液中加入一些反应剂，它们互相反应生成的沉淀物对杂蛋白具吸附作用而使其凝固。例如，在枯草杆菌的碱性蛋白酶发酵液中，常利用氯化钙和磷酸盐的反应而生成磷酸钙盐沉淀物，后者不仅能吸附杂蛋白和菌体等胶状悬浮物，还能起到助滤剂的作用，大大加快过滤速度。

2. 不溶性多糖的去除方法　当发酵液中含有较多不溶性多糖时，黏度增大，固液分离困难，可用酶将它转化为单糖以提高过滤速度。例如，在蛋白酶发酵液中加 α-淀粉酶，能将培养基中多余的淀粉水解成单糖，降低发酵液黏度，提高过滤速度。

3. 高价金属离子的去除方法　对成品质量影响较大的无机杂质主要有 Ca^{2+}、Mg^{2+}、Fe^{3+} 等高价金属离子，预处理中应将它们除去。为了去除 Ca^{2+}，宜加入草酸，但草酸溶解度较小，故用量大时，可用其可溶性盐，如草酸钠。反应生成的草酸钙还能促使杂蛋白凝固，提高滤液质量。但草酸价格较贵，应注意回收。如四环类抗生素废液中，加入硫酸铅，在 60 ℃下反应生成草酸铅。后者在 90～95 ℃下用硫酸分解，经过滤、冷却、结晶后可以回收草酸。草酸镁的溶解度较大，故加入草酸不能除尽 Mg^{2+}，要除去 Mg^{2+}，可以加入三聚磷酸钠($Na_5P_3O_{10}$)，它和 Mg^{2+} 形成可溶性配合物：

$$Na_5P_3O_{10} + Mg^{2+} \longrightarrow MgNa_3P_3O_{10} + 2Na^+$$

用磷酸盐处理，也能大大降低 Ca^{2+} 和 Mg^{2+} 的浓度。要除去 Fe^{3+}，可加入黄血盐，使其形成普鲁士蓝沉淀：

$$4Fe^{3+} + 3K_4[Fe(CN)_6] \longrightarrow Fe_4[Fe(CN)_6]_3 \downarrow + 12K^+$$

3.2 细胞破碎

细胞破碎(cell rupture)技术是指利用外力破坏细胞膜和细胞壁，使细胞内容物包括目的产物成分释放出来的技术。细胞破碎技术是分离纯化细胞内合成的非分泌型药物成分的基础。随着重组 DNA 技术和组织培养技术的重大进展，以前认为很难获得的蛋白质得以大规模生产。

3.2.1 细胞壁成分

细胞壁是包在细胞膜表面的非常坚韧和复杂的结构,具有保护细胞、抵御外界环境破坏、保持细胞形状、提供稳定渗透压、执行生化功能、控制营养和代谢产物交换的功能。细菌细胞壁的化学组成非常复杂,尽管细胞壁的主要组分都包含多糖、脂质和蛋白质,但其成分和结构按细胞种类不同,有很大差异(图 3-2)。

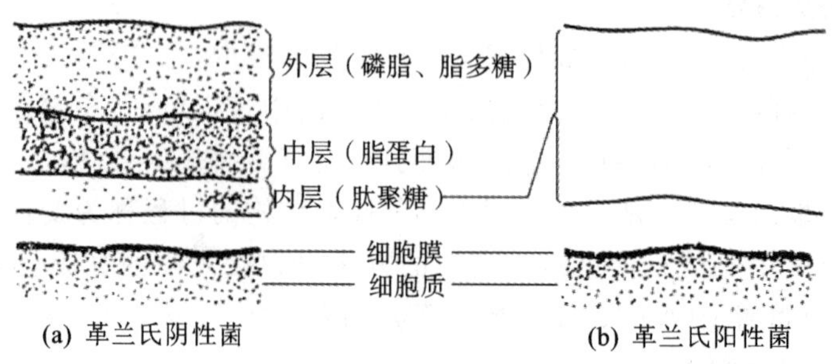

图 3-2 细菌细胞壁结构示意图

细菌细胞壁的主要成分是肽聚糖,它是一种难溶性的多聚物,是由 N-乙酰葡萄糖胺、N-乙酰胞壁酸和短肽聚合而成的多层网络结构。几乎所有的细菌都具有上述肽聚糖的基本结构,但是不同细菌的细胞壁结构差别很大。例如,革兰氏阳性菌的细胞壁主要由肽聚精层(20～80 nm)组成,此外细胞壁还含有大量的磷壁酸;革兰氏阴性菌细胞壁的肽聚糖层较薄,仅 2～3 nm,在肽聚糖层外还有两层外壁层。外壁层 8～10 nm 厚,主要为脂蛋白、脂多糖和其他脂类。由此可见,革兰氏阳性菌细胞壁较厚,较难破碎。

霉菌的细胞壁较厚,为 10～20 nm。大多数霉菌的细胞壁由几丁质和葡聚糖构成,此外还含有少量蛋白质和脂类。几丁质是由数百个 N-乙酰葡萄糖胺分子以 1,4-葡萄糖苷链连接而成的多聚糖。少量低等水生霉菌的细胞壁由纤维素构成。

酵母细胞壁的主要成分是葡聚糖,甘露糖、蛋白质和甲壳质也是其重要组分。酵母的细胞壁幼龄时较薄,具有弹性,以后逐渐变硬。酵母的细胞壁比革兰阳性菌的细胞壁厚,更难破碎。其他真菌的细胞壁也由多糖构成,另外还含有少量蛋白质和脂类成分。藻类的细胞壁非常复杂,其主要结构成分是纤维状的多糖物质。

一般来说,细胞壁的强度主要取决于聚合物网状结构的交联程度,交联程度大、网状结构紧密,强度就高。此外,聚合物的种类、细胞壁的厚度、细胞生长的条件也影响细胞壁成分的合成和细胞壁的强度。例如,生长在复合培养基中的大肠杆菌,其细胞壁要比生长在简单培养基中的强度要高。细胞壁的强度还与细胞的生长阶段有关。在对数生长期的细胞壁较薄,在转入稳定生长期后细胞壁变硬变厚,这主要是胞壁酸厚度增加且交联程度得到加强所致。较高的生长速度,如连续培养,产生的细胞壁较薄;相反,较低的生长速度,如分批次培养,则使细胞合成强度更高的细胞壁。

3.2.2 细胞破碎的方法

细胞破碎主要分为机械破碎法和非机械破碎法两大类。机械破碎法是通过机械运动所产生的剪切力使细胞破碎的方法。非机械破碎法是采用超声波法、化学法、酶解法、干燥法、冻结-融化法和渗透压冲击法等破碎细胞的方法。根据不同生物以及不同产品的要求,选择不同的细胞破碎方法。选择合适的破碎方法需要考虑下列因素：细胞的数量，所需要的产物对破碎条件（温度、化学试剂、酶等）的敏感性，要达到的破碎程度及破碎所必要的速度，尽可能采用温和的方法，具有大规模应用潜力的生物产品应选择适合放大的破碎技术。

1. 机械破碎法

（1）高压匀浆法：又称高压剪切破碎，是 20 世纪 70 年代开发的，利用匀浆机产生的剪切力将组织细胞破碎的方法。此法破碎微生物细胞速度快、胞内产物损失小、设备容易放大，因而从 20 世纪 80 年代以来受到业界的重视。高压匀浆法所用设备是高压匀浆机，细胞悬浮液在高压作用下从阀座与阀之间的环隙高速喷出后，撞击到碰撞环上，细胞在受到高速撞击作用后，急剧释放到低压环境，从而在撞击力和剪切力等综合作用下破碎。高压匀浆法的影响因素主要有压力、循环操作次数、温度、细胞种类及性质等。高压匀浆法适用于酵母和大多数细菌细胞的破碎，团状和丝状菌易造成高压匀浆器堵塞，一般不宜使用高压匀浆法。高压匀浆法在操作时，温度会随压力的增加而升高，每上升 10 MPa 的压强，温度上升 2～3 ℃。因此，为保护目标产品的活性，需同时对细胞悬浮液做冷却处理。

（2）高速珠磨法：目前工业上应用较多的一种细胞破碎方法，最初是为涂料工业中湿磨颜料和制陶业中陶器与石灰石的碾磨而设计的，主要依靠高速珠磨机进行工作。高速珠磨机的基本构造是一个带夹套的碾磨腔，中心有一个可旋转的轴（图 3-3）。轴上连接着各式的搅拌桨，能赋予碾磨腔中磨珠以能量，促使它们相互碰撞。磨珠（＜1.5 mm 玻璃珠）由过滤网筛截留在碾磨腔中。事实上，所有的能量最终都转化为热，所以必须有相应的冷却装置。在可接触的区域，通过压紧或剪切作用将能量由磨珠传给细胞，使其破碎。

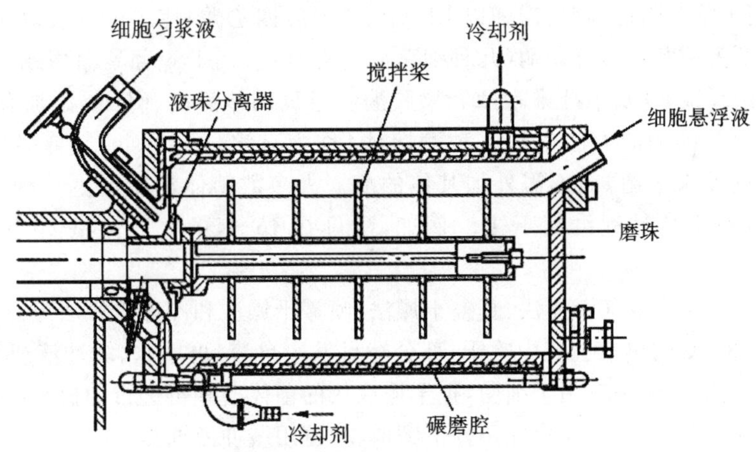

图 3-3 高速珠磨机结构示意图

高速珠磨机的原理是利用细胞悬浮液与磨珠及细胞之间的相互剪切和碰撞，促使细胞壁破裂，释放内容物。在液珠分离器的协助下，磨珠被滞留在碾磨腔内，细胞匀浆液流出，从而实现连续操作。影响高速珠磨机破碎效果的主要因素有搅拌速度、料液流速、细胞悬浮液的浓度、磨珠大小和数量、温度等。

Schulte 等在研究几种酵母和细菌的破碎后，发现搅拌器的转速为 700～1450 r/min、流速为 50～500 L/h、细胞悬浮液浓度为 0.3～0.5 g/mL、磨珠量（体积分数）为 70%～90%、直径为 0.45～1 mm 时，效果最佳。

2. 非机械破碎法

(1)超声波法:原理是用超声波(一般频率超过 15 kHz)处理细胞悬浮液,液体会发生空化作用(cavitation),空穴的形成、增大和闭合产生的冲击波和剪切力,使细胞破碎。超声波的细胞破碎效率与细胞种类、浓度和超声波的频率等有关。超声过程中会产生游离基化学效应,会对蛋白质带来破坏作用。

超声波法是很强烈的破碎方法,适用于多数微生物的破碎,其有效能量利用率极低,操作过程会产生大量的热,因此操作需在冰水或有外部冷却的容器中进行,目前主要用于实验室规模的细胞破碎。

(2)化学法:采用化学试剂处理微生物细胞,可以溶解细胞或抽提某些细胞组分。用碱处理细胞,可以溶解除去细胞壁以外的大部分组分。酸处理可以使蛋白质水解成游离的氨基酸,通常采用 6 mol/L HCl 溶液处理。此外,某些表面活性剂(如洗涤剂)也常能引起细胞溶解或使某些组分从细胞内渗透出来,如对胞内的异淀粉酶可加入 0.1%十二烷基硫酸钠溶液于酶液中,在 30 ℃振荡 30 h,就能较完全地将异淀粉酶抽提出来,且酶的活力较机械破碎法高。除上述酸、碱及表面活性剂外,也可采用某些脂溶性有机溶剂,如丁醇、丙酮、氯仿等,它们能溶解细胞膜上的脂类化合物,使细胞结构破坏,而将胞内产物抽提出来。但是,这些溶剂容易引起生物产品破坏,使用时应考虑其稳定性,操作要在低温下进行,处理后,还必须将抽提液中的有机溶剂从生物产品中分离回收。

(3)酶解法:利用溶解细胞壁的酶处理细胞,使细胞壁受到部分或完全破坏后,再利用渗透压冲击等方法破坏细胞膜,进一步增大胞内产物的通透性。溶菌酶适用于革兰氏阳性菌细胞壁的分解;应用于革兰阴性菌时,需辅以 EDTA(乙二胺四乙酸)使之更有效地作用于细胞壁。溶解酵母细胞壁需用藤黄节杆菌酶(几种细菌酶的混合物)、β-1,6-葡聚糖酶或甘露糖酶,溶解植物细胞壁需用纤维素酶、半纤维素酶和果胶酶。通过调节温度、pH 或添加有机溶剂,诱使细胞产生溶解自身的酶的方法也是一种酶溶法,称为自溶(autolysis)。自溶作用是利用微生物自身产生的酶来溶菌,而不需外加其他的酶。大多数菌体都能产生一种水解细胞壁上聚合物的酶,以便生长过程继续下去。例如,酵母在 45～50 ℃下保温 20 h 左右,可发生自溶。

(4)干燥法:可分为空气干燥法、真空干燥法、喷雾干燥法和冷冻干燥法等。酵母常在空气中干燥,在 25～30 ℃的热空气流中吹干,部分酵母发生自溶,再用水、缓冲液或其他溶剂抽提时,效果较好。真空干燥法适用于细菌,把干燥成块的菌体磨碎再进行抽提。冷冻干燥法适用于制备热不稳定的生物物质,在冷冻条件下磨成粉,再用缓冲液抽提。

(5)冻结-融化法:将细胞急剧冻结后在室温下缓慢融化,如此冻结、融化反复多次操作,使细胞受到破坏。冻结的作用是破坏细胞膜的疏水键结构,增加其亲水性和通透性。另外,胞内水结晶使胞内外溶液产生浓度差,在渗透压作用下引起细胞膨胀而破裂。冻结-融化法对存在于细胞质周围靠近细胞膜的胞内产物释放较为有效,但溶质靠分子扩散释放出来,速度缓慢。因此,冻结-融化法在多数情况下效果不显著。

(6)渗透压冲击法:细胞破碎法中最为温和的一种,适用于易破碎的细胞。将细胞置于高渗透压的介质(如较高浓度的甘油或蔗糖溶液)中,达到平衡后,将介质突然稀释或将细胞转置于低渗透压的水或缓冲溶液中。在渗透压的作用下,水通过细胞壁和细胞膜渗透进入细胞,使细胞壁和细胞膜膨胀破裂。

3.2.3 细胞破碎率的评价

细胞破碎率的定义是被破碎细胞的数量占原始细胞数量的百分比，即

$$Y=\frac{(N_0-N)}{N_0}\times 100\% \tag{3-1}$$

式中，Y——细胞破碎率；

N_0——原始细胞数量；

N——未被破碎细胞数量。

N_0、N 的计数方法有两种：一是直接计数法（如平板法、显微镜法），二是间接计数法（如测定释放物如蛋白质、离心细胞破碎液观察沉淀模型的方法）。

3.3 发酵液的固液分离

固液分离的目的：收集细胞或菌体的胞内产物，分离除去液相；或者收集含生物物质的液相，分离除去固体悬浮物，如细胞、菌体、细胞碎片、蛋白质的沉淀物及其絮凝体等。常用的方法为过滤和离心分离等化工单元操作。

3.3.1 影响固液分离的因素

发酵液的过滤速度除与菌体细胞的体积大小、发酵时的条件（如培养基的组成、未利用的培养基浓度、消沫剂的种类和浓度、发酵周期、发酵液预处理质量等因素）有关外，还与发酵本身有密切的关系，其主要影响因素是菌种和发酵液黏度两个方面。

1. 菌种 菌种决定了发酵液中各种悬浮粒子的大小和形状。细菌和细胞碎片体积最小，常规的离心和过滤效果很差，不能得到澄清的滤液和紧密的滤饼。通常采用高速离心或各种预处理方法来增大粒子体积，再进行常规的固液分离。一般真菌、霉菌及其蛋白质的絮凝团比较粗大，容易过滤分离，不需做特殊处理，可采用常规过滤方法除去（真空过滤）。放线菌、细菌由于体积小，菌丝细而分支，交织成网络状，过滤困难，需先预处理以凝固蛋白质的胶体颗粒，再选用适当的方法除去。

2. 发酵液黏度 固液分离速度通常与发酵液黏度成反比，黏度越大，固液分离越困难。主要影响发酵液黏度的因素有发酵条件、发酵时间、发酵液的 pH、温度、发酵液染菌等。发酵条件包括培养基组成、未用完的培养基的量、消沫剂、发酵周期等。例如，同一种发酵液，批号不同，由于发酵条件的差异，其黏度不同，过滤速度也存在差异；同一菌种，有机碳源、氮源越丰富，其黏度越大，过滤越困难，如用黄豆粉、花生粉作为氮源，淀粉作为碳源，发酵液黏度都会升高。发酵液中未用完的培养基或后期消沫用的消沫剂，也会使发酵液黏度增大。发酵时间也会影响发酵液黏度。如果推迟放罐时间，虽然相对延长了发酵周期，使发酵单位有所提高，但由于菌体自溶，使发酵液中的色素、胶状杂质增多，增大了其黏度，使最终产品质量降低，过滤困难。因此，实际生产中应在菌体自溶前放罐。通常调节发酵液至不同的 pH，固液分离速度会不同，也会影响发酵液黏度，如灰色链丝菌，当 pH 下降，过滤速度会增加。加热促使蛋白质凝固、黏度降低，有利于固液分离。如果发酵液被染菌也会导致其黏度增加，使过滤困难。

3.3.2 发酵液的过滤

过滤操作是借助于过滤介质，在一定的压力差 Δp 作用下，将悬浮液中的固体粒子截留，

而与液体分离的技术。衡量过滤特性的主要指标是滤饼的质量比阻 r_B，它表示单位滤饼厚度的阻力系数，与滤饼的结构特性有关。对于不可压缩性滤饼，其比阻为常数，但对于可压缩性滤饼，比阻 r_B 是操作压力差的函数，一般可用下式表示：

$$r_B = r(\Delta p)^m \tag{3-2}$$

式中，r——不可压缩性滤饼的比阻，对于一定的发酵液，其值为常数；

m——压缩性指数，一般取 0.5～0.8，对于不可压缩的滤饼，m 为 0。

恒压下，可压缩性滤饼的比阻应为常数，如过滤介质的阻力相对较小可以忽略不计，则：

$$q^2 = 2\frac{\Delta p}{\mu r_B X_B} \cdot \tau \tag{3-3}$$

式中，q——在瞬间 τ，通过单位过滤面积的滤液量，m^3；

Δp——压力差，Pa；

μ——滤液黏度，Pa·s；

r_B——滤饼的重量比阻，m/kg；

X_B——通过单位体积滤液所形成的滤饼重量(干重)，kg/m^3；

τ——过滤时间，s。

质量比阻可根据下列算式计算，利用图解法求得。以 τ/q 为纵轴，以 q 为横轴所得的直线斜率为 M，则 r_B 可按下式计算：

$$r_B = \frac{2M\Delta p}{\mu X_B} \tag{3-4}$$

根据滤饼的质量比阻，可衡量各种不同发酵液过滤的难易程度。一般真菌的菌丝比较粗大，如青霉素的质量比阻为(0.15～0.20)$\times 10^{12}$ m/kg 左右，发酵液容易过滤，一般不需特殊处理。放线菌发酵液菌丝细而分支，交织成网络状，如链霉素质量比阻为 2000$\times 10^{12}$ m/kg 左右，过滤较困难，一般须预处理。

3.3.3 固液分离设备及其结构

1. 板框压滤机 板框压滤机是一种历史悠久的传统过滤设备，在发酵工业中以抗生素工厂用得最多。板框压滤机由许多滤板和滤框间隔排列而成，滤板和滤框装合压紧后构成滤浆和洗水流通的孔道，滤框两侧的滤布与空框围成容纳滤浆与滤饼的空间，滤板用以支撑滤布并提供滤液流出的通道(图 3-4)。板框压滤机的过滤面积大，能耐受较大压力差，对不同过滤特性的发酵液适应性强，同时还具有结构简单、造价较低、动力消耗少等优点。但这种设备不能连续操作，设备笨重、占地面积大、非生产的辅助时间长(包括解框、卸饼、洗滤布、重新压紧板框等)。

自动板框过滤机是一种较新型的压滤设备，其板框的拆装、滤渣的卸落和滤布的清洗等操作都能自动进行，大大缩短了非生产的辅助时间，并减轻了劳动强度。自动板框压滤机的过滤推动力来自泵产生的液压或进料储槽中的气压。它重要的特征是通过过滤介质时产生的压力降可以大大超过 0.1 MPa，这是真空过滤机无法达到的。板框压滤机的总框数由生产能力和细胞悬浮液固体浓度确定，常用的板框压滤机有 BMS、BAS、BMY 及 BAY 等类型。在发酵工业中，板式或板框压滤机在培养基的制备和放线菌、霉菌、酵母菌及细菌等多种发酵液的固液分离中有广泛的应用，比较适合固体含量为 10%～20%的细胞悬浮液的分离。而对于菌体较细小、黏度较大的发酵液，可以加入助滤剂或采用絮凝等方法预处理后进行压滤，如酿造好的啤酒经过板框过滤机即得到清酒。

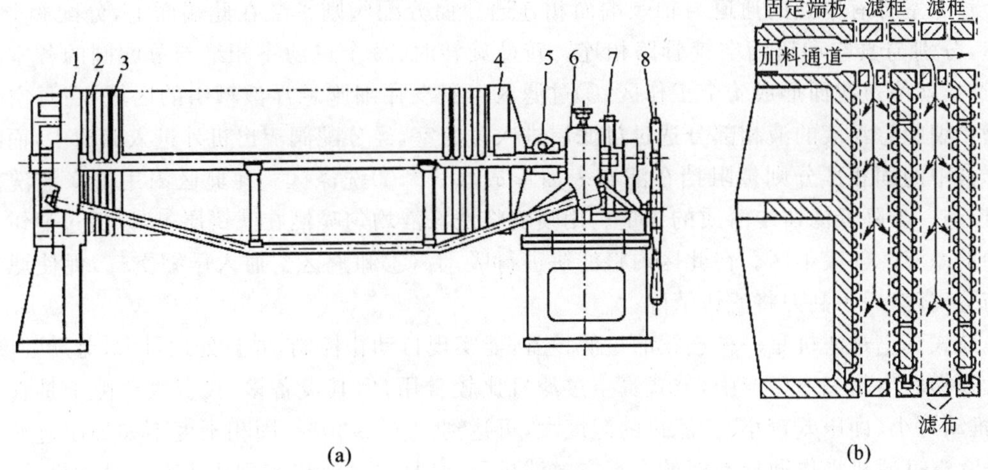

1—固定端板；2—滤板：3—滤框；4—活动端板；5—活动接头；6—支撑；7—传动齿轮；8—手柄

图 3-4 手动小型板框压滤机的外形及工作情况

对于难过滤的枯草杆菌发酵液，可设计一种特别薄的滤框，以减小滤饼的阻力。此外，可采用有橡胶隔膜的压滤机，过滤结束时，在滤板和橡皮隔膜之间通入压缩空气压榨滤饼，将液体挤压出来。

2. 转鼓真空过滤机 转鼓真空过滤机在减压条件下工作形式很多，最典型和最常用的是外滤面多室式转鼓真空过滤机。转鼓真空过滤机的过滤面是一个以很低转速旋转的、开有许多小孔或用筛板组成的转鼓，过滤面外覆有金属网及滤布，转鼓的下部浸没在细胞悬浮液中，转鼓的内部抽真空。鼓内的真空使液体通过滤布并进入转鼓，滤液经中间的管路和分配阀流出。固体黏附在滤布表面形成滤饼，当滤饼转出液面后，再经洗涤、脱水和卸料从转鼓上脱落下来（图 3-5）。

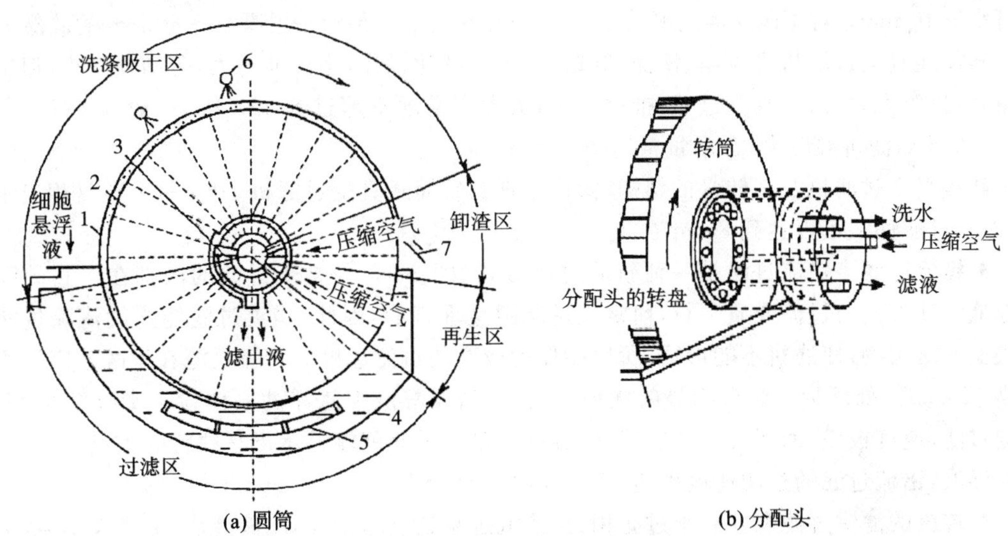

(a) 圆筒　　(b) 分配头

1—转鼓；2—过滤室；3—分配阀；4—料液槽；5—摇摆式搅拌器；6—洗涤液喷嘴；7—刮刀

图 3-5 转鼓真空过滤机的结构图

转鼓真空过滤机的整个工作周期是在转鼓旋转一周内完成的，转鼓旋转一周可以分为 4 个工作区。为了使各个工作区不互相干扰，用径向隔板将其分隔成若干过滤室（故称多室式），

每个过滤室都有单独的通道与轴颈端面相连通。而分配阀则平装在此端面上，分配阀分成4个室，分别与真空和压缩空气管路相连。转鼓旋转时，每个过滤室相继与分配阀的各室相连通，这样就使过滤面形成4个工作区：①过滤区。浸没在细胞悬浮液槽中的区域，在真空下料液槽中细胞悬浮液的液相部分透过过滤层进入过滤室，经分配阀流出机外进入储槽中，而细胞悬浮液中的固相部分则被阻挡在滤布表面形成滤饼。②洗涤区。在此区内用洗涤液洗涤滤饼，以进一步降低滤饼中溶质的含量。用喷嘴将洗涤液均匀喷洒在滤饼层上，以透过滤饼置换其中的滤液。③吸干区。在此区内将滤饼进行吸干。④卸渣区。通入压缩空气，促使滤饼与滤布分离，然后用刮刀将滤饼清除。

鼓式真空过滤机是一种连续的过滤设备，能实现自动化控制，并且处理量大，劳动强度小。在大规模的生物工业生产中，鼓式真空过滤机比较常用，但其设备多、投资大。由于是真空过滤，推动力小(即压差较小)。滤饼的湿度大，可达到20%～30%，固相干度不如加压过滤。与转鼓真空过滤机操作原理类似的有真空过滤机、转盘真空过滤机和翻斗式真空过滤机。

鼓式真空过滤机特别适用于分离固体含量较大(>10%)的细胞悬浮液。在发酵工业中广泛应用于放线菌、霉菌和酵母菌发酵液或细胞悬浮液的过滤分离，例如，青霉素的过滤速度可达800 L/(m^2·h)。而对于菌体较细或黏稠的、难过滤的胶状发酵液，解决的办法主要是过滤前在转鼓上面预先涂一层厚50～60 mm的助滤剂(常用的是硅藻土)。操作时，调节滤饼刮刀将滤饼连同一薄层助滤剂一起刮去，转鼓每旋转一圈，助滤剂约刮去0.1 mm，这样可以使过滤面积不断更新，以维持正常的过滤速度。放线菌发酵液就可以采用这种方式进行过滤。据报道，当预涂的助滤剂是硅藻土，转鼓的转速在0.5～1 r/min时，过滤链霉素发酵液(pH 2.0～2.2、温度25～30 ℃)的速度可以达到90 L/(m^2·h)。

转筒式真空过滤机的过滤面积有1 m^2、5 m^2、20 m^2及40 m^2等不同规格，目前国产的最大过滤面积约50 m^2，型号有GP及GP-X型，GP型为刮刀卸料，GP-X型为绳索卸料。转鼓直径为0.3～4.5 m，长度为0.3～6 m。滤饼厚度一般保持在40 mm以内，对于难过滤的胶状发酵液，厚度可小于10 mm。对于菌丝体发酵液，过滤前可在滚筒面上预涂一层厚50～60 mm的硅藻土。

转筒式真空过滤机可吸滤、洗涤、卸饼、再生连续化操作，生产能力大，劳动强度小，但辅助设备多，投资大，且由于真空过滤，推动力小，最大真空度不超过8×10 Pa，一般为6.7×10～2.7×10^2 Pa，滤饼湿度大，含水量常达20%～30%。

转盘真空过滤机及其转盘的结构、操作原理与转筒式真空过滤机类似，每个转盘相当于一个转筒，过滤面积可以达到85 m^2。

3.错流过滤 错流过滤是一种新的过滤方式(图3-6)，与常规过滤的区别在于它的固体悬浮液流动方向与过滤介质平行，而常规过滤则是垂直的，因此，错流过滤能连续清除过滤介质表面的滞留物，使滤饼不能形成，所以能保持较高的过滤速度。错流过滤在发酵液固形物含量高于0.5%、处理量大时有明显的优势。并且，当发酵液中悬浮的固体粒子十分细小，采用常规过滤，速度极慢，而离心分离费用又太高时，错流过滤就能显示出它独特的优点，如对于细菌悬浮液，错流过滤的过滤速度可达67～118 L/(m^2·h)。

与传统的滤饼过滤和硅藻土过滤相比，错流过滤透过通量大，滤液澄清，菌体收率高，不添加助滤剂或絮凝剂，回收的菌体纯净，有利于进一步的分离操作(如菌体破碎、胞内产物的回收等)，适于大规模连续操作，易于进行无菌操作，防止杂菌的污染。但错流过滤的一个缺点是固液分离不太完全，固相中含有70%～80%的滞留液体，而常规过滤或离心分离滞留液体只有30%～40%。

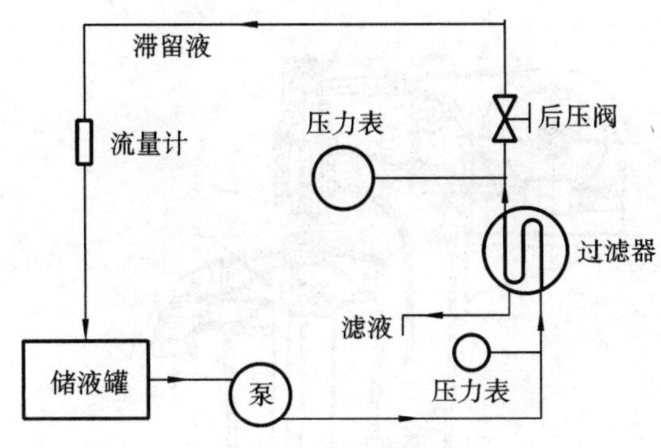

图 3-6 错流过滤模型

4. 离心技术 离心是生产中广泛使用的一种固液分离手段，在生物工业中应用十分广泛。从啤酒和果酒的澄清、谷氨酸结晶的分离，到发酵液菌体、细胞的回收或除去，胞内细胞器、病毒以及蛋白质的分离等都大量使用离心分离技术。

①平抛式离心机：也称瓶式离心机，这是一类结构简单的实验室常用的低、中速离心机，转速一般为3000～6000 r/min。转子活动管套内的离心管，静止时垂直挂在转头上，旋转时随着转子转动，从垂直悬吊上升到水平位置(200～800 r/min)(图3-7)。颗粒在水平转子中的沉降是沿离心管轴向移动的。平抛式离心机产出的样品便于收集，受震动和变速搅乱后对流现象不明显。但转头结构复杂，最高转速相对较低，容量也小一些。

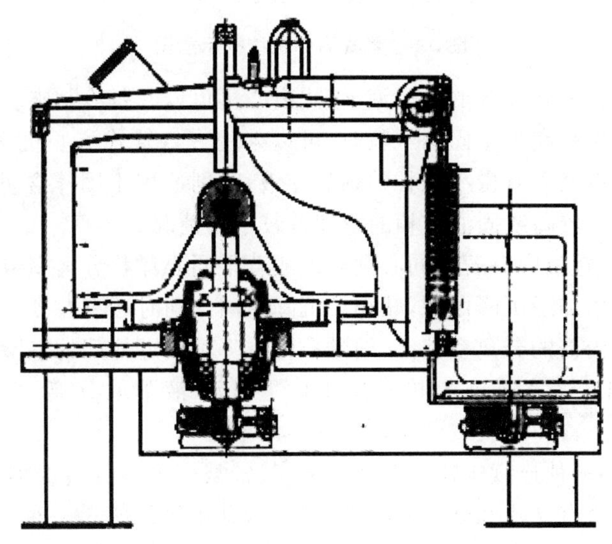

图 3-7 平抛式离心机结构示意图

②管式离心机：具有一个细长而高速旋转的转鼓，转鼓内装有纵向平板。其下部有进料口，上部两侧有轻液相出口。待处理的发酵液在一定压力(3×10^4 Pa左右)下由进料管经底部空心轴进入鼓内，沿转鼓内壁向上流动，澄清后的液相流动到转鼓上部的轻液相出口排出(图3-8)，比重大的固体微粒逐渐沉积在转鼓内壁形成沉渣层，达到一定数量后，需停机人工清除。

管式离心机分为液-液分离的连续式管式离心机和液-固分离的间歇式管式离心机。虽然设计相对简单，但却能提供强大的离心力，最高转速可达15000～65000 r/min，使其成为一种

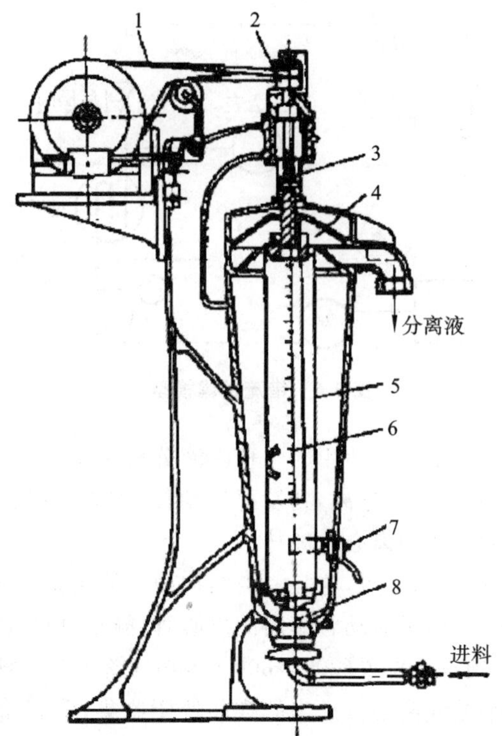

1—平皮带；2—皮带轮；3—主轴；4—液体收集器；
5—转鼓；6—三叶板；7—制动器；8—转鼓下轴承

图 3-8 管式离心机结构示意图

高效的分离设备。对于需要冷却的发酵液，管式离心机可以配备冷却夹套，这尤其有益于蛋白质的分离。当发酵液中存在大量固体颗粒时，可以采用多台管式离心机交替操作。这种离心机适用于处理乳浊液以及含有微小颗粒的稀悬浮液，特别适用于固体含量低于 1%、颗粒粒径小于 5 μm、悬浮液黏度较高或固液两相的密度差较小的情况。

③多室式离心机：转鼓内有若干同心圆筒组成若干同心环状分离室，加长了被分离发酵液的流程，使液层变薄，增加了沉降面积，减小了沉降距离。同时还有粒度筛分的作用，悬浮液中的粗颗粒沉降到靠近内部的分离室壁上，细颗粒则沉降到靠近外部的室壁上，澄清的分离液经溢流或由向心泵排出。多室式离心机常用于抗生素液-液萃取分离、果汁和酒类饮料的澄清等。

④螺旋式离心机：一种连续操作的沉降设备，其转鼓内置可旋转的螺旋输送器，转速略低于转鼓。螺旋式离心机有立式和卧式两种主要类型，其中卧螺机是一种全速旋转，连续进料、分离和卸料的离心机。其最大离心力可达 6000 g，操作温度可高达 300 ℃，通常用于分离含有大量固体颗粒的悬浮液，并具有较大的生产能力。

螺旋式离心机工作原理：转鼓与螺旋输送器以一定的差速同向高速旋转，悬浮液通过螺旋输送器的中空轴连续进入机器的中部，通过进料管持续引入螺旋内筒，随后被加速并进入转鼓。在离心力的作用下，固相物质逐渐沉积在转鼓壁上，形成沉渣层。输料螺旋将沉积的固相物连续不断地推向转鼓的锥端，然后通过排渣口排出机外。与此同时，较轻的液相物质形成内层液环，从转鼓的大端溢流口连续溢出，最终通过排液口排出机外(图 3-9)。

螺旋式离心机的操作压力一般为常压，常用于胰岛素、细胞色素、胰酶等的分离。

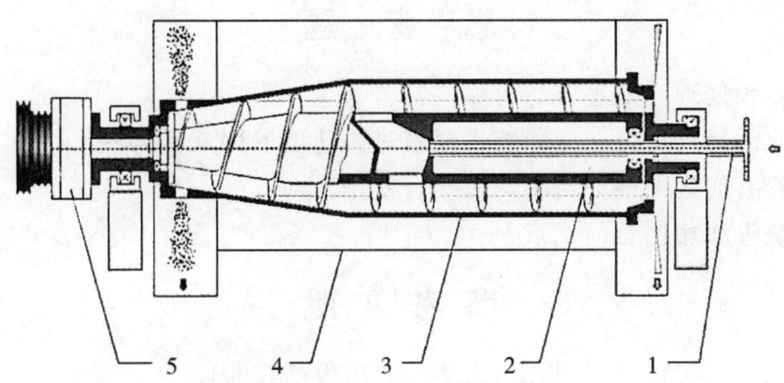

1—进料管；2—卸料螺旋；3—转鼓；4—机壳；5—差速器

图 3-9 螺旋式离心机结构示意图

⑤碟片式离心机:在管式离心机的基础上发展而来的,其特点是在转鼓中加入了多层重叠的碟片,这有助于缩短固体颗粒的沉降距离,从而提高了分离效率。这种离心机在生物工业中得到了广泛应用,通常具有一个密封的转鼓,内装有十至上百个顶角为 60°～100°的锥形碟片,碟片间的距离一般为 0.5～2.5 mm。

碟片式离心机的工作原理是在动压头的作用下,悬浮液经中心管流入高速旋转的碟片之间的间隙,产生惯性离心力。在这个过程中,密度较大的固体颗粒向上层碟片的下表面移动,然后在离心力作用下被甩出,并沿着碟片下表面向转子外部下滑,而液体则在后续液体的推动下沿着碟片的隙道向转子中心流动,然后沿中心轴上升并排出套管,从而实现了固液分离(图 3-10)。

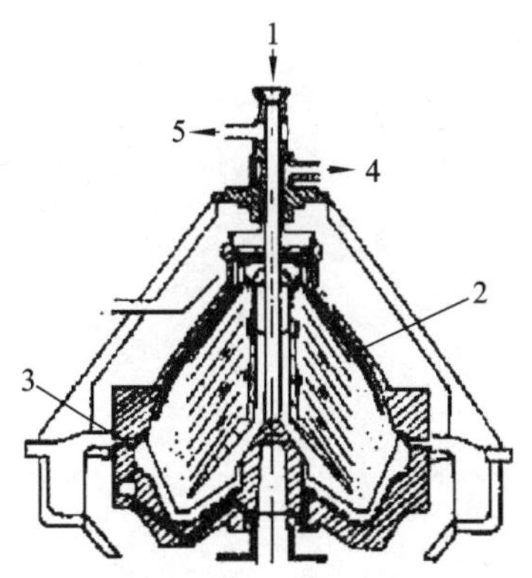

(a) 固-液分离碟片式离心机

1—进料口；2—碟片；3—固相排渣口；4—重液出口；5—轻液出口

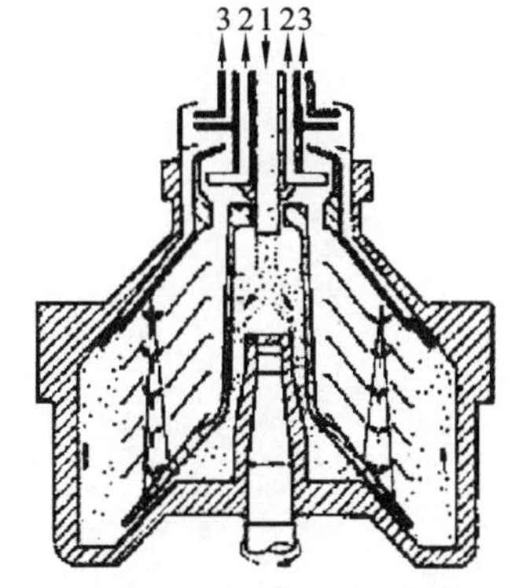

(b) 液-液分离碟片式离心机

1—进料口；2—轻液出口；3—重液出口

图 3-10 碟片式离心机结构示意图

根据排渣方式的不同,碟片式离心机可以分为人工排渣碟片式离心机、喷嘴排渣碟片式离心机和活门(活塞)排渣碟片式离心机等类型。活门排渣碟片式离心机是近年来开发的机型,它和相同直径的活塞机相似,其速度可增加 23%～30%,可用于酶制剂、疫苗和胰岛素生产中分离物的澄清和醇的生产中细菌的采集等。

思　考　题

1. 发酵液为何需要预处理？处理方法有哪些？
2. 发酵液进行过滤的目的是什么？影响发酵液过滤速度的因素有哪些？
3. 凝聚与絮凝过程有何区别？如何将两者结合使用？
4. 错流过滤与传统过滤相比有何优点？

参考文献

[1]　严希康. 生化分离工程[M]. 北京：化学工业出版社，2001.

[2]　欧阳平凯，胡永红，姚忠. 生物分离原理及技术[M]. 3 版. 北京：化学工业出版社，2019.

[3]　孙彦. 生物分离工程[M]. 3 版. 北京：化学工业出版社，2013.

[4]　杜翠红，邱晓燕. 生化分离技术原理及应用[M]. 北京：化学工业出版社，2011.

[5]　田瑞华. 生物分离工程[M]. 北京：科学出版社，2008.

[6]　谭天伟. 生物分离技术[M]. 北京：化学工业出版社，2007.

[7]　胡永红，刘凤珠，韩曜平. 生物分离工程[M]. 武汉：华中科技大学出版社，2015.

（汪华方）

第4章 固相析出分离技术

扫码看课件

生化分子在水溶液中形成稳定的分散系是有条件的，溶液适宜的各种理化参数，任何能够影响理化参数的因素都会破坏分散系的稳定性。固相析出分离技术是通过加入试剂或者改变溶液的理化参数，使目标物质或杂质在溶液中的溶解度降低而形成无定形固体析出或沉淀的一种技术，包括盐析、有机溶剂沉淀、等电点沉淀及结晶等技术。

固相析出分离操作常在发酵液过滤和离心（除去不溶性杂质及细胞碎片）以后进行，得到的沉淀物可直接干燥制得成品或经进一步提纯，如透析、超滤、色谱或结晶制得高纯度生物化学产品。其操作方式可分为连续法和间歇法两种，规模较小时，常采用间歇法。固相析出分离技术具有设备简单、成本低、浓缩倍数高、原材料易得和便于小批量生产等优点，既适用于抗生素、有机酸等小分子物质，又适用于蛋白质、核酸等大分子组分的回收和分离过程；缺点是分离后产物纯度低、过滤较困难以及后处理需脱盐等。

4.1 盐析技术

在适当浓度中性盐的存在下，蛋白质（或酶）等生物大分子物质在水溶液中的溶解度降低而产生沉淀的过程称为盐析。早在1859年，盐析就被用于从血液中分离蛋白质，随后又在尿蛋白、血浆蛋白等的分离和分级中使用，得到了比较满意的结果。盐析技术是一种经典的分离方法，一般不引起蛋白质的变性，当除去盐后，又可溶解。

4.1.1 盐析原理

蛋白质是两性高分子电解质，在水溶液中，其多肽链的疏水性氨基酸残基具有向内部折叠的趋势，使亲水性氨基酸残基基本分布在蛋白质立体结构的外表面。即便如此，一般仍有部分疏水性氨基酸残基暴露在外表面，形成疏水区。因此，蛋白质表面由不均匀分布的荷电基团形成荷电区、亲水区和疏水区。蛋白质在一定 pH 下显示一定的带电性，由于静电斥力作用，使分子间相互排斥，存在双电层，而蛋白质分子周围水分子有序排列在其表面上形成水化层，可以使蛋白质形成稳定的胶体溶液。因此，可通过降低蛋白质周围的水化层和双电层厚度来降低蛋白质溶液的稳定性，实现蛋白质的沉淀。

往蛋白质溶液中加入中性盐等电解质时，在低离子强度情况下，随着中性盐离子强度的增大，蛋白质的活度系数降低，并且蛋白质吸附盐离子后，带电表层使蛋白质分子间相互排斥，而蛋白质分子与水分子间的相互作用却加强，因而蛋白质的溶解度增大，这种现象称为盐溶。相反，在较高盐浓度下，随着离子强度的增大，蛋白质表面的双电层厚度降低，静电排斥作用减弱，同时，由于盐离子的水化作用使蛋白质表面疏水区附近的水化层脱离蛋白质，暴露出疏水区，从而增大了蛋白质表面疏水区之间的疏水相互作用，容易发生凝聚，进而沉淀，该现象称为蛋白质的盐析。

使亲水胶体在水中稳定存在的因素是电荷和水化层。产生盐析的一个原因是盐离子与蛋白质表面具相反电性的离子基团结合形成离子对，因此盐离子部分中和了蛋白质的电荷，使蛋白质分子之间静电排斥作用减弱而相互靠拢，聚集起来（图 4-1）；另一个原因是中性盐离子的亲水性大于蛋白质分子的亲水性，所以加入大量中性盐后，夺走了水分子，破坏了水化层，暴露出蛋白质疏水区，同时又被中和了电荷，破坏了亲水胶体颗粒，蛋白质分子即形成沉淀。

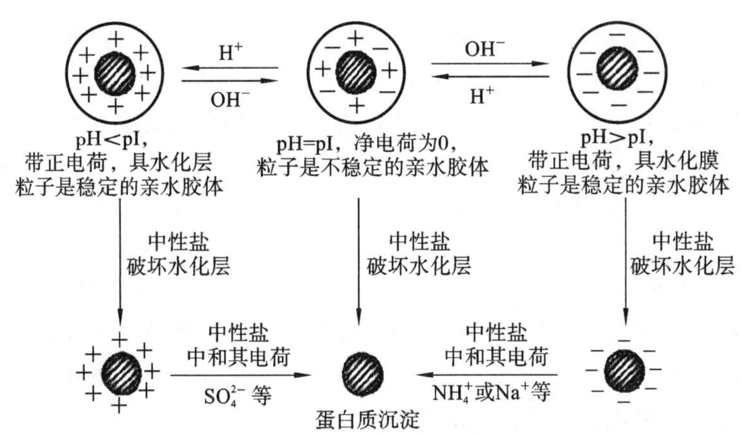

图 4-1　蛋白质盐析机理示意图

蛋白质在水中的溶解度不仅与中性盐离子的浓度有关，还与离子所带电荷数有关，高价离子的影响更显著，通常用离子强度来表示对盐析的影响（图 4-2）。直线部分为盐析区，曲线部分为盐溶。常用 Cohn 经验式来表示蛋白质的溶解度与盐浓度之间的关系：

$$\lg S = \beta - K_s I \tag{4-1}$$

式中，S——蛋白质溶解度，mol/L；

I——盐离子强度，$I = 1/2(\sum m_i Z_i^2)$，m_i 为 i 离子的摩尔浓度，Z_i 为 i 离子的电荷数；

β——常数，β 与盐的种类无关，但与温度和 pH 有关；

K_s——盐析常数，与温度和 pH 无关，与蛋白质和盐种类有关。

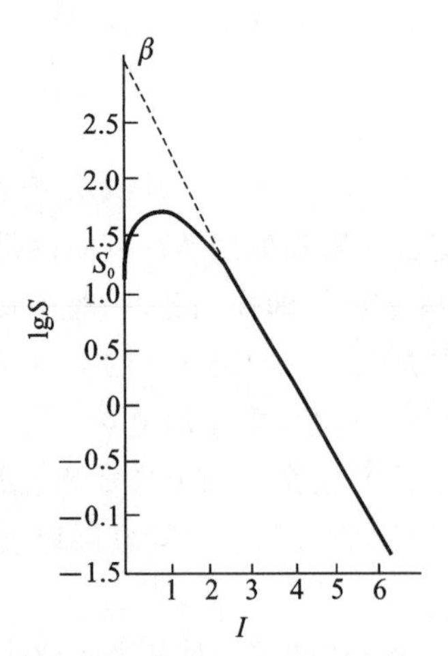

图 4-2　碳氧血红蛋白 lg*S* 与$(NH_4)_2SO_4$ 离子强度 *I* 的关系图（25 ℃、pH 6.6）

由图 4-2 可以看出，盐析常数 K_s 大时，蛋白质溶解度受盐浓度的影响大，盐析效果好。反之，K_s 小时，盐析效果差。生物大分子因表面电荷多，分子量大，溶解度受盐浓度的影响大，其 K_s 比一般小分子的 K_s 要大 10～20 倍。在一定的盐析环境中，β 是蛋白质的特征常数，中性盐的种类对 β 的影响趋于 0，但环境温度及 pH 变化对 β 影响很大。

由于离子强度在盐析情况下较难测定，只有在离

子完全解离，即稀溶液时才能进行有效分析，所以式(4-1)并不十分准确，因而常用浓度代替离子强度，则上式变为

$$\lg S = \beta - K_s c \tag{4-2}$$

式中，c——盐的摩尔浓度，mol/L；

式(4-1)、式(4-2)中 β 的物理意义是蛋白质在纯水中(即离子强度为 0 时)溶解度的对数值，是 pH 和温度的函数，在蛋白质的等电点时最小。常数 β 和 K_s 分别为 y 轴截距和曲线的斜率。用盐析法分离蛋白质时有两种方法：

①在一定的 pH 及温度条件下，改变离子强度(或盐浓度)进行盐析，称为 K_s 分级盐析法。

②在一定的离子强度下，改变溶液的 pH 及温度进行盐析，称为 β 分级盐析法。

一般来说，生物大分子处于等电点附近时 β 最小。温度对 β 的影响因溶质种类而异，大多数蛋白质的 β 随温度升高而下降。在多数情况下，尤其在生产中，往往是向提取液中加入固体中性盐或其饱和溶液，以改变溶液的离子强度(温度及 pH 基本不变)，使目的物质或杂蛋白沉淀析出。这样做使被盐析物质的溶解度剧烈下降，易出现共沉现象，故分辨率不高，故 K_s 分级盐析法多用于提取液的前期分离工作。

在分离的后期阶段，为了得到较高的分辨率，或者为了达到结晶的目的，有时应用 β 分级盐析方法。β 分级盐析法由于溶质溶解度变化缓慢且变化幅度小，沉淀分辨率比 K_s 分级盐析好。

通常粗提蛋白质时用 K_s 分级盐析法，进一步分离纯化蛋白质时用 β 分级盐析法。

4.1.2 盐析中盐的选择依据

依据盐析理论，离子强度对蛋白质等溶质的溶解度起着决定性的作用。在相同的离子强度下，不同种类的盐对蛋白质的盐析效果不同，盐的种类主要影响 Cohn 经验式中的盐析常数 K_s。在选择盐析的无机盐时，除考虑盐析效果外，还要考虑以下几个主要问题。

(1)盐析作用要强。一般来说，多价阴离子的盐析作用强，但有时多价阳离子反而使盐析作用降低。

(2)有足够大的溶解度，且溶解度受温度影响应尽可能小。这样便于获得高浓度盐溶液，有利于操作，尤其是在较低温度(0～4 ℃)下的操作，不致造成盐结晶析出，影响盐析效果。

(3)在生物学上是惰性的，不致影响蛋白质等生物大分子的活性。最好不引入杂质。

(4)来源丰富，价格经济实惠，废液不污染环境。

离子盐析效果强弱的经验规律如下，常见盐析用盐的有关性质见表 4-1。

阴离子：$C_6H_5O_7^{3-} > C_4H_4O_6^{2-} > SO_4^{2-} > F^- > IO_3^- > H_2PO_4^- > Ac^- > BrO_3^- > Cl^- > ClO_3^- > Br^- > NO_3^- > ClO_4 > I^- > SCN^-$

阳离子：$Ti^{3+} > Al^{3+} > H^+ > Ba^{2+} > Sr^{2+} > Ca^{2+} > Mg^{2+} > Cs^+ > Rb^+ > NH_4^+ > K^+ > Na^+ > Li^+$

表 4-1 常见盐析用盐的有关性质

盐的种类	盐析作用	溶解度	溶解度受温度影响	缓冲能力	其他性质
硫酸铵	强	大	小	小	含氮、便宜
硫酸钠	强	较小	大	小	不含氮、较贵
磷酸盐	弱	较小	大	大	不含氮、贵

硫酸铵具有盐析效果强、溶解度大、受温度影响小且廉价等优点，在盐析中使用最多。在25 ℃时，1 L水中能溶解767 g硫酸铵固体，饱和溶液体积为1.425 L，饱和浓度约为4.05 mol/L，饱和溶液密度为1.235 kg/L，该饱和溶液的pH为4.5～5.5，使用时多用浓氨水将pH调至7左右。盐析要求很高时，可将硫酸铵进行重结晶，有时还需要加入H_2S以去除重金属。

磷酸盐、柠檬酸盐也较常用，且有缓冲能力强的优点，但因溶解度低，易与某些金属离子生成沉淀，应用都不如硫酸铵广泛。

4.1.3 盐析操作

在科学研究和工业生产中，除有特殊要求的盐析以外，多数情况都采用硫酸铵进行盐析。一般在溶液中加入硫酸铵的方式有两种：一种是直接加入固体硫酸铵，该方法常用于工业生产，加入时的速度不能太快，应分批加入，并应充分搅拌，使其完全溶解，防止局部浓度过高；另一种方法是加入硫酸铵饱和溶液，用于实验室研究和小规模的生产中，或硫酸铵浓度不需太高时，可采用这种方式，它可防止溶液局部过浓，但加入量较多时，溶液会被稀释。

硫酸铵的加入量有不同的表示方法，25 ℃时硫酸铵饱和浓度约为4.05 mol/L，定义它为100%饱和度，为了达到所需要的饱和度，应加入固体硫酸铵的量可由表4-2查得或由下式计算得到：

$$x = G(P_2 - P_1)/(1 - AP_2) \tag{4-3}$$

式中，x——1 L溶液所需加入$(NH_4)_2SO_4$的质量，g；

G——经验常数，0 ℃时为515，20 ℃为513；

P_1和P_2——初始溶液和最终溶液的饱和度，%；

A——常数，0 ℃时为0.27，20 ℃为0.29。

表4-2 硫酸铵饱和度的配制表(25 ℃)

原有硫酸铵	需要达到的硫酸铵的饱和度/(%)																
饱和度/(%)	10	20	25	30	33	35	40	45	50	55	60	65	70	75	80	90	100
0	56	114	144	176	196	209	243	277	313	351	390	430	472	516	561	662	767
10		57	86	118	137	150	183	216	251	288	326	365	406	449	494	592	694
20			29	59	78	91	123	155	189	225	262	300	340	382	424	520	619
25				30	49	61	93	125	158	193	230	267	307	348	390	485	383
30					19	30	62	94	127	162	198	235	273	314	356	449	546
33						12	43	74	107	142	177	214	252	292	333	426	522
35							31	63	94	129	164	200	238	278	319	411	506
40								31	63	97	132	168	205	245	285	375	496
45									32	65	99	134	171	210	250	339	431
50										33	66	101	137	176	214	302	392
55											33	67	103	141	179	264	353
60												34	69	105	143	227	314
65													34	70	107	190	275
70														35	72	152	237
75															36	115	198
80																77	157
90																	79

由于硫酸铵溶解度受温度影响不大，表 4-2 和式(4-3)也可用于其他温度情况下。如果加入硫酸铵饱和溶液，为达到一定饱和度，所需加入的饱和硫酸铵溶液的体积可由下式求得：

$$V_a = V_0 \cdot [(P_2 - P_1)/(1 - P_2)] \tag{4-4}$$

式中，V_a——加入饱和硫酸铵溶液体积，L；

V_0——蛋白质溶液的原始体积，L；

P_1 和 P_2——初始溶液和最终溶液的饱和度，%。

4.2 有机溶剂沉淀法

在蛋白质、核酸、多糖等生物大分子的水溶液中加入一定量亲水性的有机溶剂，能显著降低生物大分子的溶解度而使其沉淀析出，称为有机溶剂沉淀法。该方法的原理主要是加入的有机溶剂使溶液的介电常数降低，增加了酶、蛋白质、核酸等带电粒子之间的作用力，因相互吸引而聚合沉淀。有机溶剂的加入也使水的极性减小，使两性电解质在溶液中的溶解度降低。有机溶剂会降低蛋白质分子的溶剂化能力，破坏蛋白质的水化层，使蛋白质沉淀。

表 4-3 是一些有机溶剂的介电常数，乙醇、丙醇的介电常数都较低，是常用的沉淀剂。2.5 mol/L甘氨酸的介电常数很大，可以用作蛋白质等生物大分子溶液的沉淀剂。

表 4-3　一些有机溶剂的介电常数

溶剂	介电常数	溶剂	介电常数
水	80	2.5 mol/L 尿素	84
20%乙醇	70	5 mol/L 尿素	91
40%乙醇	60	丙酮	22
60%乙醇	48	甲醇	33
100%乙醇	24	丙醇	23
2.5 mol/L 甘氨酸	137		

与盐析法相比，有机溶剂沉淀法的优点如下：分辨率高于盐析；因溶剂沸点较低，除去、回收方便。但有机溶剂沉淀法容易引起蛋白质等变性，必须在低温下进行，有些有机溶剂易燃易爆，车间和设备应有防护措施等。

4.3 等电点沉淀法

4.3.1 等电点沉淀法的原理

蛋白质等两性电解质在等电点(pI)时，分子表面净电荷为 0，导致赖以稳定的双电层及水化层削弱和破坏，分子间斥力减小，溶解度降低。调节溶液的 pH，使其处于等电点(pI)而沉淀析出的操作称为等电点沉淀法。

等电点沉淀法操作十分简便，试剂消耗少，给体系引入的外来物较少，不同离子强度下，由同种蛋白质的溶解度与 pH 的关系(图 4-3)不难看出，两性溶质在等电点及等电点附近仍有相当的溶解度(有时甚至比较大)，所以等电点沉淀法往往不完全，加上许多生物分子的等电点比较接近，故很少单独使用等电点沉淀法作为主要纯化手段，往往与盐析法、有机溶剂沉淀法等方法联合使用。在实际工作中普遍用等电点沉淀法作为去杂手段，如在工业上生产胰岛素时，先调节 pH 至 8.0 来去除碱性杂蛋白，再调节 pH 至 3.0 去除酸性杂蛋白。

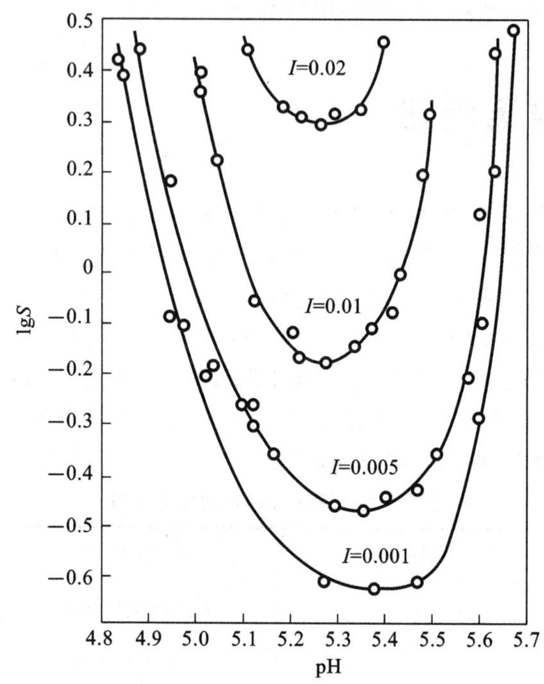

图 4-3　不同离子强度下，同种蛋白质的溶解度与 pH 的关系

4.3.2　等电点沉淀法的操作

等电点沉淀法的操作条件：低离子强度(盐溶)，pH≈pI。操作时要考虑产物的稳定性(如胰蛋白酶在等电点 pI＝10.1 处不稳定)。等电点沉淀法一般适用于疏水性较强的蛋白质，可与其他方法结合。

等电点沉淀法操作时需要注意以下几个问题。

(1)生物大分子的等电点易受盐离子的影响发生变化，若蛋白质分子结合的阳离子(如 Ca^{2+}、Mg^{2+}、Zn^{2+})多时，等电点升高；而若结合阴离子(如 Cl^-、SO_4^{2-}、HPO_4^{2-})多时，则等电点降低。自然界中许多蛋白质较易结合阴离子，使等电点向酸侧移动。

(2)在使用等电点沉淀法时还应考虑目标物的稳定性。有些蛋白质或酶在等电点附近不稳定，如 α-糜蛋白酶(pI＝8.1～8.6)、胰蛋白酶(pI＝10.1)，它们在中性或偏碱性的环境中由于自身或其他蛋白水解酶的作用而部分降解失活，所以在实际操作中应避免溶液 pH 上升至 5 以上。

(3)生物大分子在等电点附近盐析作用明显，所以无论是单独使用或与溶剂沉淀法合用，都必须控制溶液的离子强度。

4.4 其他沉淀法

生物产品固相析出技术除盐析、等电点沉淀法以及有机溶剂沉淀技术外，经常使用的沉淀方法还有水溶性非离子型聚合物沉淀法、生成盐类复合物的沉淀法、金属离子沉淀法、有机酸沉淀法和选择性变性沉淀法等技术。所使用的沉淀剂有金属盐类、有机酸类、表面活性剂、离子型或非离子型的多聚物、变性剂及其他一些化合物。

4.4.1 水溶性非离子型多聚物沉淀法

20 世纪 60 年代发展起来的某些水溶性非离子型多聚物可用作沉淀剂，近年来被广泛用于核酸、蛋白质和酶的分离纯化，如不同分子量的聚乙二醇(PEG)、聚乙烯吡咯烷酮(PVP)和葡聚糖等。目前应用最多的是 PEG，其无毒且对成品影响小。

用非离子型多聚物沉淀生物大分子和微粒，一般有两种方法，第一种方法是选用两种水溶性非离子型多聚物组成液-液两相系统，使生物大分子或颗粒在两相系统中不等量分配，进行分离。该方法的机理是不同生物分子和微粒表面结构不同，有不同的分配系数，且外加离子强度、pH 和温度等的影响，提高分离效果。第二种方法是选用一种水溶性非离子型多聚物，使生物大分子或微粒在同一液相中，由于排斥作用，相互凝集而沉淀析出。后一种方法操作时应先离心除去粗大悬浮颗粒，调节溶液至适宜 pH 和温度，然后加入中性盐和多聚物至一定浓度，冷储一段时间后，即形成沉淀析出。

一般来说，水溶性非离子型多聚物沉淀法所得到的沉淀中含有大量沉淀剂，需要除去。除去的方法有吸附法、乙醇沉淀法及盐析法等。如将沉淀物溶于磷酸缓冲液中，用 35%硫酸铵沉淀蛋白质，PEG 则留在上清液中；用 DEAE 纤维素吸附目的物也常用，此时 PEG 不被吸附；用 20%乙醇处理沉淀复合物，离心后也将 PEG(留在上清液中)除去。

几十年来该技术发展很快，特别是用 PEG 沉淀分离质粒 DNA，已相当普遍。一般在 0.01 mol/L 磷酸缓冲液中加浓度为 10%的 PEG，即可使 DNA 沉淀。在遗传工程中所用的质粒 DNA 分子量一般在 10^6 数量级，选用的 PEG 分子量常为 6000(即 PEG 6000)，因它易与分子量在 10^6 数量级的 DNA 结合而沉淀。

4.4.2 生成盐类复合物的沉淀法

生物大分子和小分子都可以生成盐类复合物沉淀，此法一般可分为：①与生物分子的酸性功能基团作用的金属复合物盐法(如铜盐、银盐、锌盐、铅盐、锂盐、钙盐等)；②与生物分子的碱性功能基团作用的有机复合盐法(如苦味酸盐、苦酮酸盐、丹宁酸盐等)；③无机复合盐法(如磷钨酸盐、磷钼酸盐等)。以上盐类复合物都具有很低的溶解度，极容易沉淀析出。若沉淀为金属复合盐，可通过 H_2S 使金属变成硫化物而除去；若为有机酸盐类，可移入乙醚中除去，或用离子交换法除去。但值得注意的是，重金属、某些有机酸与无机酸和蛋白质形成复合盐后，常使蛋白质发生不可逆的沉淀，应用时必须谨慎。

4.4.3 金属离子沉淀法

许多有机物包括蛋白质在内，在碱性溶液中带负电荷，能与金属离子形成沉淀。所用的金属离子，根据它们与有机物作用的机制可分为三大类。第一类包括 Mn^{2+}、Fe^{2+}、Co^{2+}、Ni^{2+}、

Cu^{2+}、Zn^{2+}和 Cd^{2+}，它们主要作用于羧酸、胺及杂环等含氮化合物；第二类包括 Ca^{2+}、Ba^{2+}、Mg^{2+}和 Pb^{2+}，这类金属离子对含巯基的化合物具有特殊的亲和力；第三类是蛋白质和酶分子中所含的羧基、氨基、咪唑基和巯基等，均可以和上述金属离子作用形成盐复合物。

蛋白质-金属离子复合物的重要性质是它们的溶液对介质的介电常数非常敏感。调整水溶液的介电常数(如加入有机溶剂)，再用 Zn^{2+}、Ba^{2+}等金属离子可以把许多蛋白质沉淀下来，而所用金属离子浓度约为 0.02 mol/L 即可。金属离子沉淀法也适用于核酸或其他小分子，金属离子还可沉淀氨基酸、多肽及有机酸等。

4.4.4 有机酸沉淀法

含氮有机酸如苦味酸、苦酮酸和鞣酸等，能够与有机分子的碱性功能基团形成复合物而沉淀析出。但这些有机酸与蛋白质形成盐复合物沉淀常常发生的是不可逆的沉淀反应。工业上应用此法制备蛋白质时，需要采取较温和的条件，有时还需加入一定的稳定剂，以防止蛋白质变性。

1. 丹宁沉淀法 丹宁即鞣酸，广泛存在于植物界，其分子结构可看作是一种五-双没食子酸酰基葡萄糖，为多元酚类化合物，分子上有多个羧基和多个羟基。由于蛋白质分子中有许多氨基、亚氨基和羧基等，这样就有可能在蛋白质分子与丹宁分子间形成众多的氢键而结合在一起，从而生成复合颗粒物沉淀下来。

丹宁沉淀蛋白质的能力与蛋白质的种类、pH 及丹宁本身的来源(种类)和浓度有关。由于丹宁与蛋白质的结合相对比较牢固，用一般方法不易将它们分开，故采用竞争结合法，即选用比蛋白质更强的结合剂与丹宁结合，使蛋白质被释放出来。此外，聚乙二醇、聚氧化乙烯及山梨糖醇甘油酸酯也可用来从丹宁复合物中分离蛋白质。

2. 2-乙氧基-6,9-二氨基吖啶乳酸盐沉淀法 2-乙氧基-6,9-二氨基吖啶乳酸盐是一种吖啶染料，虽然其沉淀机理比一般有机酸盐复杂，但其与蛋白质也是主要通过形成盐复合物而沉淀的。此种染料对提纯血浆中 γ-球蛋白有较好效果。实际应用时，将 0.4% 2-乙氧基-6,9-二氨基吖啶乳酸盐溶液加入血浆中，调节 pH 至 7.6～7.8，除 γ-球蛋白外，可将血浆中其他蛋白质也沉淀下来。然后将沉淀物溶解，再以 5%NaCl 将 2-乙氧基-6,9-二氨基吖啶乳酸盐沉淀除去(或通过活性炭柱或马铃薯淀粉柱吸附除去)。溶液中 γ-球蛋白可用 25%乙醇或加等体积饱和硫酸铵溶液沉淀回收。使用 2-乙氧基-6,9-二氨基吖啶乳酸盐沉淀蛋白质时，不影响蛋白质活性，并可通过调整 pH，分段沉淀一系列蛋白质组分。但等电点在 3.5 以下或 9.0 以上的蛋白质，不被 2-乙氧基-6,9-二氨基吖啶乳酸盐沉淀。核酸大分子也可在较低 pH(2.4 左右)时，被 2-乙氧基-6,9-二氨基吖啶乳酸盐沉淀。

3. 三氯乙酸(TCA)沉淀法 TCA 沉淀蛋白质迅速而完全，一般会引起变性，但在低温下短时间作用可使有些较稳定的蛋白质或酶保持原有的活力，如用 2.5%TCA 溶液处理胰蛋白酶、细胞色素 c 粗提液，可以除去大量杂蛋白而对酶活性没有影响。此法多用于目的产物比较稳定且分离杂蛋白相对困难的情况，如分离细胞色素 c(图 4-4)。

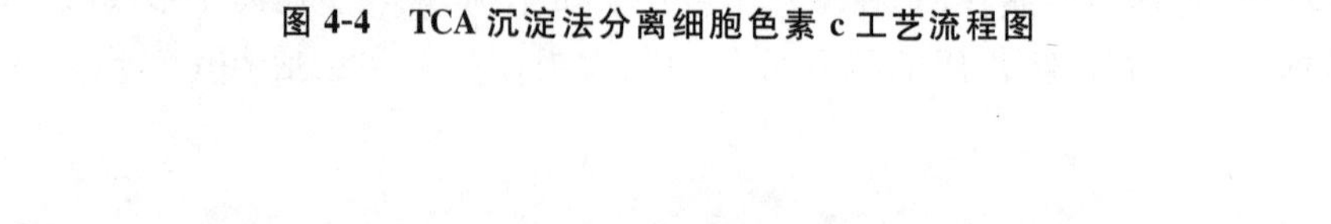

猪心肌提取液 —吸附/人造沸石→ 洗脱液 —盐析/45%饱和硫酸铵→ ┌ 上清液 —TCA/沉淀→ ┌ 上清液 —透析→ 细胞色素c粗品溶液；└ 沉淀（弃去）；└ 沉淀（去除）

图 4-4 TCA 沉淀法分离细胞色素 c 工艺流程图

4.4.5 选择性变性沉淀法

选择性变性沉淀法原理是利用蛋白质、酶和核酸等生物大分子对某些物理或化学因素的敏感性不同，而有选择性地使之变性沉淀，以达到分离提纯的目的。这一特殊方法主要是为了破坏杂质、保存目标物。此方法可分为以下几种类型。

1. 选择性变性剂变性 表面活性剂、重金属盐、某些有机酸、酚、卤代烷等，可使提取液中的蛋白质或部分杂蛋白发生变性，使之与目标物分离，如制取核酸时用氯仿将蛋白质沉淀分离。

2. 选择性热变性 利用蛋白质等生物大分子对热的稳定性不同，加热破坏某些组分，而保存另一组分，如脱氧核糖核酸酶对热的稳定性比核糖核酸酶差，加热处理可使混杂在核糖核酸酶中的脱氧核糖核酸酶变性沉淀。又如黑曲霉发酵制备脂肪酶时，常混杂大量淀粉酶，当把混合酶液在 40 ℃水浴中保温 2.5 h(pH 3.4)时，90%以上的淀粉酶将受热变性而被除去。热变性方法简单易行，在制备一些对热稳定的小分子物质过程中，常用于除去一些大分子蛋白质和核酸。

3. 选择性酸碱变性 生化物质制备中利用酸碱变性选择性除去杂蛋白的例子很多，如用 2.5%TCA 处理胰蛋白酶、细胞色素 c 粗提液，均可除去大量杂蛋白，而对所提取的酶活性没有影响。有时还把酸碱变性与热变性结合起来使用，效果更加显著，但使用前必须对目标物的热稳定性和酸碱稳定性有足够了解，切勿盲目使用，如胰蛋白酶在 pH 2.0 的酸性溶液中可耐极高温度，而且热变性后产生的沉淀是可逆的，冷却后沉淀溶解即可恢复原来活性。还有一些酶与底物或者竞争性抑制剂结合后，对 pH 或热的稳定性显著增加，可以采用较强的酸碱变性和加热方法除去杂蛋白。

4.5 结晶

结晶是溶液中的溶质在一定条件下，分子有规则地排列而结合成晶体的过程。晶体的化学成分均一、结构对称，其特征为离子和分子在空间晶格的结点上呈规则的排列。结晶是溶质提纯和得到固体颗粒的一种常用方法，所以有很多书籍将此内容列入精制的步骤之中。

4.5.1 结晶过程

固体有晶体和无定形固体两种状态，晶体析出速度慢，溶质分子有足够时间进行排列，粒子排列有规则。无定形固体析出速度快，粒子排列无规则。结晶操作中只有同类分子或离子才能排列成晶体，因此结晶过程具有良好的选择性，通过结晶，溶液中大部分的杂质会留在母液中，再经过滤、洗涤，可以得到纯度较高的晶体。结晶具有成本低、设备简单、操作方便等优点，广泛应用于氨基酸、有机酸、抗生素、维生素、核酸等产品的精制。

晶体具有化学成分均一、排列整齐的特点，保证了工业生产的晶体产品具有较高的纯度。含水量较高的溶液(50%～80%)经过结晶后，晶体的含水量大为降低(20%左右)，使得后续的干燥过程中需蒸发的水分大大降低，节省了费用。

当溶液中溶质浓度等于该溶质在同等条件下的饱和浓度时，该溶液称为饱和溶液。当溶质浓度超过饱和浓度时，该溶液称为过饱和溶液。溶质只有在过饱和溶液中才能析出。溶质溶解度与温度有关，一般物质的溶解度随温度的升高而增加，但亦有少数例外。例如，红霉素在水中的溶解度，7 ℃时为 14.20 g/L，而 40 ℃时降为 1.28 g/L。溶解度还与溶质颗粒的大小、溶质分散度、晶体大小有关。

结晶是指溶质自动从过饱和溶液中析出，形成新相的过程。这一过程中溶质分子有规律地排列在一定的晶格中，以固相析出，是一个表面化学反应过程。形成新相需要一定的表面自由能，因为形成新的表面需要克服表面张力。因此，溶质浓度达到饱和浓度时，晶体尚不能析出，只有当溶质浓度超过饱和浓度后，才可能有晶体析出。

最先析出的微小晶体称为晶核。在饱和溶液中，晶核处于晶核形成—晶核溶解—晶核再形成的动态平衡之中，只有达到过饱和状态后，晶核才能稳定存在。晶核形成后，依靠扩散继续生长为晶体，所以结晶过程有 3 个步骤：①过饱和溶液的形成；②晶核的形成；③晶体的生长。其中过饱和溶液的形成是结晶的必要条件，过饱和度是结晶的推动力。

物质在溶解时需要吸收热量，结晶时要放出结晶热，因此结晶也是一个质量与能量的传递过程，与结晶体系的温度关系密切。从宏观上来说，当溶液中加入的溶质不再溶解时，表明溶液达到饱和。从微观上讲，晶体溶解速度等于晶体析出速度时，溶液达到饱和，此时溶解的溶质质量为该温度下的溶解度，以温度和溶解度为坐标可绘得溶解度曲线。溶解度曲线有 3 种类型：①随着温度升高，溶解度增大；②溶解度不随温度变化；③随着温度升高，溶解度降低。饱和曲线与过饱和曲线示意图见图 4-5。

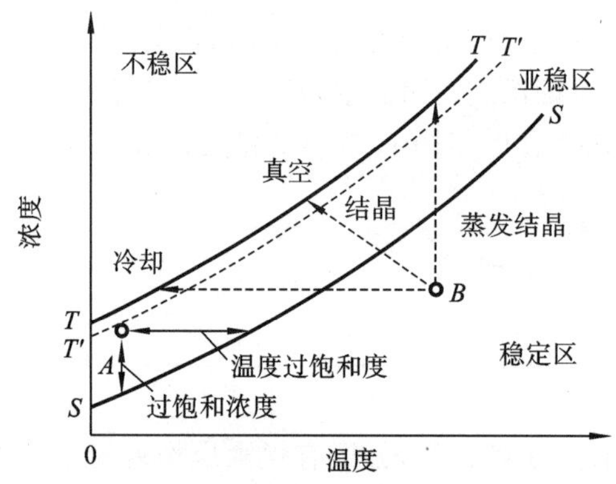

图 4-5 饱和曲线与过饱和曲线示意图

如图 4-5 所示，饱和曲线 SS 下方为稳定区，在此区域内溶液是稳定的；而在 SS 曲线和过饱和曲线 TT 之间的区域为亚稳区，此区域内如不加入晶核，溶液可长时间保持稳定，但加入晶核后，溶质在晶核周围聚集、排列，溶质浓度降低至 SS 曲线；在 TT 曲线上部的区域为不稳区，在此区域内溶液均能自发形成结晶，溶液的溶质浓度迅速降低至 SS 曲线，晶体生长速度快，晶体尚未长大溶质浓度便降至饱和浓度，晶体细小。

4.5.2 过饱和溶液的形成方法

结晶的必要条件是过饱和溶液，可以通过下面几种方法形成过饱和溶液。

1. 部分溶剂蒸发法 部分溶剂蒸发法也称等温结晶法，此法适用于溶解度随温度降低变化不大的体系，或者随温度升高溶解度降低的体系，可利用加压、减压或常压蒸馏的方式完成。此法耗能最多，加热面结垢问题使操作困难，一般不常用。

2. 热饱和溶液冷却法 此法适用于溶解度随温度降低而显著减小的体系，温度降低的速度要适中。该法基本不除去溶剂，而是使溶液冷却，也称等溶剂结晶法。可采用自然冷却、间壁冷却和直接接触冷媒等方式使溶液冷却。

3. 真空蒸发冷却法 真空蒸发冷却法是在真空条件下将溶剂迅速蒸发，并结合绝热冷却，是将冷却和部分溶剂蒸发相结合的一种方法。此法是 20 世纪 50 年代以来应用较多的方法，设备简单，操作稳定，由于结晶器内无换热面，不存在晶垢问题。

4. 化学反应结晶法 通过加入反应剂或者调节 pH 的方法产生新物质，当新物质的浓度超过溶解度时就有晶体析出。如在头孢菌素 C 的浓缩液中加入醋酸钾，即析出头孢菌素 C 钾盐。

5. 盐析法 向体系中加入某些物质可使得溶质的溶解度降低而析出，这些物质称为稀释剂或沉淀剂，既可以是固体，也可以是液体或气体。如向氨基酸水溶液中加入适量乙醇后，氨基酸析出，向易溶于有机溶剂的物质的溶液中加入适量水，即析出沉淀；还可以将氨气直接通入无机盐水溶液中，降低其溶解度，使无机盐结晶析出。

4.5.3 晶核的形成

晶核形成是一个新相产生的过程，形成新的表面需要对表面做功，所以晶核形成时需要消耗一定的能量。自动成核时，体系总的吉布斯自由能变 ΔG 分为两部分，即表面过剩吉布斯自由能（ΔG_S）和体积过剩吉布斯自由能（ΔG_V）。晶核形成必须满足：$\Delta G=\Delta G_S+\Delta G_V<0$。通常 $\Delta G_S>0$，会阻碍晶核的形成。

设 ΔG_V 为形成单位体积晶体的吉布斯自由能变，并假定晶体为球形，半径为 r，则 $\Delta G_V=4/3(\pi r^3\Delta G_V)$，若以 σ 代表液固界面的表面张力，则 $\Delta G_S=4\pi r^2\sigma$。因此在恒温恒压条件下形成一个半径为 r 的晶核，其总吉布斯自由能变：$\Delta G=4\pi r^2(\sigma+(r/3)\Delta G_V)$。

（1）临界晶体半径 r_c：指 ΔG 为最大值时的晶核半径，$r<r_c$ 时，ΔG_S 占优势，故 $\Delta G>0$，晶体自动溶解，晶核不能自动形成；$r>r_c$ 时，ΔG_V 占优势，故 $\Delta G<0$，晶体溶解度较小，晶核可以自动形成，并可以稳定生长。

（2）初级成核：过饱和溶液中的自动成核现象，过饱和度越高，r_c 越小，越容易自动成核。初级成核可在不稳区内发生，其发生机理是胚种和溶质分子碰撞的结果。工业生产中一般不以初级成核作为晶核的来源。

（3）二次成核：亚稳区内由于过饱和度过小不能发生初级成核，但若加入晶种，就会有新的晶核产生的成核现象。工业生产中一般需加入晶种，形成二次成核。

（4）伪晶：结晶过程中，已存在晶体的情况下，突然产生的大量晶核称为伪晶，此时原本清晰的晶浆溶液突然变为乳白色的浑浊液，此现象是出现伪晶的标志。伪晶的出现会导致晶体颗粒度大幅度减小、不能形成完美晶型的晶体、晶体与母液分离困难等危害，可通过操作工艺的改进予以避免。

4.5.4 成核速率

成核速率是指单位时间内在单位体积中生成新晶核的数目，是决定晶体产品粒度分布的首要动力学因素。

由绝对反应速率理论的 Arrhenius 公式可近似得到成核速率公式：

$$B = k\mathrm{e}^{-\Delta G_{\max}/RT} \tag{4-5}$$

式中，B——成核速率；

$\Delta G_{\max}$——成核时临界吉布斯自由能变，是成核时必须逾越的能阈；

k——常数。

4.5.5 工业上常用的结晶方法

工业中有如下 3 种结晶方法。

1. 自然结晶法 在一定温度下使溶液蒸发，进入不稳区形成晶核，当生成晶核的数量符合要求时，加入稀溶液使溶液浓度降至亚稳区，使之不生成新的晶核，溶质即在晶核的表面生长。这是一种传统的结晶方法，因为它要求过饱和浓度较高，蒸发时间长，消耗蒸汽多，同时还可能存在造成溶液色泽加深的缺点，已很少使用。

2. 刺激结晶法 将溶液蒸发至亚稳区后，将其加以冷却，进入不稳区，此时即有一定量的晶核形成，由于晶核析出，溶液浓度降低，随即将其控制在亚稳区的养晶区使晶体生长。

3. 晶种结晶法 将溶液蒸发或冷却到亚稳区的较低浓度，投入一定量和一定大小的晶种，使溶液中的过饱和溶质在所加的晶种表面长大。晶种结晶法是普遍采用的方法，操作得当可获得均匀整齐的晶体。

4.5.6 晶体的生长

过饱和溶液中如已有晶核形成或加入晶种后，以过饱和度为推动力，晶核或晶种会长大，这种现象称为晶体的生长。根据晶体扩散学说，晶体的生长由以下 3 个步骤组成。

(1)结晶溶质借扩散作用穿过靠近晶体表面的一个滞流层，从溶液中转移到晶体的表面。

(2)到达晶体表面的溶质长入晶面，并同时放出结晶热。

(3)放出的结晶热传递到溶液中。

第(1)步中扩散过程的速率取决于液相主体浓度与晶体表面浓度之差，第(2)步是一个表面反应过程，其速率取决于晶体表面浓度与饱和浓度之差，于是

$$\frac{\mathrm{d}m}{\mathrm{d}t}=k_{\mathrm{d}}A(c-c_i) \tag{4-6}$$

$$\frac{\mathrm{d}m}{\mathrm{d}t}=k_{\mathrm{r}}A(c_i-c^*) \tag{4-7}$$

式中，m——结晶质量；

t——结晶时间；

k_{d}——扩散传质系数；

A——晶体表面积；

c——液相主体浓度；

c_i——溶液界面浓度；

k_{r}——表面反应速率常数；

c^*——溶液饱和浓度。

联立式(4-6)和式(4-7)可得

$$\frac{\mathrm{d}m}{\mathrm{d}t}=\frac{A(c-c^*)}{\frac{1}{k_{\mathrm{d}}}+\frac{1}{k_{\mathrm{r}}}} \tag{4-8}$$

式中，$c-c^*$ 为总的传质推动力，即过饱和度。

令 K 为总传质系数，则

$$\frac{1}{K}=\frac{1}{k_{\mathrm{d}}}+\frac{1}{k_{\mathrm{r}}} \tag{4-9}$$

则有

$$\frac{\mathrm{d}m}{\mathrm{d}t}=KA(c-c^{*}) \tag{4-10}$$

4.5.7 影响晶体生长的因素

晶体生长是以浓度差为推动力的扩散传质和晶体表面反应(晶格排列)的两步串联过程,过程中诸多因素会影响晶体的生长。

(1)杂质:结晶是溶质质点在晶核表面规律排列、定位的过程,杂质的存在对晶体生长有很大影响,会阻碍溶质质点向晶核的靠拢,改变晶体和溶液之间界面的滞流层特性,影响溶质结晶,改变晶体的外形。有的杂质会完全抑制晶体的生长,有的则能促进晶体生长。

(2)搅拌:搅拌加速了传质扩散,提高了晶体的生长速率,加速晶核的形成并保证晶核在溶液中的悬浮运动。搅拌转速需要通过实验来确定一个最佳值,一般在 5～20 r/min。

(3)温度:温度升高有利于扩散传质,从而提高结晶速率。

(4)溶液过饱和度:结晶操作的关键是要将溶液浓度控制在亚稳区,过饱和度增加一般会使结晶速率增大,但同时引起黏度过高而使结晶受阻。过高的过饱和度溶液中产生的伪晶更稳定,使得结晶效果变差。

(5)晶浆比:指晶体质量与母液质量的比值,该值越大,黏度越大,流动性越差,分离越困难,晶体中杂质越多;晶浆比越小,一次结晶的收率就越低,从而需要多次结晶,造成能耗的增加。

(6)结晶系统的晶垢:结晶时会在结晶器壁及循环系统中产生晶垢,严重影响结晶效率。

此外,有机溶剂、pH 等也会影响晶体的生长速度和晶体的形状,如普鲁卡因青霉素在水溶液的晶形为方形,在醋酸丁酯中的晶形为长棒状。

4.5.8 提高晶体质量的方法

晶体的质量主要指晶体的大小、形状和纯度 3 个方面。工业上希望得到粗大而均匀的晶体,便于过滤与洗涤,在储存过程中不易结块。但对于一些抗生素,药用时有些特殊要求,如非水溶性抗生素药用时需要制成悬浮液,为使人体容易吸收,粒度要求较细。但晶体过分细小,有时晶粒会带静电,导致相互排斥而四处分散,使比容过大,给成品的分装造成不便。可以通过下列方法提高晶体质量。

1. 晶体大小 晶体的大小取决于晶核形成速率与晶体生长速率之间的关系。当晶体生长速率远小于晶核形成速率时,过饱和度主要用来形成新的晶核,从而得到细小的晶体;当晶体生长速率超过晶核形成速率时,则得到较粗大的晶体。

影响晶体大小的因素主要有过饱和度、温度、晶核质量、搅拌速率和杂质等。晶核形成与生长往往是同时进行的,必须同时考虑各种因素对这两个过程的影响。溶液快速冷却时会得到较高的过饱和度,导致晶体细小,缓慢降温则常常得到较粗大的晶体。搅拌可以促进成核及加速扩散,提高晶核生长速率,但搅拌速率过快,晶体生长速率增加并不明显,反而会将晶体打碎。

2. 晶体形状 同种物质采用不同的结晶工艺时,虽然属于同一晶系,但晶体形状可以完全不同。晶体外形的变化是由在一个方向生长受阻,或在另一方向生长加速所致。通过一些途径可以改变晶体外形,如控制晶体生长速率、过饱和度、结晶温度,选择不同的溶剂,调节溶液 pH 或有目的地加入某种能改变晶形的杂质等。

3. 晶体纯度 母液中的杂质、结晶速率、晶体粒度及粒径分布是影响晶体纯度的主要因素。晶体表面具有一定的吸附能力,因此有很多母液和杂质黏附在晶体表面,晶体越细小,比表面积越大,吸附的杂质越多。当结晶速率过快时,常发生若干晶体聚结成为晶簇的现象,很容易将母液等杂质包藏在里面,或者因晶体对溶剂亲和力大而使晶体中包含溶剂,为此常常采用适度的搅拌来防止。

4. 晶体结块 由于晶体的性质、化学组成、粒度分布及几何形状受到湿度、温度、压力和杂质等外界因素的影响,晶体表面溶解并发生重结晶,从而在晶粒之间的相互接触点上形成晶桥,使晶粒黏结在一起形成结块的现象。影响晶体结块的主要因素有晶体的含水量、晶体的颗粒大小、晶体的颗粒强度、晶体的吸湿性及储存温度、储存压力等。

5. 重结晶 经过一次粗结晶后,得到的晶体通常会含有一定量的杂质,此时工业上常常需要采用重结晶的方式进行精制。重结晶是利用杂质和结晶物质在不同溶剂和不同温度下的溶解度不同,将晶体用适合的溶剂溶解后再次结晶,以获得高纯度晶体的操作。

思 考 题

1. 常用的蛋白质沉淀方法有哪些?
2. 简述盐析法分离蛋白质的原理。欲提高盐析效率,应采取什么措施?
3. 有机溶剂沉淀蛋白质的机理什么?用乙醇沉淀蛋白质时应注意哪些事项?
4. 常用的沉淀方法有哪些?
5. 沉淀与结晶有何不同?
6. 过饱和溶液形成的方法有哪些?

参考文献

[1] 严希康. 生化分离工程[M]. 北京:化学工业出版社,2001.

[2] 欧阳平凯,胡永红,姚忠. 生物分离原理及技术[M]. 3版. 北京:化学工业出版社,2019.

[3] 孙彦. 生物分离工程[M]. 3版. 北京:化学工业出版社,2013.

[4] 杜翠红,邱晓燕. 生化分离技术原理及应用[M]. 北京:化学工业出版社,2011.

[5] 田瑞华. 生物分离工程[M]. 北京:科学出版社,2008.

[6] 谭天伟. 生物分离技术[M]. 北京:化学工业出版社,2007.

[7] 胡永红,刘凤珠,韩曜平. 生物分离工程[M]. 武汉:华中科技大学出版社,2015.

(夏 爽)

第5章 萃取技术

扫码看课件

萃取是利用溶质在互不相溶的两相之间分配系数的不同,而使溶质得到纯化或浓缩的方法。发酵液经过固液分离之后,进入产物提取阶段,萃取(包括溶剂萃取、双水相萃取、反胶团萃取、超临界萃取、液膜萃取等)是重要的产物提取操作,广泛应用于抗生素、有机酸、氨基酸、维生素、激素、生物碱、蛋白质、核酸等物质的分离纯化。

5.1 萃取的基本概念、基本原理及特点

5.1.1 萃取的基本概念

萃取分离中涉及的几个基本概念(图 5-1)如下。

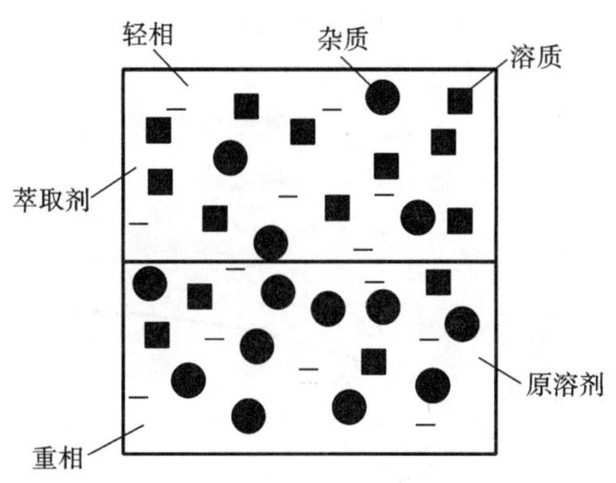

图 5-1 萃取的基本概念

(1)萃取:利用液体或超临界流体为溶剂,提取原料中目标产物的分离纯化方法。

(2)萃取剂:可进行萃取的溶剂。

(3)溶质:待处理料液中被萃取的目标物质。

(4)萃取相:萃取完成,混合静置后分成两液相,以萃取剂(含溶质)为主的一相。

(5)萃余相:萃取完成,混合静置后分成两液相,以原溶剂为主的一相。

(6)萃取液:萃取完成后离开萃取器的萃取剂相。

(7)萃余液:萃取相接触后离开的料液相,也称为残液。

(8)物理萃取:溶质根据相似相溶的原理,在两相间达到分配平衡而进行萃取的分离过程。

(9)化学萃取:利用脂溶性萃取剂与溶质之间发生化学反应生成脂溶性复合分子,实现溶质向有机相分配的过程。萃取剂与溶质之间的化学反应包括离子交换和配合反应等。

(10)稀释剂:化学萃取中通常用煤油、己烷、四氯化碳和苯等有机溶剂溶解萃取剂,改善萃取相的物理性质,这类有机溶剂即称稀释剂。

(11)反萃取:在溶剂萃取分离过程中,当完成萃取操作后,为进一步纯化目标产物或便于下一步分离操作的实施,需要将目标产物从有机相转入水相的萃取。这是一种调节水相条件,将目标产物从有机相转入水相的萃取操作。

5.1.2 萃取分离的原理

1. 萃取分离的过程 萃取是利用溶质在两种互不相溶的溶剂中溶解度或分配系数的不同,使溶质从一种溶剂内转移到另一种溶剂中的操作。分配定律是萃取分离的主要依据。物质对不同的溶剂有不同的溶解度,良好的萃取剂要求对溶质有较大的溶解度,而与原溶剂则互不相溶或微溶。

萃取过程中互不相溶的两相间以一界面接触,在相间浓度差的作用下,料液相的溶质向萃取相扩散,料液相溶质浓度不断降低,而萃取相中溶质浓度不断升高(图 5-2),其动力学过程见式(5-1)。在此过程中,料液相中溶质浓度的变化速率即萃取速率:

$$-\frac{\mathrm{d}c}{\mathrm{d}t}=ka(c-c^{*}) \tag{5-1}$$

式中,c——料液相中溶质的浓度,mol/L;

c^{*}——与萃取相中溶质浓度平衡时料液相中溶质的浓度,mol/L;

t——时间,s;

k——传质系数,m/s;

a——以料液相体积为基准的相间接触比表面积,m^{-2}。

当 $c=c^{*}$ 时,达到分配平衡,萃取速率为 0,各相间的溶质浓度不再改变,这一平衡是状态的函数,与操作形式(两相接触状态)无关。但达到平衡所需的时间与萃取速率有关,而萃取速率既是两相性质的函数,又受相间接触方式的影响。

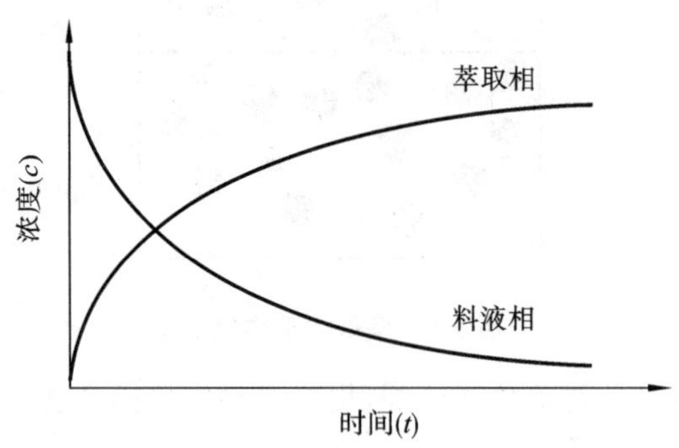

图 5-2 萃取过程中料液相和萃取相溶质浓度的变化

2. 分配定律、分配系数及分离因数 萃取是一种扩散分离操作,不同溶质在两相中分配平衡的差异是实现萃取分离的主要因素。溶质的分配平衡规律(即分配定律)是指在恒温恒压条件下,溶质在互不相溶的两相中达到分配平衡时,如果其在两相中以同一种分子状态存在,则其在两相中的平衡浓度之比为常数,这个常数称为分配常数。

$$K=\frac{\text{萃取相浓度}}{\text{萃余相浓度}}=\frac{c_1}{c_2} \tag{5-2}$$

式(5-2)的适用条件:①稀溶液;②溶质对溶剂互不相溶的性质没有影响;③溶质在两相中

必须以同一种分子形态存在。式(5-1)不适合化学萃取,因溶质在各相中并非以同一种分子状态存在。

如果原料中有两种溶质 A 和 B,由于溶质 A、B 的分配系数不同,如 A 的分配系数大于 B,经萃取后,萃取相中 A 的含量较 B 多,经萃取后 A 和 B 得到了一定程度的分离。溶剂对溶质 A、B 分离能力的大小用分离因数 β 来表示:

$$\beta=\frac{c_{1A}/c_{2A}}{c_{1B}/c_{2B}}=\frac{K_A}{K_B} \tag{5-3}$$

5.1.3 萃取的特点

萃取技术广泛应用于生化物质的分离和纯化,因为它具有以下优点。

(1)萃取过程具有选择性,比化学沉淀法分离程度高,比离子交换法选择性好。

(2)能与其他纯化方法相配合,如结晶法、蒸馏法。

(3)通过转移到具有不同物理或化学特性的第二相中,来减少由降解(水解)引起的产品损失。

(4)大规模化极为容易。

(5)传质快,生产周期短。

(6)便于连续操作,易于用计算机控制。

(7)无相变,比蒸馏法能耗低、成本低。

(8)方法成熟,易于设计。

5.2 有机溶剂萃取

5.2.1 有机溶剂萃取的原理

有机溶剂萃取是 20 世纪 40 年代兴起的典型液液萃取分离技术,利用溶质在两种不相溶的液相中溶解度的不同进行分离。有机溶剂萃取分离液体混合物时,混合物中的溶质既可以是挥发性物质,也可以是非挥发性物质。

有机溶剂萃取是向液体混合物中加入某种萃取剂,二者充分混合后分成两相,一相为萃取相,另一相为萃余相。在萃取过程中,萃取剂应对溶质有较大溶解度,与稀释剂应不互溶或部分互溶。在有机溶剂萃取过程中,当萃取相中的溶质浓度等于其平衡浓度时,萃取速率为 0,液液萃取达到分配平衡,即两相中的溶质浓度不再发生变化。

5.2.2 有机溶剂萃取的流程

有机溶剂萃取按照操作流程分为单级萃取和多级萃取,工业上有机溶剂萃取基本过程包括以下 3 个步骤(图 5-3)。

1. 混合 在混合器中料液与萃取剂充分混合并形成乳浊液的过程称为混合。在此过程中溶质从料液转入萃取剂中,一般是在搅拌罐中进行,也可以利用管道或喷射泵完成。

2. 分离 将乳浊液分开形成萃取相和萃余相的过程称为分离。分离时采用的设备称为分离器,通常利用离心机完成。

3. 溶剂回收 从萃取相或萃余相中回收萃取剂的过程称为溶剂回收。溶剂回收时采用的设备称为回收器，可利用化工单元操作中的液体蒸馏设备完成。

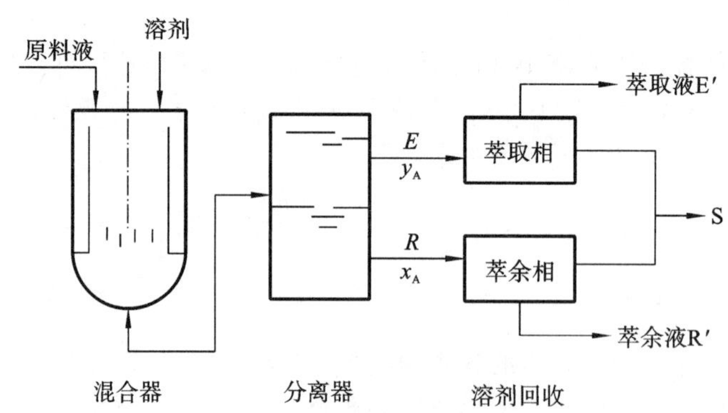

图 5-3　萃取操作示意图

5.2.3　有机溶剂萃取的设备、工艺过程与计算

有机溶剂萃取的设备主要分为混合-澄清式萃取器和塔式微分萃取器两大类，其工艺过程又分为单级和多级。

1. 混合-澄清式萃取　如图 5-4 所示，混合-澄清式萃取器由料液与萃取剂的混合器和用于两相分离的分离器构成。混合-澄清式萃取器可间歇或连续进行有机溶剂萃取。在连续萃取操作中，要保证物料在混合器中有充分的停留时间，以使溶质在两相中达到或接近分配平衡。混合-澄清式萃取器萃取过程的相关计算，可用解析法和图解法。

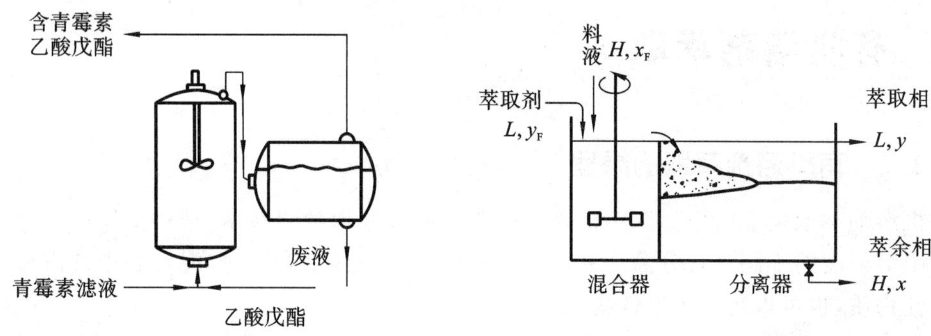

图 5-4　混合-澄清式萃取器

(1)解析法：常通过料液的初始浓度计算平衡时的最终浓度。欲达到这一目的，需用两个关系式，即溶质的物料衡算式和平衡关系式。

物料衡算式

$$Hx_F + Ly_F = Hx + Ly \tag{5-4}$$

假定传质处于平衡状态，则有

$$y = kx \tag{5-5}$$

初始萃取相中溶质浓度一般为 0，即 $y_F = 0$，所以，

$$Hx_F = Hx + Ly \tag{5-6}$$

则萃取完成后，轻、重两相溶质在平衡时的浓度

$$y = \frac{kx_F}{1+E} \tag{5-7}$$

$$x=\frac{x_F}{1+E} \tag{5-8}$$

$$E=\frac{kL}{H}=\frac{yL}{xH}=\frac{kV_S}{V_F} \tag{5-9}$$

上述各式中，H——料液流量，mol/h 或 m^3/h；

L——萃取剂流量，mol/h 或 m^3/h；

x_F——初始料液中溶质的浓度，mol/L；

y_F——初始萃取剂中溶质的浓度，mol/L；

x——达到分配平衡后萃余相中溶质的浓度，mol/L；

y——达到分配平衡后萃取相中溶质的浓度，mol/L；

k——分配系数；

V_F——料液体积，m^3；

V_S——萃取剂体积，m^3；

E——萃取因子，即萃取平衡后萃取相和萃余相中溶质的量的比值。

E 是萃取后溶剂相内溶质的量与水相内的溶质的量的比值，因此 E 越大，表示萃取后更多的溶质转移至溶剂相内。

以 ϕ 表示未被萃取的溶质的体积分数，则

$$\phi=\frac{Hx}{Hx_F}=\frac{1}{1+E} \tag{5-10}$$

则萃取率为

$$\eta=1-\phi=\frac{E}{1+E} \tag{5-11}$$

η 表示经一次萃取（单级萃取）后，被萃取出的溶质的量，因此 η 越大越好。E 和 η 都是萃取操作中的重要参数。

例 1：利用乙酸乙酯萃取发酵液中的放线菌素 D，pH 3.5 时分配系数 $k=57$。令 $H=450$ m^3/h，单级萃取剂流量 $L=39$ m^3/h。计算单级萃取的萃取率。

解：单级萃取的萃取因子 $E=kL/H=57\times39/450=4.94$。

单级萃取率 $\eta=1-\phi=\frac{E}{1+E}=4.94/(1+4.94)=83.2\%$。

例 2：赤霉素在 10 ℃、pH 2.5 时的分配系数（乙酸乙酯/水）为 35，若用等体积乙酸乙酯单级萃取一次，理论萃取率为多少？

解：$E=\frac{kV_S}{V_F}=35\times1/1=35$。

单级萃取率 $\eta=1-\phi=35/(35+1)=97.2\%$。

由例 1、例 2 可看到单级萃取存在的问题是相对多级萃取，萃取率低，为达到一定的萃取率，需使用大量萃取剂。单级萃取的特点：只用一个混合器和一个分离器，流程简单，但萃取率不高，产物在水相中含量仍较高。

（2）图解法：解析法清楚易懂，计算也方便，但如果平衡关系不呈简单的直线关系，甚至不能用公式表达时，只能用图解法。图解法同样是基于平衡关系 $y=f(x)$ 和物料衡算关系 $y=(\frac{H}{L})(x_F-x)$，将上述公式绘于同一坐标纸上，如图 5-5 所示。

由平衡关系描述的曲线，称为平衡线；由物料衡算关系表示的曲线，称为操作线。它们的交点对应的横、纵坐标值便是萃取后的 x 和 y 值。

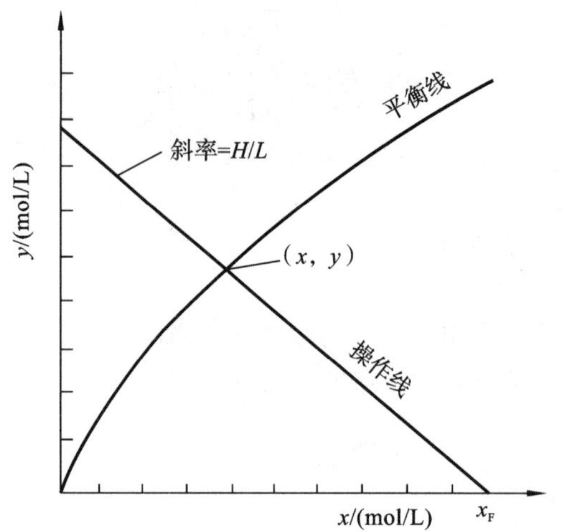

图 5-5　萃取的图解法分析示意图

2. 多级错流萃取　由于单级萃取只萃取一次，所以萃取率不高，间歇操作或者连续操作时所需萃取剂的用量较大，为提高萃取率，常采用多级萃取。多级萃取又分为多级错流萃取和多级逆流萃取。

将多个混合-分离器单元串联起来，各个混合器中分别通入新鲜萃取剂，而料液从第一级通入，分离后分成两个相，萃余相流入下一个萃取器，萃取相则分别由各级排出，混合在一起，再进入回收器回收溶剂，回收得到的溶剂仍作为萃取剂循环使用的萃取操作，称为多级错流萃取（图 5-6）。

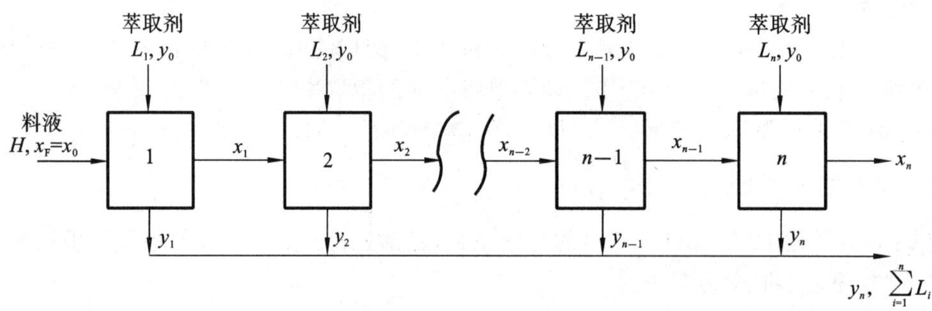

图 5-6　多级错流萃取流程示意图

多级错流萃取操作计算（图中每一个方块表示一个混合-分离器单元）如下。

解析法：经过 n 级错流萃取，最终萃余相和萃取相中溶质浓度分别为 x_n 和 y_n，则有

$$y_n = \frac{\sum_{i=1}^{n} L_i y_i}{\sum_{i=1}^{n} L_i} \tag{5-12}$$

假设每一级中溶质的分配均达到平衡状态，并且分配平衡符合线性关系，则

$$y_i = m x_i (i = 1, 2, \cdots, n) \tag{5-13}$$

如果通入每一级的萃取剂流量均相等（L 相等），则第 i 级的物料衡算关系式为

$$Hx_{i-1}+Ly_0=Hx_i+Ly_i \tag{5-14}$$

式中，y_0——萃取剂中溶质浓度。

若 $y_0=0$，

$$x_i=\frac{x_{i-1}}{1+E} \tag{5-15}$$

即

$$x_1=\frac{x_0}{1+E}=\frac{x_F}{1+E} \tag{5-16}$$

$$x_2=\frac{x_1}{1+E}=\frac{x_F}{(1+E)^2} \tag{5-17}$$

依此类推，得

$$x_n=\frac{x_F}{(1+E)^n} \tag{5-18}$$

因此，萃余相的溶质(未被萃取)比例

$$\phi_n=\frac{Hx_n}{Hx_F}=\frac{1}{(1+E)^n}$$

而萃取率 η 为

$$\eta=1-\phi_n=\frac{(1+E)^n-1}{(1+E)^n} \tag{5-19}$$

当 $n\to\infty$ 时，萃取率 $1-\phi_n=1(E>0)$。

若每一级溶质分配为非线性平衡，或每一级萃取剂流量不等，则各级的萃取因子 E_i 也不相同，可采用逐级计算法，未被萃取的体积分数 ϕ'_n 为

$$\phi'_n=\frac{1}{\sum_{i=1}^{n}(1+E_i)} \tag{5-20}$$

萃取率为

$$1-\phi'_n=1-\frac{1}{\sum_{i=1}^{n}(1+E_i)}=1-\frac{1}{(1+E_1)(1+E_2)\cdots(1+E_n)} \tag{5-21}$$

例 3：利用乙酸乙酯萃取发酵液中的放线菌素 D，pH 3.5 时分配系数 $k=57$。采用三级错流萃取，令 $H=450$ L/h，三级萃取剂流量之和为 39 L/h。分别计算 $L_1=L_2=L_3=13$ L/h 和 $L_1=20$ L/h、$L_2=10$ L/h、$L_3=9$ L/h 时的萃取率。

解：(1)萃取剂流量相等时，

$$E=\frac{kL}{H}=1.65$$

由式(5-19)得

$1-\phi_3=\dfrac{(1+1.65)^3-1}{(1+1.65)^3}=94.6\%$ 。

(2)若各级萃取剂流量不等，则 $E_1=2.53$，$E_2=1.27$，$E_3=1.14$，由式(5-21)得

$1-\phi'_3=1-\dfrac{1}{(1+2.53)(1+1.27)(1+1.14)}=94.2\%$。

所以，$1-\phi_3>1-\phi'_3$。

例 4：设例 2 中的操作条件不变，赤霉素二级错流萃取时，第一级用 1/2 体积乙酸乙酯，第二级用 1/10 体积乙酸乙酯，理论萃取率为多少？

解得，$E_1=35/2=17.5$，$E_2=35/10=3.5$。

萃取率：$1-\phi=1-1/[(17.5+1)\times(3.5+1)]=98.79\%$。

可见，二级错流萃取率高于单级萃取率。

多级错流萃取由几个单级萃取单元串联组成，萃取剂分别加入各萃取单元；萃取推动力较大，萃取率较高，但仍需加入大量萃取剂，因而产品浓度低，需消耗较多能量回收萃取剂，设备投入也较高。

3. 多级逆流萃取 将多个混合-分离器单元串联起来，分别在左右两段的混合器中连续通入料液和萃取剂，使料液和萃取剂逆向接触，即构成多级逆流萃取(图 5-7)。

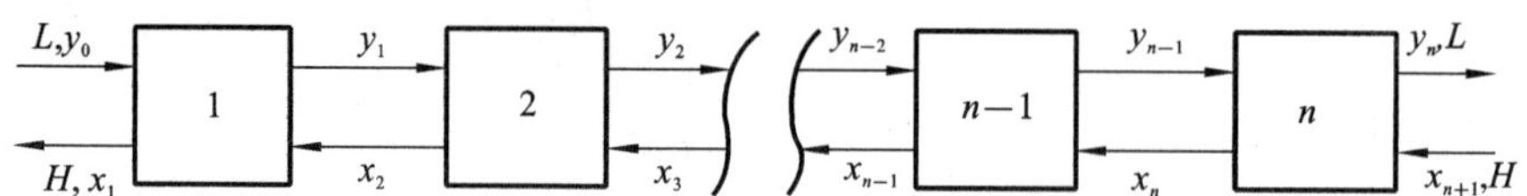

图 5-7 多级逆流萃取流程示意图

萃取过程中萃取剂(L)从第一级通入，逐次进入下一级，从第 n 级流出；料液(H)从第 n 级通入，逐次进入上一级，从第一级流出。最终萃取相和萃余相中溶质浓度分别为 y_n 和 x_1。

假设各级中溶质的分配均达到平衡，并且分配平衡符合线性关系。$y_i = mx_i (i=1,2,\cdots,n)$，第 i 级的物料衡算式为 $\mathrm{L}y_i + \mathrm{H}x_i = \mathrm{L}y_{i-1} + \mathrm{H}x_{i+1} (i=1,2,\cdots,n)$

对于第一级($i=1$)，设 $y_0=0$，得 $x_2 = (1+E)x_1$ (5-22)

同样对于第二级， $x_3 = (1+E+E^2)x_1$ (5-23)

类推，第 n 级， $x_{n+1} = (1+E+E^2+\cdots+E^n)x_1$ (5-24)

或

$$X_n = \frac{E^{n+1}-1}{E-1}x_1 \quad (5\text{-}25)$$

该式为最终萃余相和进料中溶质浓度之间的关系。

可得未被萃取的体积分数 ϕ_n 为

$$\phi_n = \frac{Hx_1}{Hx_\mathrm{F}} = \frac{E-1}{E^{n+1}-1} \quad (5\text{-}26)$$

萃取率为 $$1-\phi_n = \frac{E^{n+1}-E}{E^{n+1}-1} \quad (5\text{-}27)$$

例 5：设例 3 中操作条件不变(L=39 L/h)，计算采用多级逆流萃取时使萃取率达到 99% 所需的级数。

解：$E=kL/H=4.94$

因为萃取率为 99%，即 $1-\phi_n=99\%$，则上式得 $n=2.74$，故需要三级萃取操作。

例 6：设例 2 中的操作条件不变，对赤霉素进行二级逆流萃取，乙酸乙酯用量为 1/2 体积，理论萃取率为多少？

解：$E=35/2=17.5$，$n=2$

理论萃取率$=1-\phi=(17.5^3-17.5)/(17.5^3-1)=99.7\%$

可见，采用多级逆流萃取的得率高于多级错流萃取，说明多级逆流萃取率优于多级错流萃取。

多级逆流萃取亦由几个单级萃取单元串联组成，料液走向和萃取剂走向相反，只在最后一级中加入萃取剂，故和多级错流萃取相比，萃取剂耗量较少，因而萃取剂平均浓度较高，产物收率高，是工业上普遍采用的萃取方式。

4. 萃取设备 在塔式萃取设备中,水相和有机相分别在塔内进行微分逆流接触,与逐级接触萃取不同的是,塔内溶质在其流动方向的浓度变化是连续的,这类萃取过程的计算需要用微分逆流萃取的计算方法。通常采用传质单元数法和理论当量高度法进行设计计算,与吸收塔塔高的计算方法类似。部分塔式萃取设备示意图见图 5-8。

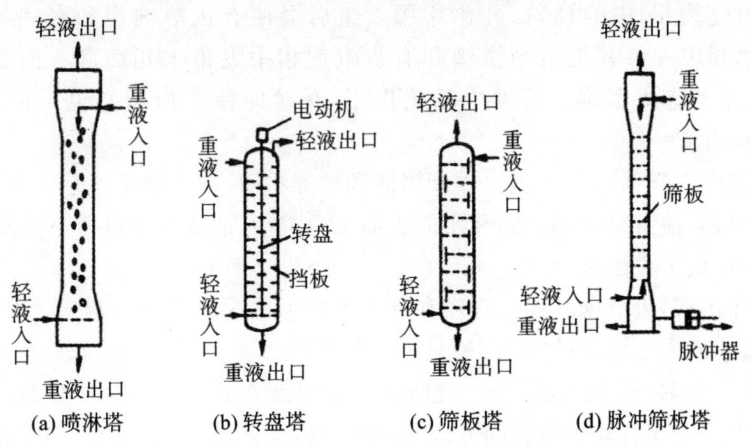

图 5-8 部分塔式萃取设备示意图

系统的物理化学性质,对设备的选择比较重要。对于强腐蚀性的系统,宜选取结构简单的填料塔,或采用内衬,或内涂耐腐蚀金属或非金属材料(如塑料、玻璃钢)的萃取设备。如果物系有固体悬浮物存在,为避免设备填塞,一般可选用转盘塔或混合-澄清式设备。

对某一液液萃取过程,当所需的理论级数为 2～3 级时,各种萃取设备均可选用。当所需的理论级数为 4～5 级时,一般可选择转盘塔、塔和脉冲筛板塔。当需要的理论级数更多时,一般只能采用混合-澄清式设备。根据生产任务的要求,如果所需设备的处理量较小时,可用填料塔等;如处理量较大时,可选用筛板塔、转盘塔以及混合-澄清式设备。

在选择设备时,物系的稳定性和停留时间也要考虑。例如,在抗生素生产中,由于稳定性的要求,要求物料在萃取设备中停留时间短,这时离心萃取设备是合适的;若萃取系统中伴有慢的化学反应,并要求有足够的停留时间时,则选用混合-澄清式设备较为有利。

对于工业装置,在选择萃取设备时,应考虑设备的负荷流量范围、两相流量比变化时设备内的流动情况,以及对污染的敏感度、最大的理论级数、防腐、建筑高度与面积等因素。

5.2.4 影响有机溶剂萃取的因素

影响有机溶剂萃取的因素主要有 pH、温度、乳化作用、盐析作用及溶剂性质等。

1. pH 在萃取操作中,pH 会影响分配系数,对萃取率影响很大。如酸性条件下,游离态的青霉素可溶解于有机溶剂中,当 pH＜4.4 时,青霉素被萃取到乙酸丁酯相中;又如弱碱性抗生素红霉素,当 pH 为 9.8 时,它在乙酸戊酯与水相(发酵液)间的分配系数为 44.7,而在 pH 为 5.5 时,红霉素在水相(缓冲液)与乙酸戊酯间的分配系数降为 14.4。另一方面,pH 也影响萃取的选择性。如在酸性条件下,酸性物质一般萃取到有机溶剂中,碱性杂质因生成盐而留在水相,而酸性杂质则应根据其酸性强弱选择合适的 pH,尽可能除去。例如,在 pH 为 2 时,乙酸丁酯萃取液中青霉烯酸含量可达青霉素的 12.5%,而在 pH 为 3 时,则青霉烯酸含量降至 4%。对于碱性产物则相反,应在碱性条件下进行萃取。同时,pH 的选择应使产物处于稳定状态。

2. 温度 温度对生物活性物质的萃取有很大影响，一般应在低温下进行，温度过高会造成生物产品的不稳定。如在青霉素萃取时，要特别注意 pH、温度对其稳定性的影响，因为青霉素遇酸、碱或加热均易分解而失活，尤其在酸性水溶液中极不稳定。

3. 乳化作用 液液萃取时常发生乳化作用。乳化是一种液体分散（分散相）在另一种不相混溶的液体（连续相）中的现象，乳化作用发生后会使有机溶剂相和水相分层困难，出现两种夹带，即水相中夹带有机溶剂微滴和有机溶剂相中夹带水相微滴。前者会影响收率，后者会给后续分离造成困难。若发生乳化作用，有时即使采用离心也不能将两相完全分离，所以必须破乳化。

乳化作用是因为料液中存在蛋白质和固体颗粒等物质，这些物质具有表面活性剂的作用，存在于两相的界面，使有机溶剂（油）和水的表面张力减小，油或水易以微小液滴的形式分散于水相或油相中，形成了乳浊液。

发生乳化作用后，可根据乳化的程度和乳浊液的形式采取适当的破乳手段。若乳化现象不严重，采用过滤或离心沉降的方法；若是 O/W 型乳浊液，加入亲油性表面活性剂，使 O/W 型乳浊液向 W/O 型转化，在乳浊液转型过程中，达到破乳的目的；若是 W/O 型乳浊液，加入亲水性表面活性剂。还有其他破乳的方法，如化学法，加入电解质（如氯化钠、硫酸铵等）以中和乳液中分散相的电荷，促使其聚凝沉淀；物理法，如加热、吸附、稀释等。但这些方法不仅耗费能量和物质，而且都是在乳化作用发生后再消除。同时，这些方法必须首先将界面聚结物分离出来再处理，在工业上较难实现。因此，在通常的有机溶剂萃取操作中，最好采用预处理手段将发酵液中杂蛋白除去，尽量避免产生乳化现象。

4. 盐析作用 盐析剂（如氯化钠、硫酸铵等）与水分子结合，导致游离水分子减少，降低了溶质在水中的溶解度，使产物更易转入有机相。如萃取维生素 B_{12} 时，加入硫酸铵，有利于维生素 B_{12} 从水相转入有机相。另一方面，盐析剂能降低有机溶剂在水中的溶解度，降低乳化发生的概率，而且盐析剂使萃取相的相对密度增大，有助于相分离。但盐析剂的用量要适当，用量过多会使杂质也转入有机相。

5. 溶剂性质 选择萃取剂应遵守下列原则：①萃取剂的萃取能力强，分配系数应尽可能大，若分配系数未知，则可根据相似相溶原理，选择与目标产物结构相近的溶剂；②选择分离系数大于 1 的溶剂；③萃取剂和萃余液的互溶度尽可能小，黏度低，便于两相分离；④萃取剂毒性应低，工业上常用的萃取剂为乙酸乙酯、乙酸戊酯和丁醇等；⑤萃取剂的化学稳定性要好，腐蚀性低，价廉易得，来源方便，便于回收。

5.3 双水相萃取

有机溶剂萃取应用于大分子生物活性物质（如蛋白质或酶）萃取时比较难实现，因为有机溶剂容易让这类大分子变性失活，且这类大分子通常在有机溶剂中溶解性不好。双水相萃取（aqueous two-phase extraction）技术是基于液液萃取理论，同时考虑保持生物活性而开发的一种萃取分离技术，是利用物质在互不相溶的两水相间分配系数的差异来进行分离的方法。

早在 1896 年，Beijerinck 观察到当把明胶与琼脂或把明胶和可溶性淀粉的水溶液混合时，先得到一浑浊不透明的溶液，随后分成两相，上相含有大部分明胶，下相含有大部分琼脂（或可溶性淀粉），两相的主要成分为水（图 5-9）。可见溶液的分相并不一定完全依赖于有机溶剂，在一定条件下，水相也可以形成两相或多相。双水相萃取技术开始于 20 世纪 60 年代，不同的高分子水溶液互相混合可产生两相或者多相系统，其特点是用两种互不相溶的聚合物，如聚乙二醇（PEG）和葡聚糖（DEX）进行萃取，而不用常规的有机溶剂作为萃取剂。因为所获得的两相含水量均很高，一般达 70%～90%，故称双水相系统。

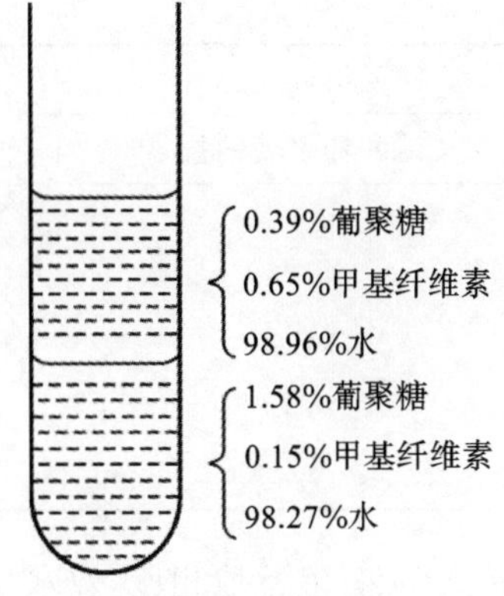

图 5-9 等体积的 2.2%葡聚糖与 0.72%甲基纤维素水溶液所形成的双水相

5.3.1 双水相萃取概述

1. 双水相的形成及优点 在聚合物-盐或聚合物-聚合物系统混合时，会出现两个不相溶的水相。例如，在水溶液中的 PEG 和 DEX，当各种溶质均在低浓度时，可以得到单相均质液体；当 PEG 和 DEX 浓度增加时，溶液会变得浑浊，在静置的条件下，会形成两个液层，实际上是其中两个不相混溶的液相达到平衡。在这种系统中，上层富集了 PEG，而下层富集了 DEX。

这两个亲水组分的非互溶性，可由它们各自分子结构的不同所产生的相互排斥来说明：DEX 本质上是一种几乎不能形成偶极现象的球形分子，而 PEG 是一种具有共享电子对的高密度直链聚合物。各个聚合物分子都倾向于在其周围有相同形状、大小和极性的分子，同时由于不同类型分子间的斥力大于它们之间的相互吸引力，因此聚合物发生分离，形成两个不同的相，这种现象被称为聚合物的不相溶性，并由此产生了双水相。由此可知，双水相萃取法的原理与水-有机相萃取一样，也是利用物质在互不相溶的两相之间分配系数的差异来进行萃取分离的，不同的是双水相萃取中物质的分配是在两互不相溶的水相之间进行的。

能形成双水相的体系有很多种，较常用的双水相体系：①离子型高聚物/非离子型高聚物，如聚乙二醇（PEG）/葡聚糖（DEX）体系，该系统上层富含 PEG，下层富含 DEX；②高聚物/相对低分子量化合物，如 PEG/无机盐等体系，该系统上层富含 PEG，下层富含无机盐。甲基纤维素和聚乙烯醇，因其黏度太大而限制了其应用，PEG 和 DEX 因其无毒性和良好的可调性而得到广泛的应用。常用的双水相体系见表 5-1。

表 5-1 常用的双水相体系

体系组成成分一	体系组成成分二
聚丙二醇	PEG 聚乙烯醇 DEX 羟丙基葡聚糖
PEG	聚乙烯醇 DEX 聚乙烯吡咯烷酮
硫酸葡聚糖钠盐 羧甲基葡聚糖钠盐	聚丙烯乙二醇 甲基纤维素

续表

体系组成成分一	体系组成成分二
硫酸葡聚糖钠盐	羧甲基葡聚糖钠盐
PEG	磷酸钾 硫酸铵 硫酸钠 硫酸镁 酒石酸钾钠

与传统的液-液萃取相比，双水相萃取具有以下优点：①含水量高(70%～90%)，双水相萃取是在接近生理环境的温度和体系中进行的，不会引起生物活性物质失活或者变性；②双水相萃取不仅可从澄清的发酵滤液中提取物质，还可以从含有菌体的原始发酵液或细胞匀浆液中直接提取蛋白质，免除过滤操作的麻烦；③分层时间短，自然分层时间一般为 5～15 min；④界面张力小(10^{-7}～10^{-4} mN/m)，有助于强化相际间的质量传递；⑤不存在有机溶剂残留问题；⑥大量杂质能与所有固体物质一同除去，分离过程更经济；⑦大多数目标产物有较高的收率，分配系数一般大于 3。

2. 双水相萃取的原理 当两种聚合物溶液混合时，是否分相取决于熵的增加和分子间的作用力两种因素。熵的增加与分子数目有关，而与分子大小无关，所以小分子和大分子混合熵的增量是相同的；分子间作用力可看作分子间各基团相互作用之和。因此，分子越大，作用力越强。对于大分子的混合而言，两种因素相比，分子间作用力占主导地位，决定了混合的效果。如果两种混合分子间存在空间排斥作用力，它们的线团结构无法相互渗透，具有强烈的相分离倾向，达到平衡后就有可能分为两相，两种聚合物分别进入其中一相，形成双水相。

3. 双水相的相图 双水相的形成条件和定量关系常用相图表示，图 5-10 是 PEG/DEX 体系的相图。

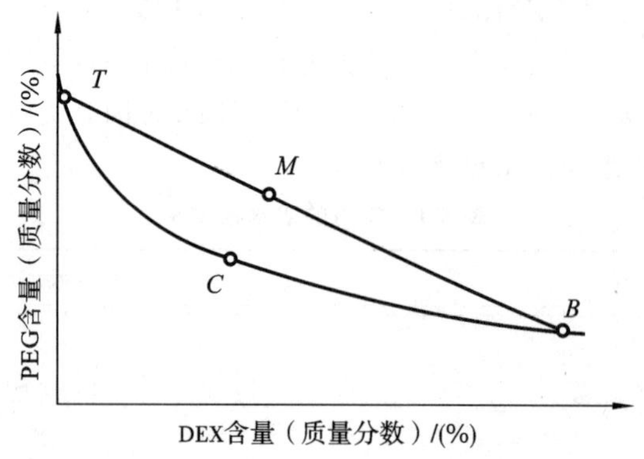

图 5-10 PEG/DEX 体系相图

图 5-10 中把均匀区与两相区分开的曲线 TCB，称为双结线。双结线下方为均匀区，该处 PEG、DEX 在同一溶液中，不分相；双结线上方即为两相区，两相分别有不同的组成和密度。上层组成用 T(top)表示，下层组成用 B(bottom)表示。由图 5-10 可知，上层主要含 PEG，下层主要含 DEX，如点 M 为整个系统的组成，该系统实际上由 T、B 所代表的两相组成，TB 称为系线。两相平衡时，符合杠杆规则，V_T表示上层体积，V_B表示下层体积，则

$$\frac{V_T}{V_B}=\frac{L_{BM}}{L_{MT}} \tag{5-28}$$

式中，L_{BM}——B 点到 M 点的距离；

L_{MT}——M 点到 T 点的距离。

当点 M 向下移动时，系线长度缩短，两相差别减小，到达 C 点时，系线长度为 0，两相间差别消失而成为一相，因此 C 点为系统临界点。从理论上说，临界点处的两相应该具有同样的组成、同样的体积，且分配系数等于 1。

4. 双水相萃取的分配平衡 溶质在双水相中的分配系数与有机溶剂萃取相同，溶质在双水相中的分配系数也用 K 表示，即

$$K=\frac{C_2}{C_1} \tag{5-29}$$

式中，C_2 和 C_1——平衡时上层和下层中溶质的浓度。

5. 影响双水相萃取的因素 影响双水相萃取分配平衡的主要因素有成相聚合物的分子量和浓度、体系的 pH、体系中盐的种类和浓度、体系中菌体或细胞的种类和浓度、体系温度等。选择合适的条件，可以达到较高的分配系数，较好地分离目的物。

(1)聚合物的分子量和浓度：影响分配平衡的重要因素。若降低聚合物的分子量，则能提高蛋白质的分配系数，这是增大分配系数的一种有效手段。例如，PEG/$(NH_4)_2SO_4$ 双水相系统萃取糖化酶的结果（表 5-2）表明，PEG 平均分子量增大，分配系数减小。当分子量为 400 时，$K>1$，糖化酶主要分布于上层；当分子量大于 400 时，$K<1$，糖化酶主要分布于下层。主要原因是随着 PEG 分子量的增大，其端基数目减小，因而疏水性增加，使糖化酶在上层的表面张力增大，转入下层。为了使糖化酶分布于上层，应选用分子量为 400 的 PEG。也就是说，当其他条件不变时，被分配的蛋白质易被相系统中低分子量高聚物所吸引，而易被高分子量高聚物所排斥。

表 5-2 PEG/$(NH_4)_2SO_4$ 双水相系统萃取中 PEG 平均分子量对分配平衡的影响

双水相系统	分配系数 K	相体积	产率/(%)
PEG400(31.36%)—$(NH_4)_2SO_4$(14.05%)	6.28	4.75	96.8
PEG1000(21.77%)—$(NH_4)_2SO_4$(12.76%)	0.26	3.0	43.5
PEG4000(12.67%)—$(NH_4)_2SO_4$(12.14%)	0.30	4.1	59.8
PEG6000(15.76%)—$(NH_4)_2SO_4$(12.34%)	0.03	1.2	2.1

(2)盐的种类和浓度：其对分配系数的影响主要反映在对相间电位和蛋白质疏水性的影响上。盐浓度不仅影响蛋白质的表面疏水性，而且扰乱双水相系统，改变各相中成相物质的组成和相体积比。这种相组成及相性质的改变对蛋白质的分配系数有很大的影响（表 5-3）。利用这一特点，通过调节双水相系统中盐浓度，可选择性地萃取不同的蛋白质。

表 5-3 一些无机离子对 PEG/DEX 双水相体系分配系数的影响

阳离子	分配系数 K	阴离子	分配系数 K
K^+	0.824	I^-	1.42
Na^+	0.889	Br^-	1.21
NH_4^+	0.92	Cl^-	1.12
Li^+	0.996	F^-	0.912

在双水相体系萃取分配中，磷酸盐的作用非常特殊，其既可以作为成相盐形成 PEG/盐双水相体系，又可以作为缓冲剂调节体系的 pH。由于磷酸不同价态的酸根在双水相体系中有不同的分配系数，因而可通过调节双水相系统中不同磷酸盐的比例和浓度来调节相间电位，从而影响物质的分配，可有效地萃取分离不同的蛋白质。

(3)pH：其对分配系数的影响主要有两个方面。第一，由于 pH 影响蛋白质的解离度，故调节 pH 可改变蛋白质的表面电荷数而改变分配系数；第二，pH 影响磷酸盐的解离程度，即影响 PEG/磷酸钾系统的相间电位和蛋白质的分配系数。对某些蛋白质，pH 的微小变化会使分配系数改变 2～3 个数量级。

(4)温度：主要影响双水相系统的相图，影响相的高聚物组成，只有当相系统组成位于临界点附近时，温度对分配系数才有较明显的作用，远离临界点时，影响较小。

分配系数对操作温度不敏感，所以大规模双水相萃取一般在室温下进行，不需冷却，这是因为：①成相聚合物 PEG 对蛋白质稳定，常温下蛋白质一般不会发生失活或变性；②常温下溶液黏度较小，容易发生相分离；③常温操作可节省冷却费用。

5.3.2 双水相萃取的应用

由于双水相萃取条件较为温和，不会导致被分离物质的失活，该技术已应用于蛋白质、酶、核酸、人生长激素、干扰素等的分离纯化，并且在抗生素提取、中药中有效成分提取分离、天然产物纯化等方面得到了广泛的应用。双水相萃取将传统的离心、沉淀等液-固分离转为液-液分离，而工业化的高效液-液分离设备为此奠定了基础。双水相系统平衡时间短、含水量高、界面张力小，为生物活性物质提供了温和的分离环境。双水相萃取操作简便、经济省时，易于放大，如系统规模可从 10 mL 直接放大到 1 m^3(10^5 倍)，而各种参数均可按比例直接放大，产物收率并不降低，这种易于放大的优点在工程中是罕见的。

1. 双水相萃取技术在胞内酶提取分离中的应用 双水相萃取常用于胞内酶提取。目前已知的胞内酶约 2500 种，但投入生产的很少，原因之一是提取困难。胞内酶提取的第一步是将细胞破碎得到匀浆液，但匀浆液黏度很大，有微小的细胞碎片存在，欲将细胞碎片除去，过去是依靠离心分离，但操作非常困难。

双水相系统可用于细胞碎片以及酶的萃取。双水相体系萃取胞内酶时，用 PEG/DEX 系统从细胞匀浆液中除去核酸和细胞碎片，如图 5-11 所示。第一步，选择合适的条件，往系统中加入 0.1 mol/L NaCl 溶液，可使核酸和细胞碎片转移到下层(DEX 相)，产物位于上层，分配系数为 0.1～1.0。第二步，选择适当的盐组分加入分相后的上层中，使其再形成双水相体系来进行纯化，这时如果 NaCl 溶液浓度增大到 2～5 mol/L，几乎所有的蛋白质、酶都转移到上层，而下层富含核酸。第三步，收集上层后透析，再加入 PEG/硫酸铵双水相系统中进行萃取，产物位于富含硫酸铵的下层，进一步纯化即可获得所需的产品。

2. 双水相萃取技术在中药提取与分离的应用 中药化合物成分复杂，对中药有效成分进行高效的提取及分离，对我国中医药进入国际市场及中药现代化具有重要意义。中药的有效成分多具有疏水性结构，双水相萃取技术在中药有效成分的分离纯化中具有一定的应用价值。

甘草的主要有效成分是具有甜味的甘草皂苷，林强等采用与水互溶的有机溶剂的新型双水相体系进行萃取，发现提取甘草酸盐的最佳溶剂为乙醇/K_2HPO_4 双水相体系，此体系的两相分配完全，分配系数达 12.8，收率为 98.3%。此双水相体系具有无须反萃取和避免使用黏稠的水溶性高聚物等特点，易回收、易处理、操作简便。

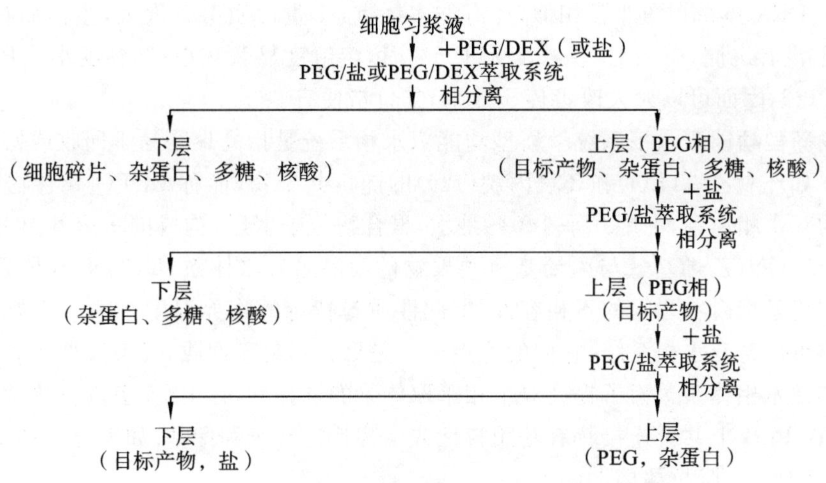

图 5-11 双水相体系萃取胞内酶的一般流程

黄芩是一种疗效确切的传统中药，黄芩苷是其主要有效成分，采用 PEG/K_2HPO_4 的双水相体系萃取黄芩苷，操作简便，方法重复性好，萃取率达 98.6%，可用于工业化生产。

3. 双水相萃取技术分离纯化抗生素 利用 PEG2000(8%)/$(NH_4)_2SO_4$(20%)双水相体系，在 pH 5.0、20 ℃时直接处理青霉素 G 发酵液，分配系数为 58.39，收率为 93.67%。采用 PEG2000(14%)/Na_2HPO_4(18%)双水相体系在 pH 为 8.0～8.5 时，直接从全发酵液中萃取丙酰螺旋霉素，收率可达 69.2%，较乙酸乙酯萃取工艺的 53.4%，收率有了很大提高，且基本消除了乳化现象。

4. 亲和双水相萃取技术 在双水相体系的分子上引入亲和配基，生物分子与配基发生特异性结合，大大促进生物分子转移到所要求的相中，称为亲和双水相萃取技术。两种常用的配基类型是脂肪酸和三嗪染料，如 PEG 的金属化亚氨基二乙酸(IDA)衍生物，包括 Cu(Ⅱ)-IDA-PEG，可用来提取表面富含组氨酸的蛋白质。

亲和双水相系统不仅具有处理量大、放大简单等优点，而且具有专一性强、分离效率高的特点。目前，利用亲和双水相萃取技术已成功实现了β-干扰素、甲酸脱氢酶和乳酸脱氢酶等多种生物产品的大规模提取。

5. 双水相萃取技术与生物转化过程相结合 在生物催化转化过程中，随着产物量的增加，生物转化的进行常会受到抑制。因此，及时移除产物可有效提高生化反应速率。如在双水相系统中进行酶催化的生物转化过程，将酶分配在一相，产物分配于另一相，既可以避免产物对生物转化过程的抑制，又可以减轻产物因与反应底物或酶混于一体难以分离的困难。

5.3.3 双水相萃取技术的进展

1. 新型廉价双水相系统的开发 高聚物/高聚物体系对活性物质变性作用小，界面吸附少，但价格高、体系黏度大，而高聚物/无机盐体系成本相对低，黏度小，但是由于高浓度的盐废水不能直接排入生物氧化池，其可行性受到环保的限制，且有些盐会导致生物活性物质失活。因而寻找新型廉价的高聚物/高聚物双水相体系是发展双水相萃取技术的一个重要方向，如采用变性淀粉 PPT、麦芽糊精、阿拉伯树胶等取代昂贵的 DEX，羟基纤维素、聚乙烯醇或聚乙烯吡咯烷酮等取代 PEG，硫酸钠、硫酸镁、碳酸钾等取代磷酸盐。

目前比较成功的是用变性淀粉 PPT 代替昂贵的 DEX，PEG/PPT 体系比 PEG/盐体系稳定，和 PEG/DEX 体系相图非常相似，还有许多优点：①蛋白质溶解度大，蛋白质在 PPT 浓度达到 15%前没有沉淀，而在 PEG 浓度大于 5%时，溶解度显著减小；②黏度小，PPT 的黏度只有 DEX 的 1/2，因而可以大大改善传质效果；③价格便宜。

2. 开发新型功能双水相系统 新型功能双水相系统是指高聚物易于回收或操作简便的双水相系统。如环氧乙烷(EO)和环氧丙烷(PO)的随机共聚物(简称 EOPO 聚合物)，是一种成相聚合物的双水相体系，上层几乎 100%是水，聚合物位于下层，构成的水溶性热分离高聚物，如 PEG/UUCON(乙烯基氧与丙烯基氧共聚物的商品名)/水体系、UCON/水体系，这些体系分相的依据仍是聚合物之间的不相容性，但此性质与特定的临界温度有关。此类双水相系统也被称作热分离型双水相系统，它们的优点之一是聚合物易于回收，可实现循环利用。

3. 亲和双水相体系 为了提高双水相萃取体系的选择性，在 PEG 上进行化学修饰引入亲和基团，即在 PEG 上共价连接具有基团特性或生物特性的亲和配基，如离子交换基团、疏水基团、染料配基及单克隆抗体等。

4. 双水相萃取技术与其他分离技术相结合 将膜分离同双水相萃取技术结合起来，可解决双水相体系容易乳化和生物大分子在相界面吸附的问题，并能加快萃取速率，提高分离效率。双水相萃取技术与生物转化过程、电泳技术相结合，与使用带配基的吸附剂微粒相结合，目前都有应用，效果都比单独使用效果好。

5.4 反胶团萃取

传统的分离方法，如有机溶剂萃取技术，由于具有操作连续、多级分离、放大容易和便于控制等优点，已在抗生素等物质的生产中广泛应用，并显示出优良的分离性能，但却难以应用于一些生物活性物质(如蛋白质)的提取和分离。因为绝大多数蛋白质不溶于有机溶剂，若使蛋白质与有机溶剂接触，会引起蛋白质变性。另外，蛋白质分子表面带有许多电荷，普通的离子缔合型萃取剂很难有效。反胶团萃取是近年来涌现出来的另一种新颖萃取方法，为活性生物物质的分离开辟了一条具有工业应用前景的新途径。反胶团萃取优点如下。

(1)有很高的萃取率和反萃取率，并具有选择性。

(2)分离、浓缩可同时进行，过程简便。

(3)能解决蛋白质(如胞内酶)在非细胞环境中迅速失活的问题。

(4)由于构成反胶团的表面活性剂往往具有破坏细胞壁的功效，因而可直接从完整细胞中提取具有活性的蛋白质和酶。

(5)成本低，溶剂可反复使用等。

5.4.1 胶团与反胶团

将表面活性剂溶于水中，当表面活性剂的浓度超过一定数值时，水相中的表面活性剂聚集体亲水性的极性端向外指向水溶液，疏水性的非极性“尾”向内相互聚集在一起，称为正胶团。当向非极性溶剂(如辛烷)中加入表面活性剂时，如表面活性剂的浓度超过一定数值时，在非极性有机溶剂中两性表面活性剂亲水性基团自发地向内聚集形成内含微小水滴、空间尺度仅为纳米级的集合型胶体，即为反胶团，其示意图见图 5-12。正胶团或反胶团的形成均是表面活性剂分子自聚集的结果，是热力学稳定体系。

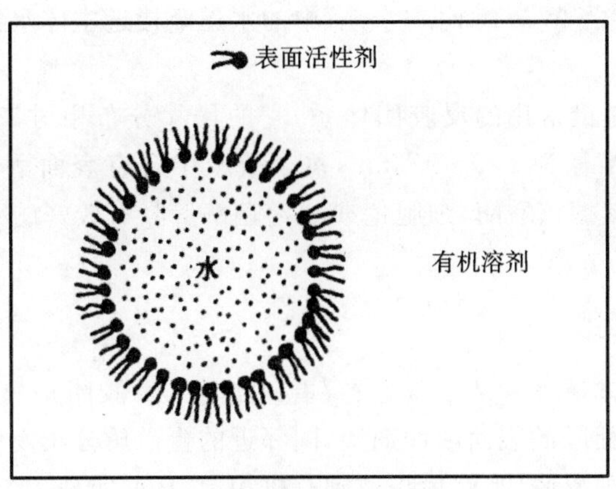

图 5-12　反胶团示意图

在反胶团中有一个极性核心，它包括由表面活性剂极性端组成的内表面、平衡离子和水，此极性核心溶解水后，就形成“水池”。这个“水池”具有极性，可以溶解具有极性的分子和亲水性的生物大分子。由于反胶团的屏蔽作用，生物大分子不与有机溶剂直接接触，可起到保护生物大分子活性的作用。

表面活性剂的存在是构成反胶团的必要条件，阴离子型、阳离子型和非离子型表面活性剂都可在非极性溶剂中形成反胶团。使用得最多的是阴离子型表面活性剂 AOT，其化学名称是琥珀酸二(2-乙基己基)酯磺酸钠，它的化学结构式如图 5-13 所示。AOT 容易获得，其特点是具有双链，形成反胶团时无须加入助表面活性剂，且有较好的强度，极性基团较小，所形成的反胶团空间较大，有利于生物大分子进入。

```
                       CH3
                       |
                       CH2
                       |
CH2—COOCH2—CH—CH2—CH2—CH2—CH3
|
CH—COOCH2—CH—CH2—CH2—CH2—CH3
|                      |
SO3Na                  CH2
                       |
                       CH3
```

图 5-13　AOT 的分子结构

其他常用的表面活性剂有 CTAB(溴代十六烷基三甲铵)、TOMAC(氯化三辛基甲铵)、PTEA(磷脂酰乙醇胺)、DDAB(溴化十二烷基二甲铵)等。反胶团萃取系统中常用的非极性有机溶剂有环己烷、庚烷、辛烷、异辛烷、己醇、硅油等。

反胶团含水率 W 可用水和表面活性剂的浓度之比来定义，即

$$W=c_{水}/c_{表} \tag{5-30}$$

式中，$c_{水}$——水的浓度，mol/L；

$c_{表}$——表面活性剂的浓度，mol/L。

W 是个非常重要的参数，W 越大，反胶团的半径越大，在 AOT 反胶团中，水合化一分子 AOT 需要 6～8 个水分子，当 $W<6$ 时，微水相中的水分子被表面活性剂亲水性基团强烈地束缚，其表观黏度可增大到普通水黏度的 50 倍，且疏水性非常强，冰点通常低于 0 ℃。这一部分水实际上起着使表面活性剂亲水性基团水合化的作用，因为这一部分水被牢固地束缚着，所以

黏度很大，流动性很差。当 W>16 时，“水池”中的水逐渐接近主体水相黏度，胶团内也形成双电层。

AOT/异辛烷体系是最常用的反胶团体系，它的尺寸分布相对来说是均一的，含水率 W 为 4～50 时，流体力学半径为 2.5～18 nm，每个胶束中含有表面活性剂分子 35～1380 个。AOT/异辛烷体系对于核糖核酸酶、细胞色素 c、溶菌酶等具有较好的分离效果，但对于分子量大于 30000 的酶，则不易分离。

5.4.2 反胶团萃取

1. 反胶团萃取的基本原理 从宏观上看，蛋白质进入反胶团是一个协同过程。在有机溶剂相和水相两宏观相界面间的表面活性剂层，同邻近的蛋白质分子发生静电吸引而变形，接着两界面形成含有蛋白质的反胶团，然后扩散到有机相中，从而实现了蛋白质的萃取。改变水相条件（如 pH、离子种类或离子强度），又可使蛋白质从有机相中返回到水相中，实现反萃取过程。微观上，如图 5-14 所示，反胶团萃取是从主体水相向溶解在有机溶剂相中的纳米级均一稳定、分散的反胶团微水相的分配萃取。反胶团萃取时，进入有机相的生物大分子因表面活性分子的屏蔽，避免了与有机溶剂直接接触而引起的变性、失活。

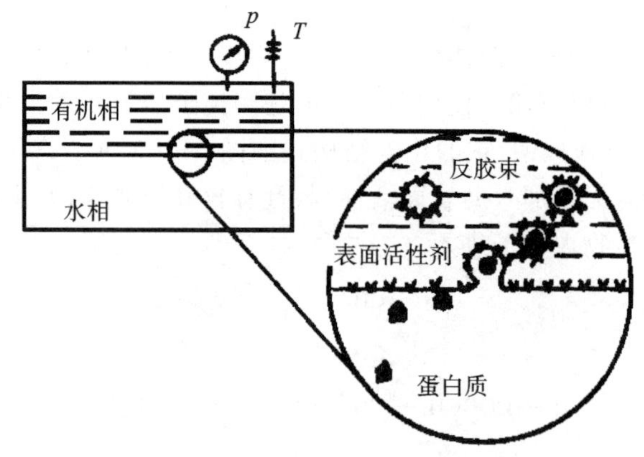

图 5-14 反胶团萃取原理示意图

pH、离子强度、表面活性剂浓度等因素会影响反胶团萃取，通过对它们的调整，对反胶团-生物大分子的相互作用加以控制，可以实现对目标物质的高选择性萃取和反萃取。因有机相内反胶团中微水相体积相对反胶团萃取体系很小，所以反胶团萃取也是一个浓缩操作，而且只要直接添加盐类，就能从已和主体水相分开的有机相中分离出含有目标物质的浓稠水溶液。

2. 水壳模型 蛋白质向非极性溶剂中反胶团的纳米级水池中的溶解，有如图 5-15 所示的 4 种可能。①水壳模型，蛋白质分子被封闭在“水池”中；②蛋白质分子中的亲脂部分直接与非极性溶剂的碳氢化合物相接触；③蛋白质分子被吸附在反胶团的“内壁”上；④蛋白质分子被几个反胶团所溶解，反胶团的非极性尾端与蛋白质的亲脂部分直接作用。目前水壳模型证据最多，也最常用。在水壳模型中，蛋白质分子居于“水池”的中心，周围存在的水层将其与反胶团壁（表面活性剂）隔开，水壳层保护了蛋白质分子，使其生物活性不会改变。

3. 反胶团对蛋白质的萃取特性 生物分子溶解到反胶团的主要推动力是表面活性剂与蛋白质的静电相互作用、反胶团与生物分子的立体性相互作用、疏水相互作用和特异性相互作用。蛋白质、酶等生物大分子的空间尺度与反胶团的大小接近，因而包括立体性相互作用在内的其他相互作用虽然都很重要，但在多数场合下，是它们之间的复合作用占主导地位。有些蛋

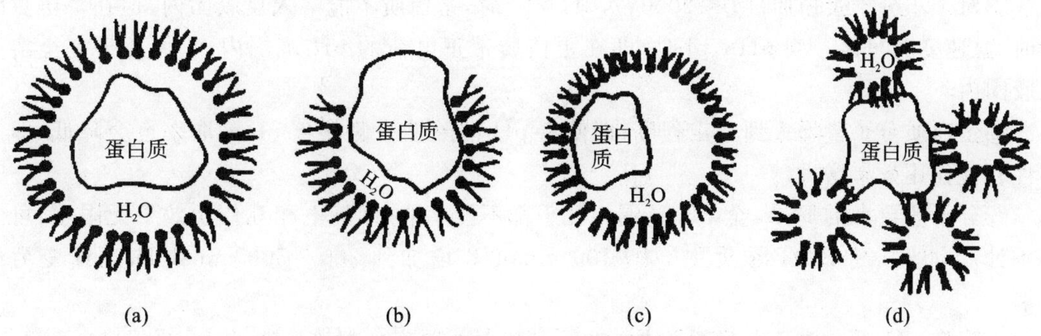

图 5-15 蛋白质向反胶团溶解的 4 种可能模型

白质分子构象很小的变化就可能对这些相互作用的结果产生很大的影响。下面以研究得较多的 AOT/异辛烷体系为对象，归纳了静电作用、立体性作用及其他作用的分离特性及效果。

(1)静电作用：在反胶团萃取体系中，表面活性剂与蛋白质都是带电分子，因此静电作用是萃取过程的一种主要推动力。当水相 pH 偏离蛋白质等电点时，蛋白质分子带正电荷(pH<pI)或负电荷(pH>pI)。理论上，当溶质所带电荷与表面活性剂相反时，由于静电相互作用的作用，溶质易溶解于反胶团，溶解度较大，反之则不能溶于反胶团中。表 5-4 和图 5-16 所示的酶、蛋白质，显示了它们从主体水相向反胶团内微水相中萃取或反萃取时，静电相互作用以及 pH 对这种作用的影响。

表 5-4 蛋白质的分子量和等电点

蛋白质	分子量(M_r)	等电点(pI)
细胞色素 c	13683	10.6
核糖核酸酶 a	12384	7.8
溶菌酶	14300	11.1
木瓜酶	23400	8.8
BSA	65000	4.9

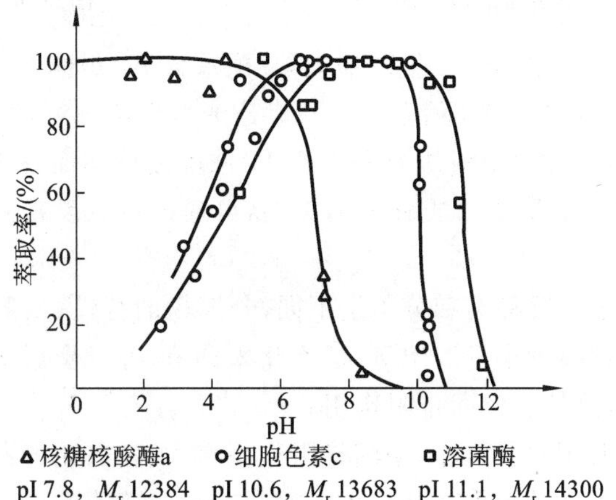

图 5-16 pH 对蛋白质萃取率的影响

①对于小分子蛋白质(M_r<20000),pH>pI 时,蛋白质不能溶入反胶团内,但在等电点附近时,急速变为可溶。当 pH<pI 时,即在蛋白质带正电荷的 pH 范围内,它们几乎完全溶于反胶团内。

②蛋白质分子量增大到一定程度,即使将 pH 向酸性一侧偏离 pI,萃取率也会降低,即立体性相互作用效果增大。

③分子量更大的 BSA,全 pH 范围内几乎都不能萃取(即静电相互作用效果无限小,可忽略不计)。此时,将 AOT 浓度由 50～100 mmol/L 增加到 200～500 mmol/L,逐渐变为可萃取。

④降低 pH,蛋白质正电荷量增加,似乎有利于萃取率的提高。事实上,缓慢减小 pH,萃取率从某一 pH 开始,急速减小,这可能是蛋白质因 pH 变化而变性。蛋白质和水相中微量的 AOT 在静电、疏水等相互作用下,在水相中生成了缔合体,引起蛋白质变性,不能正常地溶解于反胶团相。

⑤添加 KCl 等无机盐,因离子强度的增加和静电屏蔽的作用,而使静电性相互作用变弱,一般来说,萃取率下降(图 5-17)。而且,盐对有机相具有脱水作用(W_0减小,见图 5-18),使立体性作用增大。

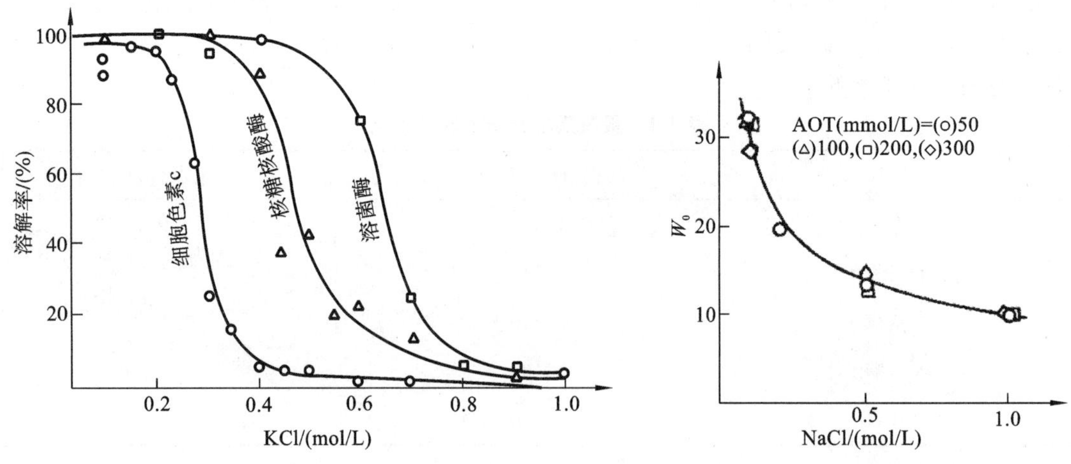

图 5-17　盐浓度对蛋白质溶解度的影响

图 5-18　盐浓度对 W_0 的影响

(2)立体性作用:随着蛋白质分子量的增大,分配系数 K_{pI}迅速下降,蛋白质分子和胶团间的立体性相互作用增加,萃取率有下降趋势。用动态光散射法测定,发现反胶团粒径存在一粒径分布,胶团的粒径分布(分离场)随盐浓度和 AOT 浓度的增加而发生显著变化,与蛋白质溶入与否没有关系。分离场不受蛋白质种类的影响,可通过控制反胶团粒径,高效分离纯化蛋白质。

萃取溶入反胶团的蛋白质种类和分子量不同,分离场的特性(反胶团平均直径和含水率)几乎不变。反胶团"水池"的大小可以用 W_0的变化来调节,并且会影响大分子的增溶或排斥,达到选择性萃取的目的,这就是空间排阻作用。

随着 W_0的降低,反胶团直径减小,空间排阻作用增大,蛋白质的萃取率下降。另外,空间排阻作用也体现在蛋白质分子大小对分配系数的影响上。随着蛋白质分子量的增大,蛋白质分子和胶束间的空间性相互作用增加,分配系数(溶解率)下降。

(3)其他作用:关于疏水相互作用和特异性相互作用的研究不多。即使是疏水性比其他蛋白质大的木瓜酶，由于其 K_{pI} 也可被统一性地关联在图 5-19 之中，所以在蛋白质的存在下，疏水相互作用对蛋白质分配特性的影响不大。

5.4.3 反胶团的制备

反胶团的制备方法一般有以下几种(图 5-20)。

(1)液-液接触法：将含蛋白质的水相与含表面活性剂的有机相接触，在缓慢地搅拌下，一部分蛋白质转入有机相中。此过程较慢，但最终的体系处于稳定的热力学平衡状态，这种方法可在有机相中获得较高的蛋白质浓度。

(2)注入法：将含有蛋白质的水溶液直接注入含有表面活性剂的非极性有机溶剂中去，然后进行搅拌，直到形成透明的溶液为止。这种方法的优点是过程较快，并可较好地控制反胶团的平均直径和含水量。这是目前最常用的方法。

(3)溶解法：对非水溶性蛋白质可用该法。将含有反胶团(W 为 3～30)的有机溶剂与蛋白质固体粉末一起搅拌，使蛋白质进入反胶团中，该法所需时间较长。含蛋白质的反胶团也是稳定的，这也说明反胶团“水池”中的水与普通水的性质是有区别的。

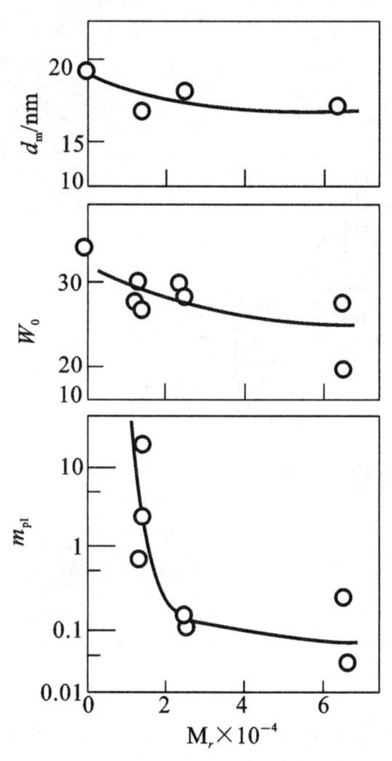

图 5-19 蛋白质平均分子量的影响

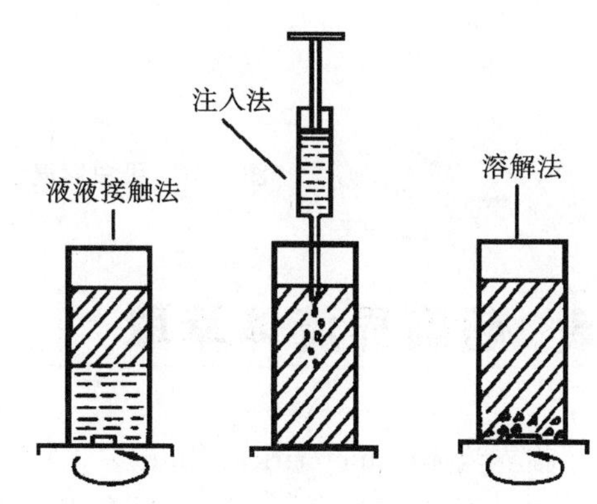

图 5-20 反胶团的制备方法示意图

5.4.4 反胶团萃取的应用

反胶团萃取目前主要用于分离提取酶和蛋白质等生物活性物质，近年又有将反胶团萃取应用于氨基糖苷类抗生素提取的研究报道。反胶团萃取的应用如下。

1. 酶的分离 从黏稠色杆菌培养的产物制备得到含两种脂酶的混合物，它们的分子量和等电点都不相同(脂酶 A 的分子量 120000，pI＝3.7；脂酶 B 的分子量 30000，pI＝7.3)。用 AOT/异辛烷反胶团系统萃取，在 pH 6.0 和低离子强度(KCl 浓度 50 mmol/L)条件下，脂酶 B 带正电荷，容易溶解在反胶团中，而脂酶 A 由于体积排阻和静电效应被排出胶束相，存在于水相。

从胶束相中反萃取脂酶 B，可以使用与水混溶的有机溶剂，效果较好的是加入 2.5%（体积分数，以两相总体积计算）乙醇到胶束相（pH 9.0），离子强度与萃取时相同。加入乙醇是为了减少脂酶与表面活性剂、有机溶剂的疏水相互作用，使其回收进入水相，结果脂酶 A 纯化 4.3 倍，脂酶活性收率为 91%；脂酶 B 纯化 3.7 倍，收率为 76%。

2. 蛋白质混合物的分离 图 5-21 是采用 AOT/异辛烷体系的反胶团萃取法分离含有核糖核酸酶、细胞色素 c 和溶菌酶 3 种蛋白质混合溶液的分离工艺过程。通过调节溶液的离子强度和 pH，可以控制各种蛋白质的溶解度，从而使之相互分离。第一步，pH＝9、KCl 溶液浓度为 0.1 mol/L 时，核糖核酸酶的溶解度很小，保留在水相，而与其他两种蛋白质分离；第二步，相分离得到的反胶团相（含细胞色素 c 和溶菌酶）与 pH＝9、KCl 溶液浓度为 0.5 mol/L 的水溶液接触后，细胞色素 c 被反萃取到水相，而溶菌酶保留在反胶团相；第三步，将含有溶菌酶的反胶团相用 pH＝11.5、KCl 溶液浓度为 2.0 mol/L 的水溶液反萃取，将溶菌酶反萃取回收到水相中，从而实现了 3 种蛋白质的分离。

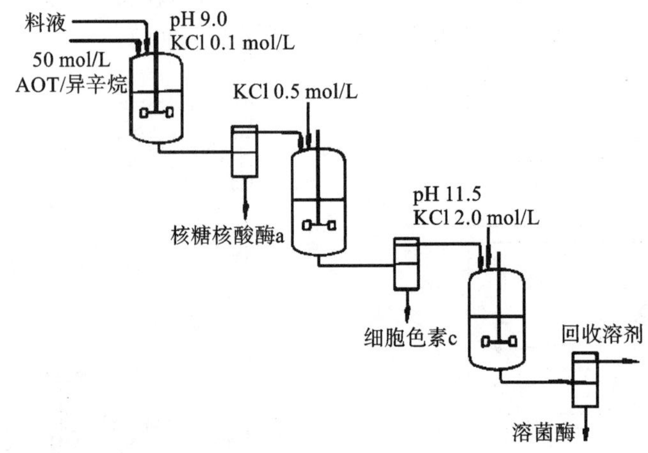

图 5-21 蛋白质混合物的分离工艺流程示意图

5.5 超临界流体萃取

超临界流体（supercritical fluid，SCF）萃取是 20 世纪 70 年代以来发展起来的一种新型萃取分离技术，具有能耗低、无污染、适合用于热敏性目标物质的分离等特性，在生物医药、化学工业、能源、食品、香料等领域应用广泛。超临界流体的扩散能力较强，同时又有类似于液体的较大密度和溶解度。利用超临界流体作为溶剂，可以从液体或固体中萃取所需组分，然后改变超临界流体的状态以实现其与所萃取的组分分离。

5.5.1 超临界流体的性质

流体是气体和液体的总称，均具有流动性又有相似的运动规律，临界状态是物质的气、液两态能够平衡共存的一个边缘状态。当一种流体的温度或压力均超过其相应临界值，则称该状态下的流体为超临界流体。图 5-22 为纯组分的温度-压力关系示意图，图中所示的阴影部分是超临界流体的范围。表 5-5 比较超临界流体与气体、液体的区别，表 5-6 列举了部分溶剂的临界点性质。

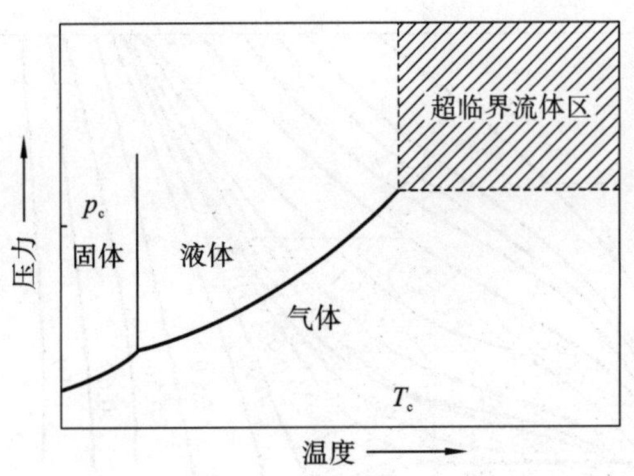

图 5-22　纯组分的温度-压力关系示意图

表 5-5　超临界流体与气体、液体的区别

相	密度/(g/mL)	扩散系数/(cm^2/s)	黏度/(g/(cm・s))
气体(G)	10^{-3}	10^{-1}	10^{-4}
超临界流体(SCF)	0.3～0.9	10^{-3}～10^{-4}	10^{-3}
液体(L)	1	10^{-5}	10^{-2}

表 5-6　部分溶剂的临界点性质

溶剂	临界温度/℃	临界压力/MPa	临界密度/(kg/m^3)
乙烷	32.3	4.88	203
丙烷	96.9	4.26	220
丁烷	152.0	3.80	228
氨	9.90	5.12	227
二氧化碳	31.3	7.38	469
二氧化硫	157.6	7.88	525
水	274.3	22.11	326
氟利昂-13	28.8	33.9	578

结合图 5-22 及表 5-5、表 5-6 可归纳出超临界流体的几个主要特性。

(1)超临界流体的密度接近液体。由于溶质在溶剂中的溶解度一般与溶剂的密度成正比，使超临界流体具有与液体溶剂相当的萃取能力。

(2)超临界流体的扩散系数介于气态与液态之间，其黏度接近气体。故总体上，超临界流体的传质性质更类似气体，其在超临界状态萃取时传质速率远大于其处于液态下溶剂的萃取速度。

(3)流体在临界点附近压力或温度的微小变化都会导致流体密度相当大的变化，从而使溶质在流体中的溶解度也发生相当大的变化。该特性为超临界萃取工艺的设计基础，可通过二氧化碳的对比压($p_r=p/p_c$)-对比密度($\rho_r=\rho/\rho_c$)的关系图(图 5-23)加以说明。

(4)二氧化碳在经济性、操作性(临界压力、温度和密度)等方面具有优势，是超临界流体萃取的常用气体。

在图 5-23 中，阴影部分是人们最感兴趣的超临界萃取的实际操作区域，对比压力 $p_r=1$～6，

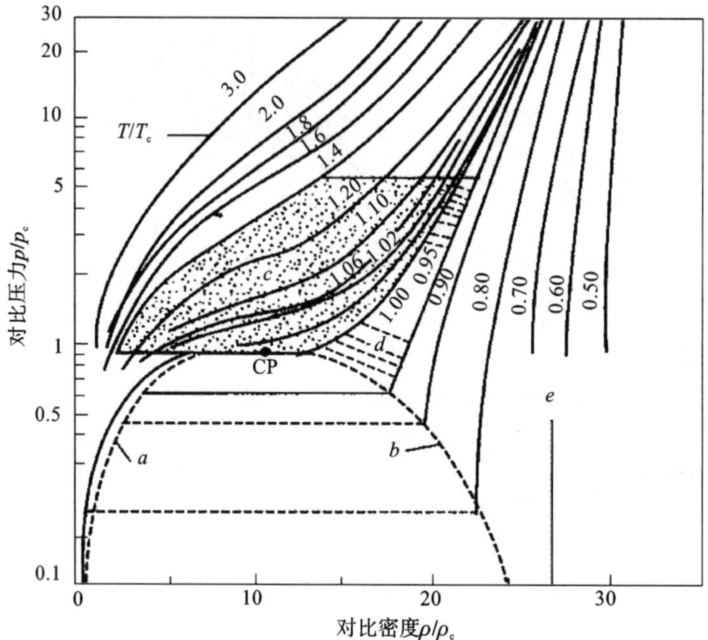

a—沸点线；*b*—露点线；*c*—SCF萃取区；*d*—亚临界萃取；*e*—一般液体的密度；CP—临界点

图 5-23　二氧化碳的对比压力-对比温度

对比温度 $T_r = T/T_c$ 为 0.9～1.4。其中温度或压力稍低于临界值时的高压流体，称为亚临界流体或近临界流体（sub-supercritical fluid，near-supercritical-fluid）。亚临界流体的密度高，其传质性质介于液体与超临界流体之间，人们也常把这一区域的亚临界流体萃取包括在内而泛称为超临界萃取。

在阴影部分所示区域里，超临界流体有极大的可压缩性。溶剂的对比密度可从气体般的对比密度（$\rho_r = 0.1$）变化到液体般的对比密度（$\rho_r = 0.2$）。例如，在 $1.0 < T_r < 1.2$ 时，等温线在相当一段密度范围内趋于平坦，即在此区域内微小的压力变化都会相当地改变超临界流体的密度。这样，超临界流体可在较高密度下对待萃取物进行超临界萃取；另一方面，又可通过调节压力或温度使溶剂的密度大大降低，从而降低其萃取能力，使溶剂与萃取物得到有效分离。

5.5.2　超临界流体萃取过程

精馏在化工单元操作中是利用各组分挥发度的差别实现分离目的的，液-液萃取则利用萃取剂与被萃取物分子之间溶解度的差异将萃取组分从混合物中分开。由于超临界流体兼有气体和液体的优良特性，超临界萃取在一定程度上综合了精馏和液-液萃取两个单元的操作优点，其理论基础是流体混合物在临界状态下的相平衡关系，其操作属于质量传递过程。

1. 超临界流体萃取原理　超临界流体萃取的原理是利用超临界流体溶解能力与其密度的关系，即利用压力和温度对超临界流体溶解能力的影响而进行的。通过实验可知，在超临界区域附近，压力和温度的微小变化，都会引起流体密度的大幅度变化。而溶质在超临界流体中的溶解度大致和流体的密度成正比。如果保持温度恒定，增大压力，则超临界流体密度增大，对溶质的萃取能力增强，完成对溶质的溶解；压力减小，超临界流体的密度减小，对溶质的萃取能力减弱，使萃取剂与溶剂分离。同样，保持压力恒定，降低温度，流体密度相对增大，溶质的萃取能力增强，完成对溶质的溶解；提高温度，流体密度相对减小，溶质的萃取能力减弱，使萃取剂与溶质分离。

在进行超临界流体萃取时，首先应使超临界流体与待分离的物质接触，以便可以有选择性地把极性大小、沸点高低和分子量大小不同的成分依次萃取出来。当然，对应各压力范围所得到的萃取物不可能是单一的，但可以控制条件得到最佳比例的混合组分。其次，通过减压、升温的方法使超临界流体变成普通气体，被萃取物质则完全或基本析出，从而达到分离提纯的目的。也就是说，超临界流体萃取过程是由萃取和分离两部分组成的。

2. 超临界流体萃取操作过程 影响物质在超临界流体中溶解度的主要因素是温度和压力，通过调节萃取操作的温度和压力优化萃取操作，可提高萃取速率和选择性。超临界萃取设备通常由萃取釜和分离釜构成。

在萃取阶段，首先将萃取原料装入萃取釜，然后将作为超临界溶剂的 CO_2 经热交换器冷凝成液体，再经加压及调节温度，使其成为超临界二氧化碳流体而作为溶剂从萃取釜底部进入，与被萃取物料充分接触，选择性萃取出所需的化学成分。在超临界流体萃取的分离阶段，含溶解萃取物的 CO_2 流经降压阀降到低于 CO_2 临界压力以下进入分离釜(又称解析釜)，由于 CO_2 溶解度急剧下降而析出溶质，自动分离成溶质和 CO_2 气体两部分。前者为过程产品，定期从分离釜底部放出，后者为循环 CO_2 气体，经过热交换器冷凝成液体再循环使用。至此，完成待分离组分的分离。

根据分离方法的不同，可以把超临界萃取过程分为等温法、等压法和吸附法 3 种典型工艺过程(图 5-24)。

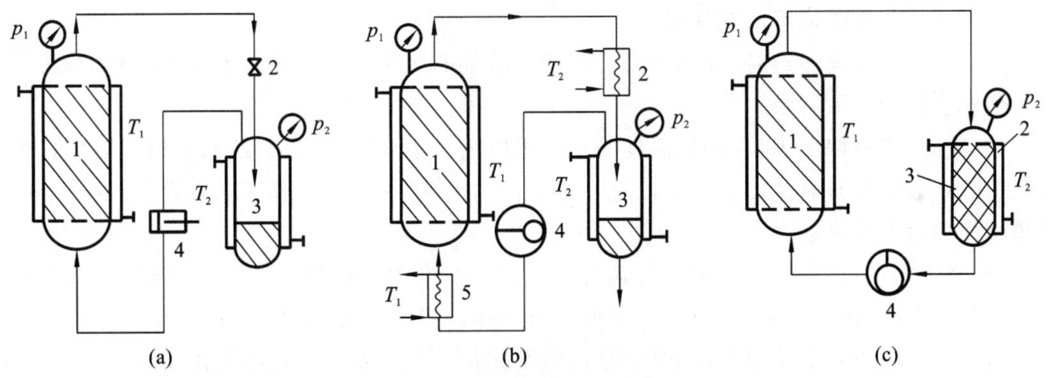

(a)等温法，$T_1=T_2$，$p_1>p_2$，1—萃取釜，2—减压阀，3—分离釜，4—压缩机
(b)等压法，$T_1<T_2$，$p_1=p_2$，1—萃取釜，2—加热器，3—分离釜，4—高压泵，5—冷却器
(c)吸附法，$T_1=T_2$，$p_1=p_2$，1—萃取釜，2—吸附剂，3—分离釜，4—高压泵

图 5-24 超临界 CO_2 流体萃取的 3 种典型工艺过程图

(1)等温法。

①工艺流程。等温法是通过变化压力使萃取组分从超临界流体中分离出来，如图 5-24(a)所示。含有萃取物的超临界流体经过减压阀后压力下降，其中萃取物的溶解度减小。溶质析出由分离釜底部取出，充当萃取剂的气体经压缩机送回萃取釜循环使用。

②操作特点。等温法萃取过程的特点是萃取釜和分离釜温度相等，萃取釜压力高于分离釜压力。利用高压下 CO_2 对溶质的溶解度大大高于低压下溶解度这一特性，将萃取釜中选择性溶解的目标组分在分离釜中析出成为产品。降压过程采用减压阀，降压后的 CO_2 液体(一般处于临界压力以下)通过压缩机或高压泵将压力提升到萃取釜要求的压力，循环使用。

(2)等压法。

①工艺流程。等压法是利用温度的变化实现溶质和萃取剂的分离。如图 5-24(b)所示,含萃取物的超临界流体经加热升温使萃取剂与溶质分离,由分离釜下方取出溶质。作为萃取剂的气体经降温送回萃取釜使用。

②操作特点。等压法工艺流程特点是萃取釜和分离釜处于相同压力,利用二者温度不同时 CO_2 流体溶解度的差异来达到分离目的。

(3)吸附法。

①工艺流程。吸附法是采用可吸附溶质而不吸附超临界流体的吸附剂来使萃取物分离。萃取剂气体经压缩机后循环使用,如图 5-24(c)所示。

②操作特点:吸附法工艺流程中萃取和分离处于相同温度和压力下,利用分离釜中填充的特定吸附剂将 CO_2 流体中待分离的目标组分选择性吸附除去,然后定期再生吸附剂即可达到分离目的。

对比等温、等压和吸附 3 种典型工艺过程的耗损,吸附法理论上不需压缩机耗能和热交换耗能,应是最省能的。但该法只适用于可选择性吸附分离目标组分的体系,绝大多数天然产物分离过程很难通过吸附剂来收集产品,所以吸附法只能用于少量杂质脱除过程。一般条件下,温度变化对 CO_2 流体的溶解度影响远小于压力变化的影响,因此,通过改变温度的等压法工艺过程,虽然可以节省压缩能耗,但实际分离性能受到很多限制,实用价值较小。所以,目前超临界 CO_2 萃取过程大多采用改变压力的等温法工艺过程。

3. 影响超临界流体萃取的因素

(1)压力:当温度恒定时,提高压力可以增大溶剂的溶解能力和超临界流体的密度,从而提高超临界流体的萃取容量。

(2)温度:当萃取压力较高时,温度的提高可以增大溶质的蒸气压,从而有利于提高其挥发度和扩散系数。但升高温度也会降低超临界流体的密度,从而减小其萃取容量,温度过高还会使热敏性物料发生降解。

(3)流体密度:溶剂的溶解能力与其密度有关。密度大,溶解能力强,但密度大时,传质系数小。在恒温时,密度增加,萃取速率增加;在恒压时,密度增大,萃取速率下降。

(4)溶剂比:当确定萃取温度和压力后,溶剂比是一个重要参数。溶剂比低时,经一定时间萃取后固体中残留量大;溶剂比非常高时,萃取后固体中的残留趋于最低限度。溶剂比的大小必须考虑经济性。

(5)颗粒度:一般情况下,萃取速度随固体物料颗粒尺寸减小而增大。当颗粒度过大时,固体相受传质控制,萃取速度慢,即使提高压力、增加溶剂的溶解能力,也不能有效提高溶剂中溶质浓度。另一方面,当颗粒度过小时,会形成高密度的床层,使溶剂流动通道阻塞,从而造成传质速度下降。

5.5.3 超临界流体萃取的应用

从超临界流体的性质可以看出,超临界流体萃取具有如下优点。

(1)萃取速度高于液体萃取,特别适合固态物质的分离提取。

(2)在接近常温的条件下操作,能耗低于一般的精馏法,适合热敏性物质和易氧化物质的分离。

(3)传质速度快,温度易于控制。

(4)适合于非挥发性物质的分离。

Todd 和 Elgin 在 1955 年首先建议用超临界流体作为萃取剂来分离低挥发度的化合物之后，在其他一些国家，特别是美国、德国和苏联，一些学者发表了不少的研究论文，其内容集中在食品、药物和香料的超临界萃取应用上，超临界流体萃取应用到生物产品分离已有很多年的历史，如从咖啡中脱除咖啡因、从啤酒花中提取有效成分等。表 5-7 列出了超临界流体萃取在一些领域中的应用实例。

表 5-7　超临界流体萃取的应用实例

工业类别	应用实例
医药工业	①原料药的浓缩、精制和脱溶剂(抗生素等) ②酵母、菌体生成物的萃取(γ-亚油酸、甾族化合物、乙醇等) ③酶、维生素等的精制、回收 ④从动植物中萃取有效成分(生物碱、维生素 E、芳香油等) ⑤脂质混合物的分离精制(甘油酯、脂肪酸、卵磷脂)
食品工业	①脂质体制备技术 ②植物油的萃取(大豆、棕榈、花生、咖啡……) ③动物油的萃取(鱼油、肝油) ④食品的脱脂(马铃薯片、无脂淀粉、油炸食品) ⑤从茶、咖啡中脱除咖啡因，啤酒花的萃取等 ⑥植物色素的萃取，β-胡萝卜素的提取 ⑦含乙醇饮料的软化 ⑧油脂的脱色、脱臭
化妆品 香料工业	①天然香料的萃取(香草豆中提取香精)，合成香料的分离、精制 ②烟草脱烟碱 ③化妆品原料的萃取、精制(界面活性剂、单甘酯等)
生物工业	①从发酵液中除去生物稳定剂 ②从水溶液中提取有机溶剂 ③微生物的临界流体破碎过程 ④工业废物的分解 ⑤木质纤维素材料的处理
化学工业	①烃的分离(烷烃与芳烃、萘的分离、α-烯烃的分离、正烷烃和异烷烃的分离) ②有机水溶液的脱水(乙醇等) ③有机合成原料的精制(羧酸、酯、酐，如己二酸、对苯二酸、己内酰胺等) ④共沸物的分离(H_2O 与 C_2H_5OH 等) ⑤作为反应的稀释剂(聚合反应、烷烃的异构化反应) ⑥反应原料的回收(从低级脂肪酸盐的水溶液中回收脂肪酸)
其他	①超临界流体色谱 ②活性炭的再生

5.6 液膜萃取

1968 年 N. N. Li 发明乳状液膜分离技术，随后液膜萃取快速发展起来，形成了一种新型膜分离技术，即通过两相间形成的液相膜，将两种组成不同但又互相混溶的溶液隔开，经选择性渗透使物质分离提纯。后来研发的支撑型液膜具有薄、比表面积大、分离速率快、提取效率高、过程简单、成本低、用途广等优点。液膜萃取是一种以液膜为分离介质、以浓度差为推动力的膜分离操作。虽然与溶剂萃取机理不同，但都属于液-液萃取系统的传质分离过程。

5.6.1 液膜的组成及特性

1. 液膜的组成 液膜是由水溶液或有机溶剂(油)构成的液体薄膜。液膜可将与之不能互溶的液体分隔开来，使其中一侧液体中的溶质选择性地透过液膜进入另一侧，从而实现溶质之间的分离。当液膜由水溶液(水型液膜)构成时，其两侧的液体为有机溶剂；当液膜由有机溶剂(油型液膜)构成时，其两侧的液体为水溶液。因此，液膜萃取可同时实现萃取和反萃取，这是液膜萃取的主要优点之一，对于简化分离过程、提高分离速率、降低设备投资和操作成本是非常有利的。液膜的应用研究不仅在金属离子、烃类、有机酸、氨基酸和抗生素的分离以及废水处理等方面取得了令人瞩目的成果，而且正在不断开拓新的研究领域，在酶的固定化和生物医学方面的研究成果也展示广阔诱人的前景。

液膜分离系统的膜相通常由膜溶剂、表面活性剂、流动载体、膜增强剂构成，而被膜相隔开的两液相是待处理的料液和用于接受目标组分的反萃取相。

(1)膜溶剂：膜相的基本物质，一般占膜相总量的 90%左右，相当于生物膜磷脂双分子层中的疏水部分。使用较多的膜溶剂是高分子烷烃、异烷烃类物质。

较理想的膜溶剂一般应满足以下几点。

①能保持操作过程的稳定性，有一定的黏度，又不溶于内、外水相。

②具有良好的溶解性，能优先溶解欲提取物质，而对杂质的溶解越少越好。同时，对膜相中其他组分也有较好的溶解性。

③与水相应有一定的密度差，以利于后期膜相与料液的分离操作。

(2)表面活性剂：液膜分离系统中稳定油水分界面的最重要组分，相当于生物膜磷脂双分子层的亲水端，其含量占液膜组成的 1%～5%。因为它不仅决定了液膜的稳定性，而且影响分离效率以及膜相的循环使用，所以对其的选择非常重要。

(3)流动载体：事实上流动载体常常是某种萃取剂，能对欲提取的物质进行选择性搬运迁移，相当于生物膜中的蛋白质载体，其含量占液膜组成的 1%～5%，对液膜分离的选择性和膜的能量(或分离速率)起决定性作用。

(4)膜增强剂：含量很少或没有，能起到增强膜稳定性的作用，使膜在分离操作时不会过早破裂，而在破乳工序中液膜层又容易破碎，以利于膜相与内水相的分离。

2. 液膜的种类 液膜根据其结构可分为多种，但具有实际应用价值的主要有以下 3 种。

(1)乳状液膜(emulsion liquid membrane，ELM)是 N. N. Li 发明专利中使用的液膜，根据成膜液体的不同，分为(W/O)/W(水-油-水)型和(O/W)/O(油-水-油)型两种。在生物分离中主要应用(W/O)/W 型乳状液膜，因此这里仅给出(W/O)/W 型乳状液膜示意图(图 5-25)。如果内、外相为油相，液膜为水溶液，则成为(O/W)/O 型乳状液膜。

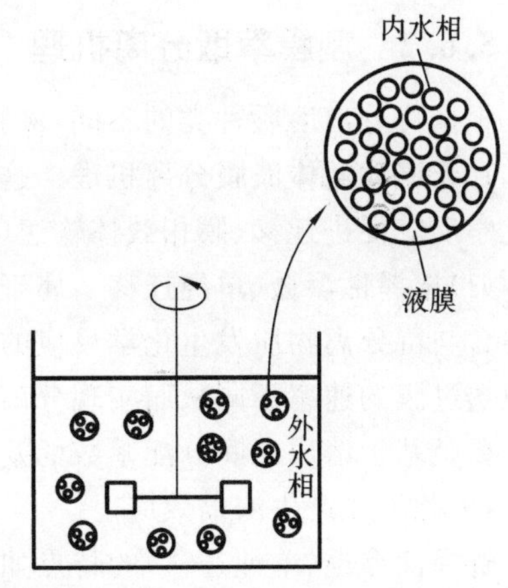

图 5-25 (W/O)/W 型乳状液膜示意图

乳状液膜的膜溶液主要由膜溶剂、表面活性剂和流动载体组成，其中膜溶剂占 90%以上，表面活性剂和流动载体均占 1%～5%。表面活性剂起稳定液膜的作用，是乳状液膜的必需成分，因此又称表面活性性液膜。

向溶有表面活性剂和流动载体的油中加入水溶液，进行高速搅拌或超声波处理，制成 W/O(油包水)型乳化液，再将该乳化液分散到第二水相(通常为待分离的料液)进行第二次乳化即可制成(W/O)/W 型乳状液膜，此时第二个水相为连续相。W/O 乳化液滴直径一般为 0.1～2 mm，内部包含许多微水滴，直径为数微米，液膜厚度为 1～10 μm。乳状液膜中表面活性剂有序排列在油水分界面处，对乳状液膜的稳定性起至关重要的作用，并影响液膜的渗透性。此外，液膜中的流动载体主要促进液膜萃取中溶质跨膜输送，为溶质的选择性化学萃取剂。

(2)支撑液膜：将多孔高分子固体膜浸在膜溶剂(如有机溶剂)中，使膜溶剂充满膜的孔隙而形成液膜(图 5-26)，最早用于 Na^+ 的萃取。支撑液膜分隔料液相和反萃取相，实现渗透溶质的选择性萃取回收或去除。当液膜为油相时，常用的多孔膜为利用聚四氟乙烯、聚丙烯等制造的高疏水性膜。与乳状液膜相比，支撑液膜结构简单，容易放大，但膜相仅靠表面张力和毛细管作用吸附在多孔膜的孔内，使用过程中容易流失，造成支撑液膜性能下降。弥补这一缺点的办法是定期停止操作，从反萃取相一侧加入膜相溶液，补充损失的膜相。

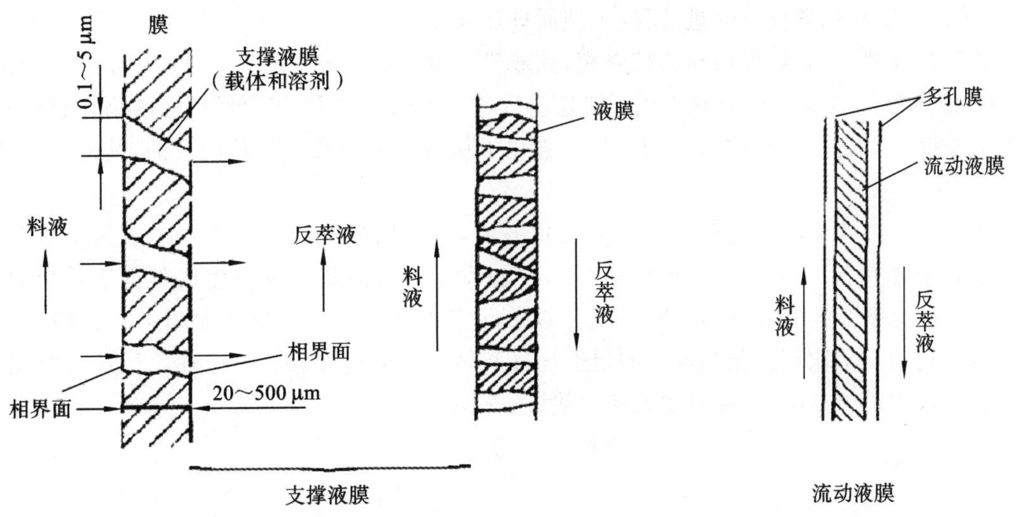

图 5-26 支撑液膜和流动液膜

(3)流动液膜：也是一种支撑液膜，是为弥补上述支撑液膜的膜相容易流失的缺点而出现的，其结构如图 5-26 所示。液膜相可循环流动，因此在操作过程中即使有所损失也很容易补充，不必停止萃取操作进行液膜的补充。液膜相的强制流动或降低厚度可降低液膜相的传质阻力。

5.6.2 液膜萃取分离机理

根据待分离溶质种类的不同，液膜萃取机理主要可分为以下几种类型。

1. 无流动载体液膜分离机理 这类液膜分离过程主要有选择性渗透（单纯迁移）、反萃取相化学反应促进迁移、膜相载体输送（Ⅱ型促进迁移）、萃取和吸附等分离机理。

（1）选择性渗透（单纯迁移）：属于单纯迁移选择性渗透机理，即膜中不含流动载体，内、外相不含与待分离物质发生化学反应的试剂，依据不同组分在膜中的溶解度和扩散系数的不同，导致透过膜的速率不同从而实现分离。由于一般溶质之间扩散系数的差别不大，因此物理渗透主要是基于溶质之间分配系数的差别实现分离的（图 5-27（a））。达到平衡时，溶质迁移不再发生，因此不能产生浓缩效应。

选择性渗透（单纯迁移）的特点如下。

①液膜中不含流动载体，内、外水相中没有与待分离物质发生化学反应的试剂。

②利用待分离物质在膜中的溶解度差异（分配系数的不同），因透过膜的速率不同而实现分离。

③无浓缩效果。当溶质迁移进行到液膜两侧浓度相等时，迁移推动力为 0，输送便停止。

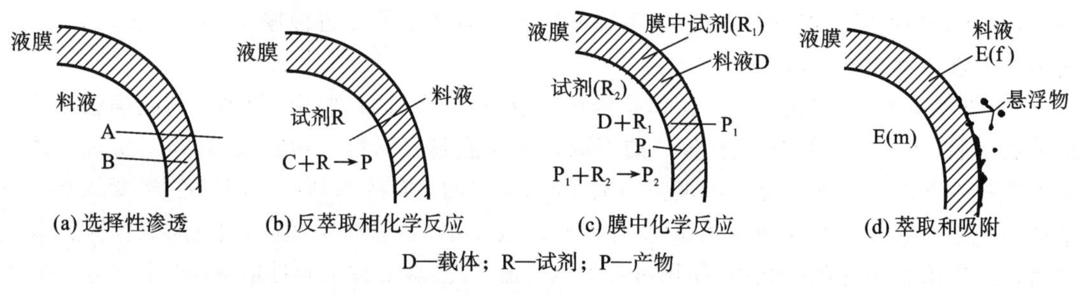

图 5-27 无流动载体液膜萃取分离机理

（2）反萃取相化学反应促进迁移（Ⅰ型促进迁移）。

以乳状液膜为例，假设内相为接受相，在液膜内相添加与溶质发生不可逆化学反应的试剂 R，使料液中待分离溶质 C 与其生成不能逆扩散透过膜的产物 P，从而保持渗透物在膜相两侧的最大浓度差，以促进溶质 C 的迁移，从而强化了从料液中分离溶质 C 的目的，其分离机理如图 5-27（b）所示。

如在有机酸等弱酸性电解质的分离纯化方面，可利用强碱（如 NaOH）溶液为反萃取相。反萃取相中含有 NaOH，与料液中溶质（有机酸）发生不可逆化学反应生成不溶于膜相的盐。当膜相传质速率为控制步骤（即 NaOH 与酸的反应速率很快）时，反萃取相中有机酸完全反应。这种利用反萃取相内化学反应的促进迁移又称Ⅰ型促进迁移。与上述单纯迁移相比，溶质在反萃取相可得到浓缩，并且萃取速率快（图 5-28）。

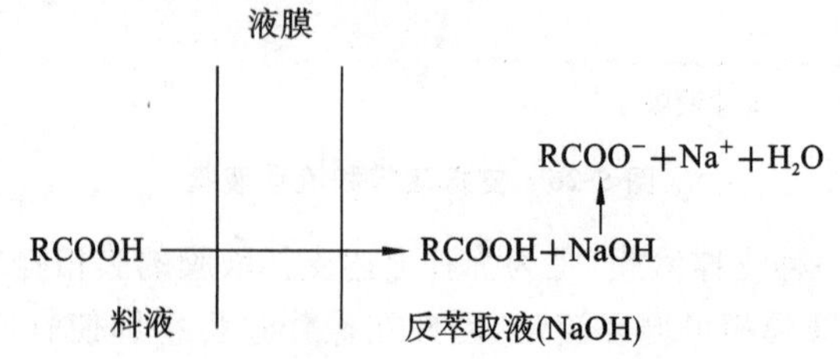

图 5-28 反萃取相化学反应促进迁移机理

反萃取相化学反应促进迁移的特点如下。

①接受相(内相)添加与溶质能发生化学反应的试剂,膜相无流动载体。

②外相中的 RCOOH 萃取入液膜,内相通常为 NaOH 溶液,一旦有机酸分子从膜相进入内相,便迅速被中和,转化为 $RCOO^-$,$RCOO^-$ 带有电荷,故不能逆向回到液膜。液膜与内相的平衡不断被破坏,使液膜中的 RCOOH 不断向内水相迁移,同时带动外相的 RCOOH 不断进入液膜。

③外相中的 RCOOH 在内相中得到浓缩,即其在内相中的浓度($RCOOH+RCOO^-$)大于其在外相的浓度($RCOOH+RCOO^-$),直到内相的 OH^- 被消耗完。

④浓缩的动力为自发性中和反应放热。

(3)膜相载体输送(Ⅱ型促进迁移):在膜相中加入可与目标产物发生可逆化学反应的萃取剂 C,产物与该萃取剂 C 在膜相的料液一侧发生正向反应生成中间产物,此中间产物在浓度差作用下扩散到膜相的另一侧,释放出目标产物。这样,目标产物通过萃取剂 C 的搬运从料液一侧转入反萃取相,而萃取剂 C 在浓度差作用下又从膜相的反萃液一侧扩散到料液一侧,重复目标产物的跨膜输送过程。萃取剂 C 称为液膜的流动载体。因此,利用载体输送的萃取过程可大大提高溶质的渗透性和选择性。更重要的是,载体输送能使目标溶质从低浓度区逆浓度梯度方向向高浓度区持续迁移。利用膜相中流动载体选择性输送作用的传质机理称为膜相载体输送,又称Ⅱ型促进迁移,其分离机理如图 5-27(c)所示。根据向流动载体供能方式的不同,载体输送又分为 3 种类型:①载体促进扩散传递;②载体促进逆流传递(又称反向迁移,图 5-29(a));③载体促进并流传递(又称同向迁移,图 5-29(b)),液膜中存在离子型载体时,即为此类型。

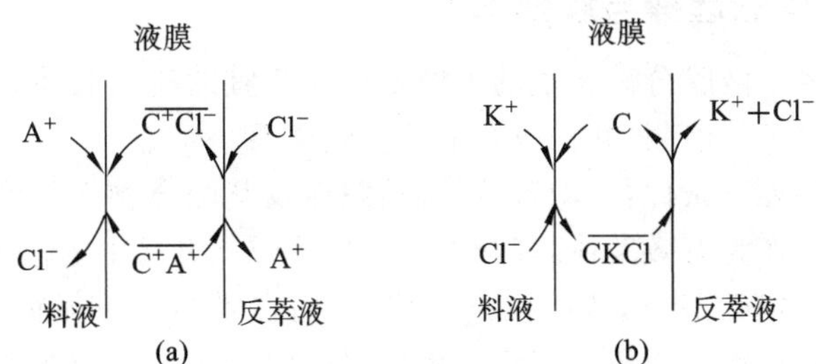

图 5-29 载体输送的反向迁移和同向迁移机理

(4)萃取和吸附:如图 5-27(d)所示,这种液膜分离过程具有萃取和吸附的性质,能把有机物萃取和吸附到液膜中,也能吸附各种悬浮的油滴及固体等,达到分离目的。

2. 有流动载体液膜分离机理 有流动载体液膜分离过程主要取决于载体的性质,载体主要有离子型和非离子型两类,其渗透机理分为逆向迁移和同向迁移两种。

(1)逆向迁移:液膜中含有离子型载体时溶质的迁移过程(图 5-30)。载体 C 在膜界面Ⅰ与欲分离的溶质离子 1 反应,生成配合物 C_1,同时放出供能溶质 2。生成的 C_1 在膜内扩散到界面Ⅱ并与溶质 2 反应,由于供入能量而释放出溶质 1,形成载体配合物 C_2 并在膜内逆向扩散,释放出的溶质 1 在膜内溶解度很低,故其不能返回,结果是溶质 2 的迁移引起了溶质 1 的逆浓度迁移,所以称其为逆向迁移。它与生物膜的逆向迁移过程类似。

(2)同向迁移:液膜中含有非离子型载体时,它所携带的溶质是中性盐,在与阳离子选择性配位的同时,又与阴离子配位形成离子对而一起迁移,故称为同向迁移(图 5-30(b))。载体 C 在界面Ⅰ与溶质 1、2 反应(溶质 1 为欲浓缩离子,而溶质 2 供应能量),生成载体配合物 C_2^1 并

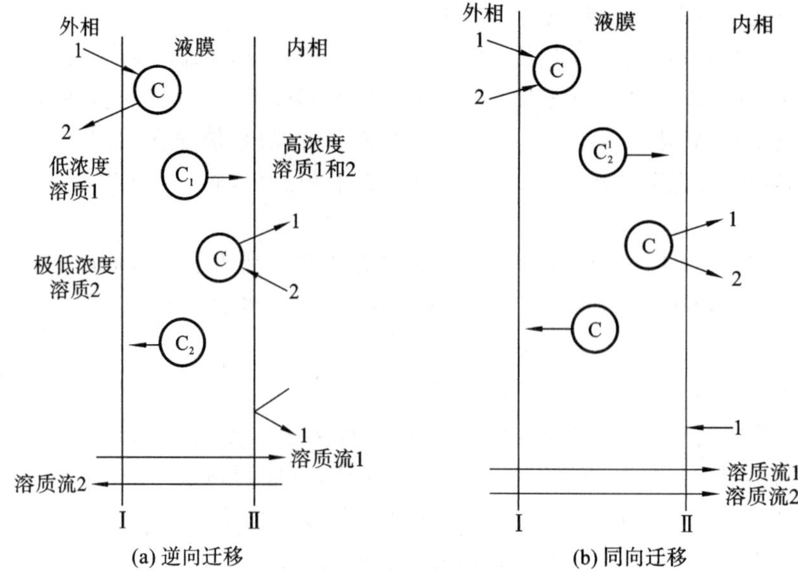

图 5-30 有流动载体液膜分离机理示意图

在膜内扩散至界面Ⅱ，在界面Ⅱ释放出溶质 2，并为溶质 1 的释放提供能量，配位载体 C 在膜内又向界面Ⅰ扩散。结果，溶质 2 顺其浓度梯度迁移，导致溶质 1 逆其浓度梯度迁移，但两溶质同向迁移，它与生物膜的同向迁移类似。上述有流动载体液膜分离的机理不仅适用于乳状液膜，也适用于支撑液膜。

5.6.3 液膜材料的选择与液膜萃取

1. 液膜材料的选择 液膜分离技术的关键是选择适宜的流动载体、表面活性剂和有机溶剂等材料来制备符合要求的液膜，并构成合适的液膜体系。

流动载体必须具备如下条件：①溶解性，流动载体及其配合物必须溶于膜相，而不溶于邻接的溶液相；②配位性，作为有效载体，其配合物形成体应该有适中的稳定性，即该载体必须在膜的一侧强烈地配位指定的溶质，从而可以转移它，而在膜的另一侧很微弱地配位指定的溶质，从而可以释放它，实现指定溶质的穿膜迁移过程；③载体应不与膜相的表面活性剂反应，以免降低膜的稳定性。

流动载体按带电性可分为带电载体与中性载体，一般来说，中性载体的性能比带电载体（离子型载体）好，中性载体中又以大环化合物最佳。表 5-8 列举了一些流动载体的例子，此外还有羧酸、三辛胺及环烷酸等，可用作萃取剂，也可用作液膜的流动载体。

表 5-8 适用于液膜的 3 种流动载体

载体名称	聚醚	莫能菌素配位化合物	胆烷酸配位化合物
载体结构			$COO^{\ominus}M^{\oplus}$
（聚醚是合成的，其余两种是天然产物）			

表面活性剂的选择是很复杂的问题，虽有一些规律，但主要是凭经验。一般首先要知道适合该体系的乳化剂的亲水亲油平衡(hydrophile-lipophile balance，HLB)值。HLB 值是表面活性剂的一个参数，可理解为表面活性剂分子中亲水基和疏水基之间的平衡数值。非离子表面活性剂的 HLB 值可用下式计算：

$$\text{非离子表面活性剂的 HLB 值}=\frac{\text{亲水基部分的分子量}}{\text{表面活性剂的分子量}}\times\frac{100}{5} \tag{5-31}$$

可见 HLB 值越大，表面活性剂的亲水性越强。表 5-9 给出了部分表面活性剂的 HLB 值。一般 HLB 值为 3～6 的表面活性剂用作油包水型乳化剂，HLB 值为 8～15 的表面活性剂用作水包油型乳化剂。如果单一的表面活性剂不能满足乳化液膜的要求，可利用 HLB 值的加和性配制复合乳化剂。

表 5-9　部分表面活性剂的 HLB 值

名称	组成	类型	HLB 值
Span-85	失水山梨醇三油酸酯	非离子	1.8
Span-65	失水山梨醇二硬脂酸酯	非离子	2.1
Atmul-67	甘油单硬脂酸酯	非离子	3.8
Span-80	失水山梨醇单油酸酯	非离子	4.3
Span-60	失水山梨醇单硬脂酸酯	非离子	4.7
Span-40	失水山梨醇单棕榈酸酯	非离子	6.7
Span-20	失水山梨醇单月桂酸酯	非离子	8.6
PEG400 Monoleate	聚乙二醇(分子量 400)单油酸酯	非离子	11.4
PEG400 Mono Tearate	聚乙二醇(分子量 400)单硬脂酸酯	非离子	11.6
AtlasG3300	烷基芳基磺酸盐	阴离子	11.7
PEG400 Mono Tearate	聚乙二醇(分子量 400)单月桂酸酯	非离子	13.1
Tween-60	聚氧乙烯失水山梨醇单硬脂酸酯	非离子	14.9
Tween-80	聚氧乙烯失水山梨醇油酸单酯	非离子	15.0
Tween-40	聚氧乙烯失水山梨醇棕榈酸单酯	非离子	15.6
Tween-20	聚氧乙烯失水山梨醇月桂酸单酯	非离子	16.7
	油酸钠(肥皂)	阴离子	18.0
	油酸钾(钾皂)	阴离子	20.0
AtlasG263	十六烷基乙基吗啉基乙基硫酸盐	阳离子	25～30
	月桂醇硫酸钠	阴离子	40

其次是参考一些经验性的选择依据：①要考虑乳化剂的离子类型，表面活性剂包括阴离子型表面活性剂、阳离子型表面活性剂和非离子型表面活性剂 3 种，要根据具体情况加以采用，其中尤以非离子型表面活性剂为佳，易制成液状物并在低浓度时乳化性能良好，所以在液膜技术中普遍采用；②要用疏水基与被乳化物结构相似并有较好亲和力的乳化分散剂，这样乳化效果好；③乳化分散剂在被乳化物中易溶解，乳化效果好。常采用的表面活性剂有 Span-80(失水山梨醇单油酸酯)、Saponin(皂角苷)、ENJ-3029(聚胺)等。

膜溶剂的选择主要应考虑液膜的稳定性和对溶质的溶解性，所以要有一定的黏度，并在有流动载体时溶剂能溶解载体而不溶解溶质，在无流动载体时能对欲分离的溶质优先溶解而对其他溶质溶解度很小。为减少溶剂的损失，还要求溶剂不溶于膜内、外相。常用的膜溶剂除Sloon(中性油)和Isopar-M(异链烷烃)外，还可使用辛醇、聚丁二烯以及其他有机溶剂。

2. 液膜萃取操作　液膜分离流程分4个阶段，见图5-31。

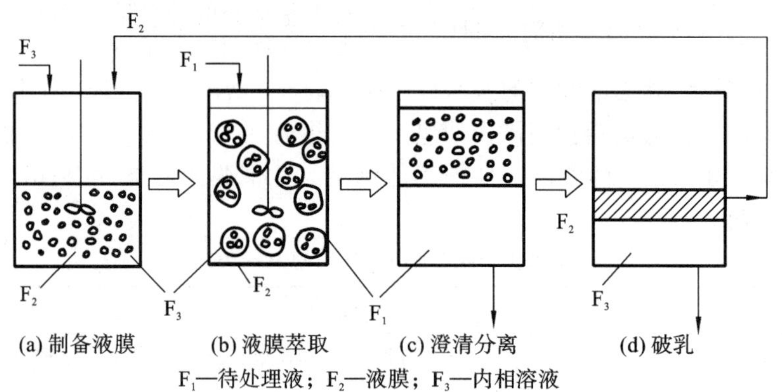

图5-31　液膜分离流程图

(1)制备液膜：将反萃取的水溶液F_3(内水相)强烈地分散在含有表面活性剂、膜溶剂、流动载体及添加剂的有机相中制成稳定的油包水型乳液F_2，见图5-31(a)。

(2)液膜萃取：将上述油包水型乳液在温和的搅拌条件下与溶液F_1混合，乳液被分散为独立的离子并生成大量的(W/O)/W型液膜体系，外水相中溶质通过液膜进入内水相被富集，见图5-31(b)。

(3)澄清分离：待液膜萃取完成后，借助重力分层除去萃余液，见图5-31(c)。

(4)破乳：使用过的废乳液需破碎、分离膜组分(有机相)和内水相，前者返回再制乳液，后者进行回收，回收有用组分，见图5-31(d)。破乳方法有离心法、过滤法、加热法和静电破乳法等，目前常用静电破乳法。

3. 液膜萃取设备及过程　同一般的溶剂萃取，利用乳状液膜萃取的设备主要有搅拌槽型(混合-澄清器)和微分塔型两类(图5-32、图5-33)。搅拌槽型萃取设备结构简单，操作方便，如图5-32(a)和图5-33所示，乳状液膜萃取过程中，W/O型乳化液以一定流速进入搅拌槽，完成后从萃取槽中流出的(W/O)/W型液体经澄清器使水乳分离，W/O型乳化液破乳后油水分离，得到含目标产物的溶液和油相。油相可重复用于W/O型乳化液的制备，其在操作过程中的损失部分通过外加油相补充。如果使用图5-32(b)所示的微分塔型萃取设备，因水乳逆流接触，可省去破乳前的用于水乳分离的澄清器。

4. 影响液膜萃取的因素　影响液膜萃取的因素有液膜体系的组成和液膜分离的工艺条件。

(1)液膜体系的组成：液膜体系的组成可根据处理体系的不同，选择适宜的配方，保证液膜有良好的稳定性、选择性和渗透速率，以提高分离效果。液膜的上述三个性质中，稳定性是液膜分离过程的关键，它包括液膜的溶胀和破损两个方面。溶胀是指外相水透过膜进入液膜内相，从而使液膜体积增大，可用乳状液的溶胀率E_a来表示：

$$E_a = \frac{V_e - V_{e_0}}{V_{e_0}} \times 100\% \tag{5-32}$$

式中，V_e——增大后的乳液相体积；

V_{e_0}——乳液相初始体积。

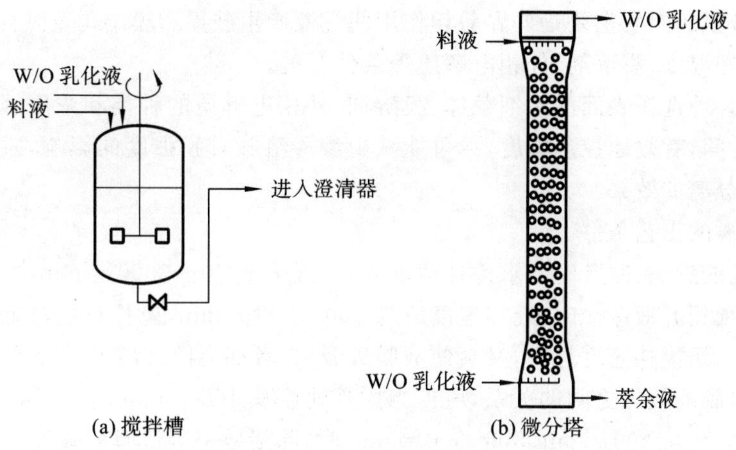

图 5-32 利用乳状液膜的萃取设备

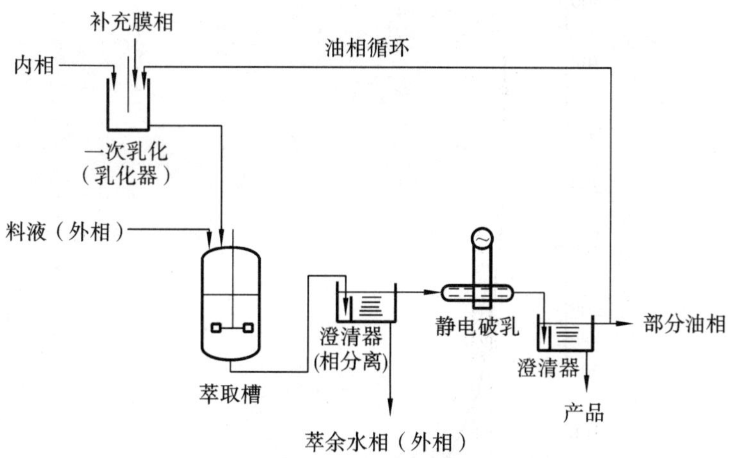

图 5-33 利用搅拌槽的乳状液膜连续萃取过程

破损则是由于液膜被破坏，使内相水溶液泄漏到外相，可用破损率 E_b 来表示，如内相中含 NaOH 溶液，则

$$E_b = \frac{c_{Na^+} \cdot V_3}{c_{Na_{10}^+} \cdot V_{10}} \times 100\% \tag{5-33}$$

式中，c_{Na^+}——泄漏到外水相中的钠离子浓度，mol/L；

$c_{Na_{10}^+}$——内相中钠离子的初始浓度，mol/L；

V_3——外水相体积，L；

V_{10}——内水相体积，L。

影响渗透溶胀的因素主要体现在外界对膜相物性的影响、内外相电解质的影响和膜相与水结合的加溶作用，其中表面活性剂和载体起重要作用。此外，影响因素还有以下几点。

①搅拌强度：搅拌速度增大，渗透溶胀增加。

②温度：温度升高，将导致水在膜相中扩散系数增加，并使表面活性剂在非水溶解剂中对水的加溶能力明显增大，最后使渗透溶胀加剧。

③膜溶剂：膜溶剂黏度大，则扩散系数减小，溶水率低，膜相含量少，能减小内、外相间的化学梯度，使渗透溶胀减小。

影响液膜破损的因素主要是外界剪切作用使乳液产生破损和膜结构及其性质变化两个方面,同时也与搅拌温度、膜溶剂、外相电解质等条件有关。

因此,必须合理选择表面活性剂载体、膜溶剂、外相电解质的种类和浓度,降低搅拌强度、乳水比和传质时间,有效地控制温度,尽可能减少渗透溶胀对膜强度的影响,避免液膜破损率过大,以保证膜分离的效果。

(2)液膜分离的工艺条件。

①搅拌速度的影响:制乳时要求搅拌速度高,一般为 2000～3000 r/min,这样形成的乳滴直径小,但当连续相乳液接触时,搅拌速度应为 100～600 r/min,搅拌速度过低会使料液与乳液不能充分混合,而搅拌速度过高,又会使液膜破裂,二者都会使分离效果降低。图 5-34 表示不同搅拌速度与脱酚效果之间的关系,可见当搅拌速度从 100 r/min 增至 200 r/min 时,除酚的效率急剧增高,而从 200 r/min 增至 300 r/min 时,除酚效率因液膜的破裂而急剧下降。

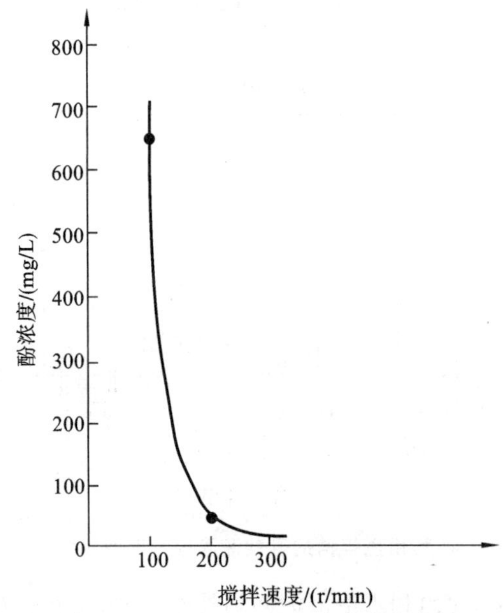

温度25 ℃,处理时间2 min,料液酚浓度1000 mg/L,表面活性剂体系:2%Span80+98%S100N,料液与试剂的质量比为2.8)

图 5-34　不同搅拌速度对脱酚效果的影响

②接触时间的影响:料液与乳液在最初接触的一段时间内,溶质会迅速渗透过膜进入内相,这是由于液膜表面积大,渗透很快,如果再延长接触时间,连续相(料液)中的溶质浓度又会回升,这是乳滴破裂造成的,因此接触时间要控制适当。

③料液的浓度和酸度的影响:液膜分离特别适用于低浓度物质的分离提取。若料液中产物浓度较高,可采用多级处理,也可根据被处理料液排放浓度要求,决定料液的浓度。料液的酸度决定渗透物的存在状态,在一定的 pH 下,渗透物能与液膜中的载体形成配合物而进入膜相,则分离效果好,反之分离效果就差。例如,液膜法提取苯丙氨酸时,外相的 pH 控制在 3 较好,这时苯丙氨酸呈阳离子状态,有利于和载体形成配合物,如果 pH 升高(3＜pH＜9),则苯丙氨酸趋向形成偶极离子,影响了它与载体的结合,分离效果就会下降。

④乳水比的影响:液膜乳化体积与料液体积之比称为乳水比。对液膜分离过程来说,乳水比越大,渗透过程的接触面积越大,则分离效果越好,但乳液消耗多,不经济,所以应选择一个

兼顾两方面要求的最佳乳水比。

⑤膜内比(R_{oi})对苯丙氨酸传质的影响:膜相体积(V_m)与内相体积(V_w)之比称为膜内比，同样以液膜法萃取苯丙氨酸为例，见图 5-35。由图可见，传质速度随 R_{oi} 的增加而增大，但这种增加趋势不大。这是因为一方面 R_{oi} 增加，载体量也增大，对苯丙氨酸提取过程有利；但另一方面，R_{oi} 增加亦使膜厚度增大，从而增加传质阻力，不利于提取过程。由于这两方面的影响，故苯丙氨酸提取率虽随 R_{oi} 的增加而增大，但幅度较小。R_{oi} 的增加，膜的稳定性加强了，而从经济角度出发，希望 R_{oi} 越小越好，因此需兼顾这两方面的情况进行 R_{oi} 的选取。由表 5-10 可见，R_{oi} 为 1 较好，此时已可得到 4～5 倍的内相浓缩率。

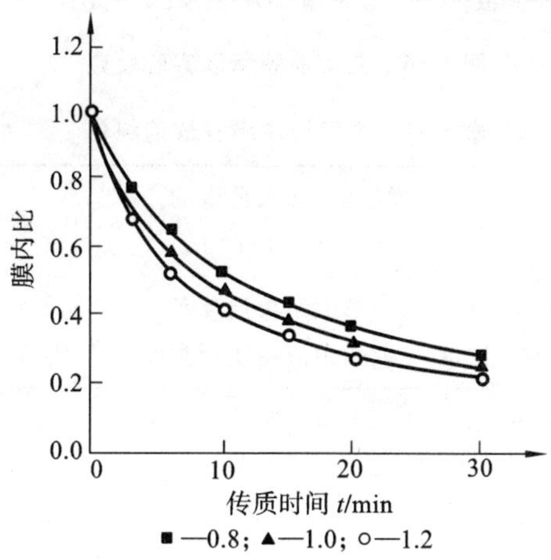

图 5-35　膜内比对苯丙氨酸传质的影响

表 5-10　膜内比对浓缩倍数的影响

膜内比(R_{oi})	浓缩倍数(c_d/c_{30})
0.8	3.3
1.0	4.5
1.2	4.6

⑥操作温度的影响:一般在常温或料液温度下进行分离操作，因为升高温度虽然能加快传质速度，但降低了液膜的稳定性和分离效果。

5.6.4　液膜萃取的应用

液膜萃取技术因其分离过程具有选择性和定向性良好、分离效率高，且能达到浓缩、净化和分离的目的等优点，在化工、食品、制药、环保、湿法冶金、气体分离和生物产品等工业领域应用广泛，在发酵液产物分离方面也越来越引起人们的关注，以下是液膜萃取在生物分离中的一些应用。

1. 液膜萃取氨基酸　如图 5-36 所示，Deblay 等用支撑液膜(聚四氟乙烯膜，孔径为 0.45 μm；膜溶剂为癸醇)、萃取剂(10%TOMAC)、反萃取相(1 mol/L NaCl，pH=1.65)系统从发酵液中纯化缬氨酸，结果示于表 5-11。利用未除菌的蔗糖发酵液(外加糖蜜)，反萃取相中缬氨酸收率约为 50%，而利用除菌后的糖蜜发酵液，收率达 75%。两组实验中反萃取相内糖浓度均极低，并且色素含量下降了约 80%。

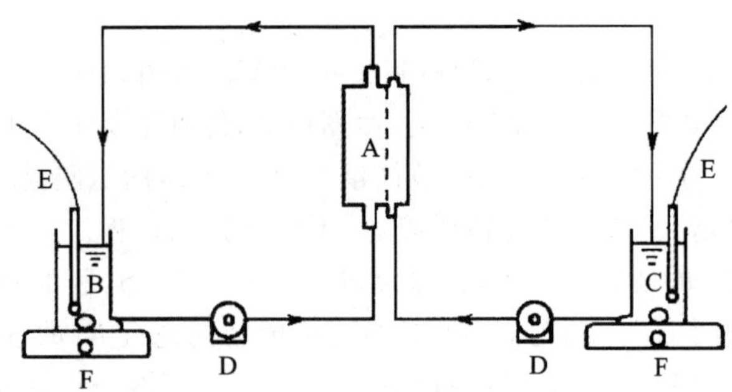

A—膜组件；B—料液；C—反萃液槽；D—液泵；E—pH计；F—磁力搅拌器

图 5-36　支撑液膜萃取实验装置

表 5-11　发酵液中缬氨酸的纯化

项目	未过滤除菌的发酵液(加入糖蜜的质量浓度为 120 kg/m³)(170 h)		除菌的糖蜜发酵液(125 h)	
	初始料液中溶质质量浓度	萃取结束后反萃取相中溶质质量浓度	初始料液中溶质质量浓度	萃取结束后反萃取相中溶质质量浓度
菌体/(g/L)	25	0	—	—
缬氨酸/(g/L)	25	12.6	25	18.8
蔗糖/(g/L)	123	1.0	60	0.26
葡萄糖/(g/L)	30	0.61	30	0.93
色素/(OD_{260})	80.5	13.8	94.3	23.3

2. 液膜分离萃取有机酸　Boey 等利用乳状液膜(载体为 TOA，内水相为 Na_2CO_3)系统从 *Aspergillus niger* 发酵液中萃取柠檬酸，结果表明，菌体的存在对萃取速率无影响，利用 200 g/L Na_2CO_3溶液为反萃取剂，10 min 的萃取操作可回收 80%的柠檬酸(原液质量浓度为 100 g/L)。

3. 生物反应-分离耦合过程　Nuchnoi 等利用支撑液膜(聚四氟乙烯膜，煤油为膜溶剂，TOPO 为载体)在发酵反应的同时萃取回收发酵液中的有机酸，大大提高了发酵速度(图 5-37)。

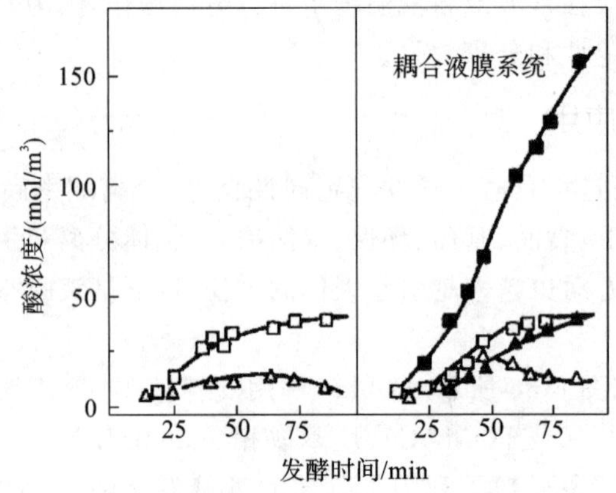

■—萃取的丁酸；□—发酵液中的丁酸；▲—萃取的醋酸；△—发酵液中的醋酸

图 5-37　利用支撑液膜的萃取发酵过程

4. 液膜脱盐 液膜脱盐原理如图 5-38 所示。在溶有不同流动载体(如 D2EHPA(二-2-乙基己基磷酸)和 TOMAOH(氢氧化三辛基甲铵))的两个支撑液膜之间通入盐溶液(NaCl),两侧分别为高浓度的 H_2SO_4 和 NaOH,则两张支撑液膜分别选择性地萃取 Na^+ 和 Cl^-。Na^+ 和 Cl^- 反向迁移的供能离子分别为 H^+ 和 OH^-,它们进入料液后生成 H_2O,从而达到料液脱盐的目的。利用这一原理可进行氨基酸等生物产品的脱盐,氮载体需要对盐离子有很高的选择性,否则生物分子将发生迁移。

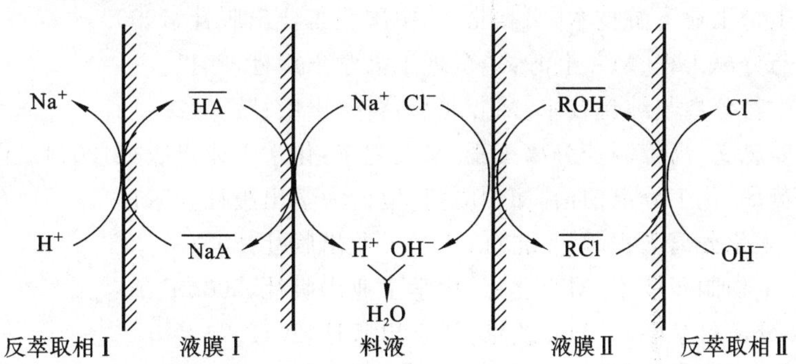

图 5-38 液膜脱盐原理

5. 其他方面的应用 除在生物分离、湿法冶金和废水处理等方面的应用外,液膜还可包埋酶参与生物反应过程等,如包埋胰凝乳蛋白酶合成氨基酸,包埋尿素水解酶用于除去尿道中的尿素(人工肾,与 W/O 型滴内含柠檬酸的乳化液共用,后者用于捕集尿素水解生成的 NH_3),包埋尿啶二磷酸葡萄糖醛转移酶去除血液中的酚(人工肝,治疗肝昏迷)。此外,利用可溶解 O_2 和 CO_2 制备的 W/O 型乳化液制作人工肺,液膜包封解毒剂可用于中毒患者的治疗。

思 考 题

1. 萃取的分配系数及其影响因素有哪些?
2. 用醋酸戊酯从发酵液中萃取青霉素,已知发酵液中青霉素浓度为 0.2 kg/m³,萃取平衡常数 $K=40$,处理能力 $H=0.5\ m^3/h$,萃取溶剂流量为 $L=0.03\ m^3/h$。若要产品收率达到 96%,试计算理论上所需萃取级数。
3. 某物质在 20 ℃、pH 3.5 时的分配系数(醋酸丁酯/水)为 51,用等体积醋酸丁酯单级萃取一次的理论收率为多少?如进行三级逆流萃取,醋酸丁酯用量为料液体积的 1/3 时的理论收率为多少?
4. 何为双水相萃取?试讨论影响双水相萃取的因素。
5. 胰蛋白酶的等电点为 10.6,在 PEG/磷酸盐(磷酸二氢钾和磷酸氢二钾的混合物)系统中,随 pH 的增大,胰蛋白酶的分配系数如何变化?
6. 肌红蛋白的等电点为 7.0,如何利用 PEG/DEX 系统萃取肌红蛋白。当系统中分别含有磷酸盐和氯化钾时,分配系数随 pH 如何变化?请以图示说明。
7. 何为超临界流体萃取?其特点有哪些?在生物分离中有哪些应用?
8. 简述反胶团的构成以及反胶团萃取的基本原理。
9. 简述液膜萃取的基本原理。
10. 良好萃取溶剂要满足哪些要求?

参考文献

[1] 孙彦.生物分离工程[M].3版.北京:化学工业出版社,2013.
[2] 田瑞华.生物分离工程[M].北京:科学出版社,2008.
[3] 喻昕.生物药物分离技术[M].北京:化学工业出版社,2008.
[4] 谭天伟.生物化学工程[M].北京:化学工业出版社,2008.
[5] 毛忠贵.生物工业下游技术[M].北京:中国轻工业出版社,1999.
[6] 宋航.制药分离工程[M].上海:华东理工大学出版社,2011.
[7] 付晓玲.生物分离与纯化技术[M].北京:科学出版社,2012.
[8] 李淑芬,姜忠义.高等制药分离工程[M].北京:化学工业出版社,2004.
[9] 李军,卢英华.化工分离前沿[M].厦门:厦门大学出版社,2011.
[10] 严希康.生化分离工程[M].北京:化学工业出版社,2001.
[11] 朱宝泉.生物制药技术[M].北京:化学工业出版社,2004.
[12] 罗川南.分离科学基础[M].北京:科学出版社,2012.
[13] 陈文华,郭丽梅.制药技术[M].北京:化学工业出版社,2003.
[14] 胡永红,刘凤珠,韩曜平.生物分离工程[M].武汉:华中科技大学出版社,2015.
[15] 丁明玉.现代分离方法与技术[M].2版.北京:化学工业出版社,2012.

(汪文俊)

第6章 膜分离技术

扫码看课件

6.1 膜分离简介

1748年Nollet发现，在渗透压作用下，水能自发地扩散到装有乙醇的猪膀胱内。19世纪中叶，Graham发现了透析现象后，人们正式开始膜分离过程的研究和理论探索。20世纪初出现了人造微孔膜，主要用于实验室过滤。20世纪50年代开始血液透析、人工肾和电渗析的应用。1960年Loeb和Souriragan首次研制出第一张具有高透水性和高脱盐率的不对称反渗透膜，这是膜分离技术发展的一个里程碑，它使反渗透技术大规模用于水的脱盐成为现实，从此膜技术得到迅速的工业化开发和应用。膜分离技术是利用一张特殊制造的、有选择透过性的膜，在外力推动下对混合物进行分离、提纯、浓缩的一种分离技术。目前，膜分离技术已经在海水淡化、污水处理、石油化工、节能技术、清洁技术、电子工业、食品工业、医药工业、环境保护和生物工程等领域中得到广泛应用。

分离膜是一类具有分离特性的薄型材料，由固态液体甚至气态物质的薄层凝聚相组成，利用分离膜进行分离的过程称为膜分离。作为化学工业的新技术之一，膜分离技术已被国际上公认为20世纪末至21世纪中期最有发展前途，甚至会导致一次工业革命的重大生产技术，所以可称为前沿技术，是世界各国研究的热点。如果将20世纪50年代初视为现代高分子膜分离技术研究的起点，截至目前，其发展大致可分为3个阶段：①20世纪50年代为奠定基础阶段；②20世纪60年代和20世纪70年代为发展阶段；③20世纪80年代以后为发展深化阶段。

膜分离过程不涉及相变，能源需求低，不需要加热，因此与蒸馏、结晶和蒸发等需要大量能量输入的过程有很大不同，可以防止热敏物质失活，集分离、浓缩和纯化于一体，分离效率高，操作简单，能耗小，结构紧凑，维修费用低，易于自动化，特别适合低碳排放乃至碳中和需求的生产行业应用。膜分离技术已经在生物化工行业中得到广泛研究和应用，如纯净水的制备、海水淡化、二价金属盐的分离与富集、发酵小分子产物的收集、蛋白质的分离及浓缩、培养基及其他生产物料的除菌、啤酒浓缩物的生产、发酵液脱胶脱色、氨基酸的分离等。因而膜分离技术是现代分离技术中一种效率较高的分离手段，在生物分离工程中具有重要作用。

6.1.1 膜的分类

膜分离过程有各种分类方法：①按照分离原理分为具有所需孔径的膜分离、类似于萃取的无孔膜分离（利用被分离物与高分子膜的强亲和性，经溶解扩散分离）和具有反应性官能团作用膜的膜分离；②按照分离原理推动力分为压力差膜分离、电位差膜分离、浓度差膜分离等；

③按照膜孔径分类，主要有微滤(microporous filtration，MF)、超滤(ultra filtration，UF)、纳滤(nano filtration，NF)、反渗透(reverse osmosis，RO)、渗析(dialysis)、电渗析(electrodialysis，ED)以及膜蒸馏等，基本覆盖了各种粒子的大小范围。粒子大小与膜分离的关系如图 6-1 所示。

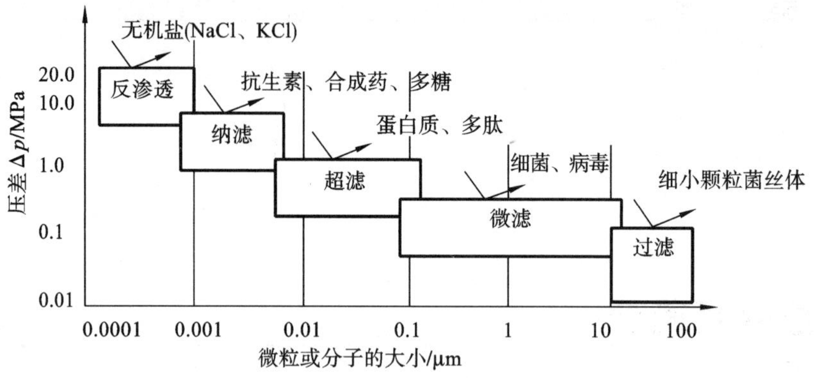

图 6-1 粒子大小与膜分离关系

微滤和超滤的分离范围存在交叉，纳滤介于反渗透和超滤之间，分离范围与反渗透和超滤也交叉。分类出现交叉是由于各种物料的物性和膜的性质不同，在粒子或物质分子质量交叉处可采用不同的膜分离方法。应用膜系统截留不同大小分子的溶液时，大致截留顺序为悬浮颗粒由微滤截留，大分子由超滤截留，盐和糖由反渗透等截留，透过的是水分子。

6.1.2 基本膜分离过程

1. 微滤和超滤 微滤和超滤均是以膜两侧压力差为推动力，通过膜表面的微孔结构对物质进行选择性分离。当液体混合物在一定压力下流经膜表面时，小于膜孔的溶剂(水)及小分子溶质透过膜，成为净化液(透过液)，比膜孔大的溶质及溶质基团被截留，成为浓缩的保留液，从而实现大、小分子的分离、净化与浓缩的目的。

(1)微滤：利用孔径大小在 0.1～10 μm 的多孔膜来过滤含有微粒或菌体的溶液，将其从溶液中除去的一种膜分离过程。其膜孔径介于微米和亚微米级之间，因此称为微滤。

微滤膜一般是均质膜，也有非对称膜。其孔径一般比超滤膜大，且孔径分布均匀，截留对象是细菌、胶体以及气溶胶等悬浮粒子。微滤的分离机理属于筛分机理。根据微粒被截留的位置，可以分为表面截留和深层截留两种。粒子是否被截留主要取决于膜的孔径大小及其分布，当膜的孔径小于悬浮粒子的尺寸，粒子被膜阻挡于膜表面而与透过液分离，这种分离机理称为表面过滤机理；如果膜的孔径相比粒子尺寸较大，则粒子进入膜孔内并黏附于孔壁而被滤除，这种依赖于膜孔深处发生过滤的分离机理被称为深层过滤机理(图 6-2)。利用表面过滤膜分离粒子时，被截留于膜表面的粒子可回收，膜也可以清洗再用；深度过滤膜具有较大的厚

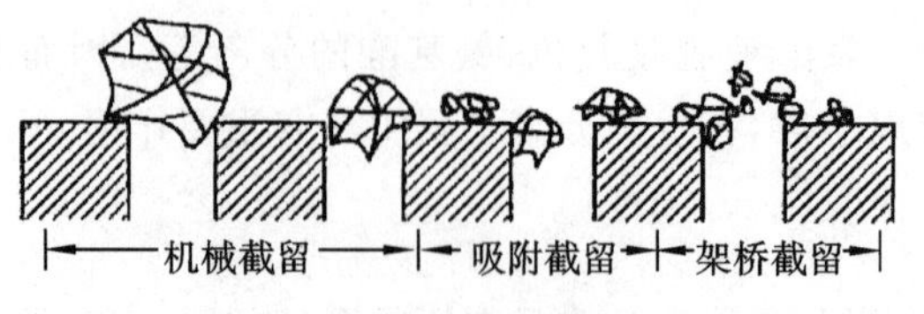

(a) 在膜的表面截留

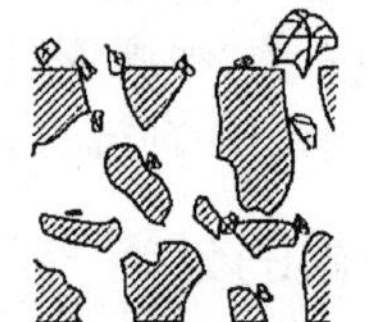

(b) 在膜内部的网络中截留

图 6-2 微滤膜的分离机理

度和可吸附的内表面，虽然有比较好的截留吸附性能，但由于被截留物难以回收，因此仅适用于以去除离子为目的的分离过程，膜使用后不再重复利用。

微滤膜的孔径十分均匀，与反渗透及超滤有明显的不同。其最大孔径与平均孔径的比值一般为 3～4，孔径基本呈正态分布，因而常被作为起保证作用的手段，过滤精度高，分离效率高。微滤膜孔隙率高，一般孔隙率为 35％～90％，高达 10^7～10^{11} 个/cm^2，而且孔径大，因此流速快。过滤时对有效成分的吸附少，料液中的有效成分损失也少。

微滤是目前压力驱动膜分离技术中应用最广、总销售额最大的一项膜分离技术，超滤主要用于制药行业的过滤除菌、饮用水生产中颗粒和细菌的滤除、食品工业中各种饮料的除菌及果汁等的澄清、替代传统的硅藻土过滤、废水处理中悬浮物、微小粒子和细菌的脱除。在生物工业中，微滤用来浓缩和分离发酵液中的生物产品和菌体分离。

(2)超滤：利用孔径更加细小的超滤膜来过滤含有大分子或微细粒子的溶液，使大分子或微细粒子从溶液中分离的膜分离过程。超滤主要用于液体分离，常用来截留溶液中的大分子(如蛋白质、酶、病毒等)，起到浓缩、纯化、分离的作用。

超滤膜多为非对称结构，由一层通常小于 3 μm 的极薄皮层和具有海绵状或手指状结构的多孔支撑层构成。一般来说，手指状孔结构膜通量较高，海绵状孔的超滤膜通量要小得多。超滤膜一般由高分子材料和无机材料制备，膜平均孔径为 1～50 nm，能够截留的物质大小为 10～100 nm。

一般情况下，超滤法与反渗透法相比，由于溶液的渗透压可以忽略不计，操作压力较低，一般在 0.1～0.5 MPa，因此能耗非常低。超滤法分离效率高，对稀溶液中微量成分的回收、低浓度溶液的浓缩均非常有效。但是，超滤法通常只能浓缩到一定程度，进一步浓缩仍要采取其他方法。采用不同截留分子量的超滤膜，可以进行不同分子量和形状的大分子物质的分级、分离。超滤的水通量大得多，因此超滤法常用于大分子的浓缩，大分子物质的扩散系数小，但是超滤容易产生浓差极化现象。

超滤分离机理属于筛分机理，由于超滤膜多为非对称结构，分离过程主要发生在超滤膜表面，由机械截留、架桥截留、吸附几种机理共同作用。

超滤法的应用非常广泛，既可以作为预处理过程和其他分离过程相结合，也可以单独使用，主要用于溶液的浓缩精制、小分子的分离和大分子溶质的分级等，可以去除溶液中的蛋白质、酶、病毒、微生物、淀粉等，在作为反渗透预处理、工业废水处理、饮用水处理、制药、色素提取等领域都发挥着重要作用，同时无机超滤膜正在向非水体系的应用发展。

2. 纳滤 纳滤是 20 世纪 80 年代初期开始研究的，当时称为低压反渗透，膜被称为粗孔反渗透膜，特点为对盐的截流率较低，因而操作压力比较低。由于其截留率大于 95％的最小分子为 1 nm，所以称为纳滤，是一种介于超滤和反渗透之间的膜分离过程。

纳滤也以致密膜为分离介质，表层孔径处于纳米级范围，因此对单价离子的截留率很低，但对二价或高价离子的截留率可达 90％以上。

纳滤过程主要有以下特点。

(1)分离精度介于反渗透与超滤之间；特别适宜截留分子大小在 1 nm 以上的物质，一般认为纳滤截留分子的分子量为 200～10000，能够截留分子量大于 200 以上的有机小分子。

(2)纳滤膜大多为荷电膜，由于电荷效应，对离子具有不同的选择性，因此物料的电荷性、离子价数和浓度对膜的分离效应有很大的影响。

(3)对于不同价态的阴离子存在道南效应，即使在较低的压力下，仍然对二价和多价离子有较高的截留率,对一价离子的截留率较低。

(4)在过滤分离过程中,它能在截留小分子有机物的同时并透析出盐,即集浓缩与透析于一体。

(5)操作压力低。无机盐能通过纳滤膜而透析,使得纳滤的渗透压远比反渗透低,一般推动压力为 0.5～2.0 MPa。这样,在保证一定膜通量的前提下,纳滤过程所需的外加压力就比反渗透低得多,具有节约动力的优点。

纳滤膜与反渗透膜均为无孔膜,通常认为其传质机理为溶解-扩散方式。也有人认为纳滤膜与超滤膜一样为多孔膜,其分离过程也是利用膜的筛分作用。但纳滤膜大多为荷电膜,因此对不同离子的分离机理各不相同。对于带电荷无机盐的分离行为不仅由化学势梯度控制,同时也受电势梯度的影响,即纳滤膜的行为与其荷电性能以及溶质荷电状态和相互作用有关。其分离机理可以用道南模型、空间电荷模型、静电排斥和立体位阻模型等加以解释。对于中性不带电荷的物质(如乳糖、葡萄糖、抗生素等)的截留是根据膜的纳米级微孔的筛分作用实现的。

道南平衡模型是指将荷电基团的膜置于含盐溶剂中时,溶液中的反离子(所带电荷与膜内固定电荷相反的离子)在膜内浓度大于其在主体溶液中的浓度,而同性离子在膜内的浓度则低于其在主体溶液中的浓度。由此形成的道南电位差阻止了反离子从主体溶液向膜内的扩散,为了保持电中性,同性离子也被膜截留。

道南效应对稀电解质溶液中离子的截留尤其明显,同时由于电解质离子的电荷强度不同,造成膜对离子的截留率存在差异,对高价同性离子的截留率会更高。纳滤技术的应用十分广泛,既可以与其他分离技术结合使用,也可以单独使用。纳滤膜对乳糖、葡萄糖、麦芽糖、色素、抗生素、多肽和氨基酸等小分子的截留率很高,而且对高价态的离子截留率比低价态的离子高,因此主要用于不同价态离子的分离、大分子有机物与小分子有机物的分离、有机物中盐的分离、分子量不同的有机物分离、浓缩精制等。

3. 反渗透　反渗透(reverse osmosis,RO)是渗透的逆过程,是 20 世纪 60 年代发展起来的一项新的膜分离技术,是依靠反渗透膜在压力下使溶液中的溶剂与溶质进行分离的过程。一方面,反渗透技术的应用十分广泛,在海水淡化、苦咸水脱盐、超纯水生产、大型锅炉补给水生产及废水处理方面显示出巨大的优势。另一方面,反渗透技术在不同的行业用于低分子量水溶性物质的浓缩也取得很好的效果。反渗透的原理如图 6-3 所示。

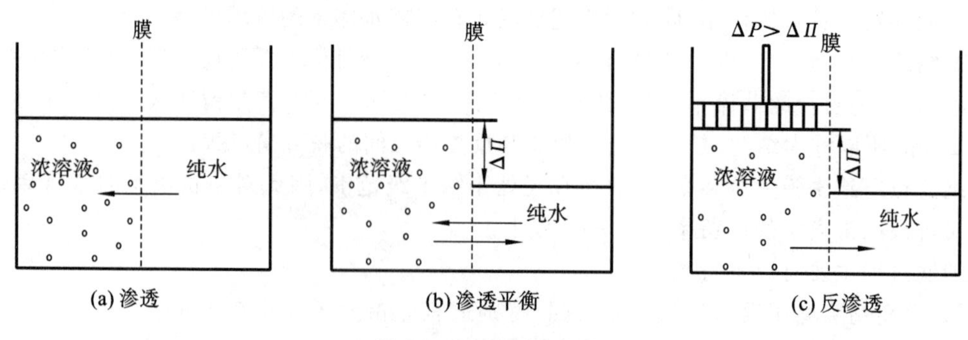

图 6-3　渗透与反渗透

反渗透是利用反渗透膜,对溶液施加压力,克服溶剂的渗透压,使溶剂通过反渗透膜而从溶液中分离出来的过程,它和自然渗透方向相反。

如在有盐分的水中(如原水),施以比自然渗透压更大的压力,使渗透向相反方向进行,借助于反渗透膜只能选择性地透过溶剂(通常是水)的性质,把原水中的水分子压到膜的另一边,变成洁净的水,从而达到除去水中杂质、盐分,获得纯净水的目的。

由于反渗透法主要用来截留无机盐小分子,而无机盐小分子的渗透压比较高,所以反渗透法必须施加较大的压力。反渗透不允许任何离子透过,因此以致密膜为分离介质,对单价离子的截留率达 90%以上。

反渗透分离特点:常温操作,可以对溶质和水进行分离或浓缩,因而能耗比蒸发低,但是压力大,比其他膜分离能耗高;杂质去除范围广,被截留分子大小为 0.1～1 nm,以及全部悬浮物和胶体等;可去除无机盐和各类有机物杂质;分离装置简单,容易操作和维修,适应性强,应用范围广,已成为水处理的重要手段之一。

反渗透膜的传质理论有多种,目前一般认为,溶解-扩散理论能较好地说明反渗透膜的透过现象,氢键理论、优先吸附-毛细管流动理论也能够对反渗透膜的透过机理进行解释。

(1)溶解-扩散机理:当膜是完整无缺陷的致密膜,且表面无孔,此时,溶剂与溶质透过膜的机理是溶剂与溶质溶解在膜的表面,然后在化学位差的推动力下,从膜的一侧向另一侧进行扩散,直至透过膜。在溶解-扩散过程中,扩散是控制步骤,并且服从 Fick 定律。

(2)氢键理论:对于分子链中带有可与水分子形成氢键的亲水性膜材料,水在膜中的渗透现象可用氢键理论来解释。该理论认为,水透过膜是由于水分子和膜的活化点形成氢键及断开氢键的过程。即在高压作用下,溶液中水分子和膜表皮层活化点缔合,原活化点上的结合水解离出来,解离出来的水分子继续和下一个活化点缔合,又解离出下一个结合水。水分子通过一连串的缔合-解离过程,依次从一个活化点转移到下一个活化点,直至离开膜表皮层,进入多孔层。这种水分子氢键的迁移最终导致水分子从膜高压侧向低压侧渗透。氢键理论很好地解释了醋酸纤维素反渗透膜选择性透水而截留溶质的原因。

(3)优先吸附-毛细管流动理论:该理论把反渗透膜看作一种微细多孔结构物质,它有选择性地吸附水分子而排斥溶质分子的化学特性。当水溶液与膜接触时,膜表面优先吸附水分子,在界面上形成一层不含溶质的纯水分子层 t,其厚度视界面性质而异,或为单分子层或为多分子层。在外压作用下,界面水层在膜孔内产生毛细管流连续地透过膜,如图 6-4 所示。当膜孔小于 $2t$ 时,整个膜孔都处于排斥溶质的范围内,此时溶质的透过率等于 0;但是由于膜孔太小,水的透过率也不大;当膜孔等于 $2t$ 时,孔对溶质的排斥范围正好交汇于中心,溶质不能透过膜

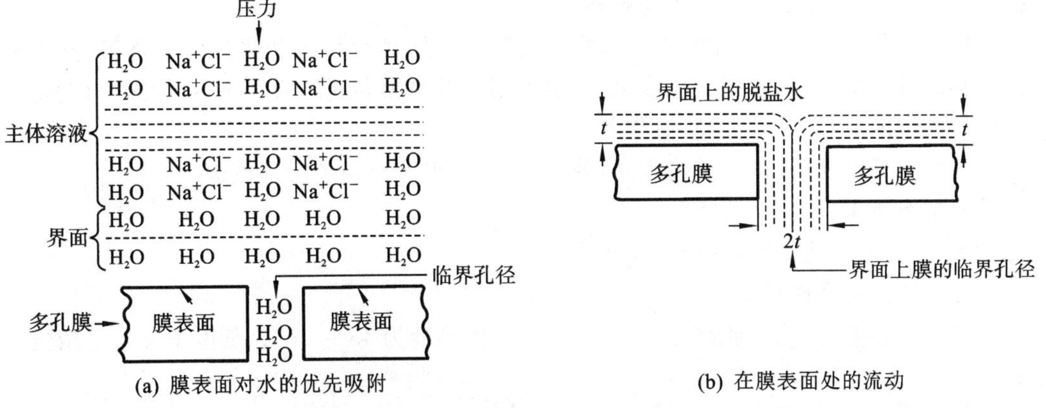

(a) 膜表面对水的优先吸附

(b) 在膜表面处的流动

图 6-4 优先吸附-毛细管流动模型

孔，水的通量达到最大，此时最适合水与溶质的分离；当膜孔大于 $2t$ 时，在孔心附近出现无排斥区，会发生溶质的泄漏。

6.2 膜材料及其特性

6.2.1 膜的基本特性

在一定流体相中，有一薄层凝聚相物质，把流体相分隔成为两部分，这一薄层物质称为膜，其特性如下。

(1)膜本身是均匀的一相或是由两相以上凝聚物质所构成的复合体。

(2)被膜分隔开的流体相物质是液体或气体。

(3)膜的厚度在 0.5 mm 以下。

(4)至少要具有两个界面，通过它们分别与两侧的流体相物质接触，膜可以是完全可透性的，也可以是半透性的，但不应该是完全不透性的。

(5)它的面积可以很大，独立地存在于流体相间，也可以非常微小而附着于支撑体或载体的微孔隙上。

(6)膜具有高度的渗透选择性，膜传递某物质的速度必须比传递其他物质快。

生物分离过程常用的膜分离技术为超滤、微滤和反渗透。为实现高效率的膜分离操作，对膜材料有如下要求。

(1)起过滤作用的有效膜厚度小，超滤膜和微滤膜的开孔率高，过滤阻力小。

(2)膜材料为惰性，不吸附溶质(蛋白质、细胞等)，从而使膜不易被污染，膜孔不易堵塞。

(3)适用的 pH 和温度范围广，耐高温，耐酸碱清洗剂，稳定性高，使用寿命长。

(4)容易通过清洗恢复透过性能。

(5)满足实现分离目的的各种要求，如对菌体细胞的截留、对生物大分子的通透性或截留作用等。

6.2.2 膜材料

目前市售膜的种类很多，主要有天然高分子、合成高分子和无机材料。下面简要介绍制造超滤膜、微滤膜和反渗透膜的各种膜材料。

1. 纤维素类 主要是纤维素的衍生物，有醋酸纤维、硝酸纤维和再生纤维素等，其中醋酸纤维素膜的截盐能力强，常用作反渗透膜，也可用作微滤膜和超滤膜。再生纤维素可制造透析膜和微滤膜。醋酸纤维素膜的特点如下。

①较好的亲水性，使水渗透流率高，截留率也高，很适合制备反渗透膜。

②原料来源丰富，价格便宜。

③无毒，制膜工艺简单，便于工业化生产。

④对余氯的耐受性很高。

⑤热稳定性差，因此不能高温使用，一般可耐受温度为 45～50 ℃，低温下又容易招致细菌生长。

⑥抗氧化性差，使用寿命降低。

⑦易水解，易压密，因此操作时，pH 一般为 3～7，不适合高压操作。

⑧抗微生物侵蚀较弱，因而难以储存。

2. 合成高分子膜 合成高分子膜材料主要有聚酰胺、聚砜、聚醚砜、聚醚酮、聚乙烯、聚乙烯醇、聚丙烯腈、聚酰亚胺、聚烯类和含氟聚合物等，其中聚砜是继醋酸纤维素之后开发的又一种重要的膜材料，主要用于制造超滤膜和微滤膜，同样也应用于纳滤膜的基膜。

聚砜膜的特点是耐高温（一般为70～80 ℃，有些可高达150 ℃），适用pH范围广（pH＝1～13），耐氯能力强，可调节孔径范围宽（1～20 nm），但聚砜膜耐压能力较差，一般平板膜的操作压力极限为0.5～1.0 MPa，中空纤维膜为0.17 MPa，不能制成反渗透膜。

聚酰胺膜的耐压能力较强，对温度和碱都有很好的稳定性，使用寿命较长，常用于反渗透；缺点是耐氯性差，易污染，尤其是聚酰胺膜对蛋白质溶质有强烈的吸附作用，易被蛋白质污染。

3. 改性膜材料 单一的均聚物高分子材料已不能满足膜制备的要求，因此对膜材料进行改性以获得不同性能的膜就显得十分重要。目前比较常用的有表面活性剂吸附法、辐照法、表面接枝法、等离子表面聚合法、等离子表面改性等，例如，将聚乙烯吡咯烷酮接枝到聚砜分子链上，可显著提高聚砜膜的亲水性，使膜通量显著提高。有机高分子膜制备通常采用相转化法。

4. 无机(多孔)膜 无机膜的研究始于1940年，20世纪80年代无机膜进入工业应用领域，进入20世纪90年代，由于无机膜优异的性能及材料科学的发展，新的膜材料、新的制膜技术日益得到发展，此后进入了膜反应研究的高速发展期。

无机膜与有机膜相比具有以下特点。

①热稳定性好：无机膜的使用温度可高于400 ℃，甚至可达800 ℃，因此特别适合高温操作产物的直接分离或人为提高温度以用于高黏度流体的分离，此外，无机膜还可用于食品和生物工程领域，可直接高温蒸汽清洗和灭菌。

②化学稳定性好：无机膜能耐酸碱、耐有机溶剂和氯化物腐蚀，适用于较宽的pH范围，因此可在强腐蚀性介质中使用，并可采用化学试剂进行清洗。无机膜还可用于非水溶液体系的分离。

③机械强度高：无机膜是在高温下烧成的支撑体上镀膜，再经热处理而成的，因此可在很大的压力梯度下使用，膜组件及膜微孔不会产生变形和损坏。

④抗微生物能力强：一般不与微生物发生作用，本身无毒，不污染被分离体系，因此用于食品、生化领域有独特的优势。

⑤无机膜孔径分布范围窄、分离效率高。

⑥可以反复使用，易清洁：无机膜被堵塞后，可采用高压反冲清洗、化学清洁剂清洗、高压蒸汽灭菌等方法再生，不会出现老化现象。

⑦造价较高，不易加工，装填面积较小，运行费用偏高。

主要无机膜材料有陶瓷、微孔玻璃、金属及金属氧化物和碳素等。目前实用化的无机膜主要有孔径0.1 μm以上的微滤膜和截留分子量10000以上的超滤膜，其中以陶瓷材料的微滤膜最为常用。

多孔陶瓷膜主要利用氧化铝、硅胶、氧化锆和钛等陶瓷微粒烧结而成，膜厚，方向不对称。目前已制备出的多孔陶瓷膜具有两大优势：耐高温，耐腐蚀。多孔陶瓷膜可以用于1000～1300 ℃高温和任何pH范围，任何有机溶剂存在的苛刻条件。

无机膜常采用的制备技术主要有刻蚀法、溶胶-凝胶法、固态粒子烧结法、化学相沉积法、阳极氧化法、辐射-腐蚀法、碳化法等。

6.2.3 膜过程特征

膜过程的主要目的是利用膜对物质的识别与透过性使混合物各组分之间实现分离。为了使混合物的组分通过膜实现传递分离，必须对组分施加某种推动力。根据推动力类型的不同，膜分离过程可分为压力差推动膜过程、浓度差推动膜过程、电位差推动膜过程和温度差推动膜过程等。几种主要膜分离技术见表 6-1。

表 6-1 几种主要膜分离技术特征

过程	膜结构	推动力	透过物	截留物	应用对象
透析	对称膜或不对称的膜	浓度梯度	离子、小分子	大分子、悬浮物	小分子有机物和无机离子的去除
反渗透	带皮层的膜、复合膜（<1 nm）	压力（1～10 MPa）	水	溶解或悬浮物质	小分子溶质去除与浓缩
超滤	不对称微孔膜（1～50 nm）	压力（0.2～1 MPa）	水、盐	大分子、胶体	细粒子胶体去除，可溶性中等或大分子分离
纳滤	不对称或复合膜，荷电	压力（0.2～1 MPa）	水、单价离子、小分子	多价离子，大分子	低价离子去除
微滤	对称微孔膜（0.05～10 μm）	压力（0.05～0.5 MPa）	水、溶解物	悬浮物、细菌	消毒、澄清、细胞收集
电渗析	离子交换膜	电位差	电解质、离子	无机、有机离子	离子去除，氨基酸分离

6.2.4 膜的表征

除核孔微滤膜的孔径比较均一外，其他膜的孔径均有较大的分布范围。孔道特征是膜的重要性质。膜的孔径有最大孔径和平均孔径，都在一定程度上反映了孔的大小，但各有其局限性。孔径分布是指膜中一定大小的孔的体积占整个孔面积的百分数，由此可以判断膜的好坏，即孔径分布窄的膜比孔径分布宽的膜要好。孔隙度是指整个膜中孔隙总体积与滤膜总体积百分比。

超滤膜和微滤膜的孔径、孔径分布和孔隙率可通过电子显微镜直接观察测定。此外，微滤膜的最大孔径还可通过泡点法(bubble point method)测量，即在膜表面覆盖一层水，用水湿润膜孔，从下面通入空气，当压力升高到有稳定气泡冒出时称为泡点，此时的压力称为泡点压力。实验装置如图 6-5 所示。基于空气压力克服表面张力将水从膜孔毛细管中推出的动量平衡，可得到计算最大孔径的 Laplace 方程：

$$d_{\max} = \frac{4\sigma\cos\theta}{p_b} \tag{6-1}$$

式中，$d_{\max}$——最大孔径；

σ——水的表面张力；

θ——水与膜面的接触角度；

p_b——泡点压力。

因为亲水膜可被水完全润湿，故亲水膜的 $\theta \approx 0$，$\cos\theta \approx 1$，所以，$d_{\max} = 4\sigma/p_b$。

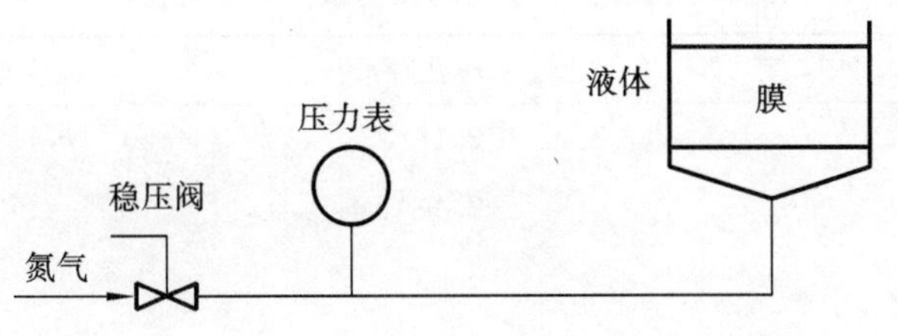

图 6-5 泡点法实验设备示意图

因为气体将首先通过最大的孔产生气泡，所以刚出现稳定气泡时能测出最大的孔径，用气泡最多时对应的压力可以计算最小孔径。通过分段升压的方法可以测孔径分布，但与操作条件有很大关系。将气体的渗透通量和泡点法结合测气体通量与压力的关系也可以得到膜的孔径分布。

实际测量结果与所用溶液有关，规定以异丙醇为测定的标准液体，通过分段升压也可以得到孔径分布。影响实际测量结果的因素还有升压速度、孔长度、液体与膜材料的亲和性等。

假设存在毛细管孔，用 Hagen-Poiseuille 方程测定在一定压力下通过膜的通量，可以得到孔径如式(6-2)所示（$\varepsilon = n\pi r^2$/表面积）：

$$J_v = \frac{\varepsilon d^2}{32\mu\tau} \times \frac{\Delta p}{\Delta x} \tag{6-2}$$

式中，J_v——推动力为 $\Delta p/\Delta x$ 下通过膜的水通量；

Δp——压差，N/m^2；

Δx——膜厚度(m)；

d——孔直径(m)；

μ——液体黏度(Pa・s)；

τ——弯曲因子，平面膜 $\tau=1$。

通过改变压力将泡点法和渗透率法结合，可以测定孔径分布，不需要液体浸润膜孔。

截留率表示膜对溶质的截留能力，可用小数或百分数表示。在实际膜分离过程中，由于存在浓差极化现象，真实截留率如式(6-3)所示：

$$R_0 = 1 - \frac{c_p}{c_m} \tag{6-3}$$

由于膜表面的极化浓度 c_m 不易测定，通常只能测定料液的体积浓度(bulk concentration)，因此常用表观截留率 R，其定义为式(6-4)：

$$R = 1 - \frac{c_p}{c_b} \tag{6-4}$$

显然，如果不存在浓差极化现象，$R \equiv R$。如果 $R=1$，则 $c_p=0$，即溶质完全被截留，不能透过膜；如果 $R=0$，则 $c_p=c_b$，即溶质可自由透过膜，不被膜截留。截留率与分子量之间的关系称为截留曲线。通过测定分子量不同的球形蛋白质或水溶性聚合物的截留率，可获得膜的截留率与溶质分子量之间关系的曲线（截留曲线）。一般将在截留曲线上截留率为0.90(90%)的溶质的分子量定义为膜的截留分子量。为了表征膜的真实性质，最好采用具有较宽分子量分布且吸附性较弱的溶质分子（例如葡聚糖可以用液相色谱法测定其分子量分布）。截留分子量通常与膜孔大小有相应关系，表 6-2 是不同截留分子量与对应的膜实测平均孔径的大小。

表 6-2　截留分子量与对应的膜实测平均孔径

截留分子量	近似平均孔径/nm	纯水通量/(L/(m^2·h))
500	2.1	9
2000	2.4	15
5000	3.0	68
10000	3.8	60
30000	4.7	920
50000	6.6	305
100000	11.0	1000
300000	48.0	600

在微滤中膜的分离能力是以膜的平均孔径来表示的，在水中体积大于此孔径的溶质或悬浮固体，都可以被截留。

需要注意的是，当测试条件发生改变，如压力、错流速度、测试池构造、溶质品种和浓度、分子量分布等，此时即便是同一膜也可得到完全不同的截留值，因而膜截留值的表征需条件严格一致。实际膜分离过程中影响截留率（表观截留率）的因素很多，除分子量外，主要有以下几个方面。

(1)分子特性：分子量相同时，呈线状的分子截留率较低，有支链的分子截留率较高，球形分子的截留率最大。

(2)其他高分子溶质的影响：当两种以上的高分子溶质共存时，其中某一溶质的截留率要高于其单独存在的情况。这主要是由于浓差极化现象使膜表面的浓度高于主体浓度。

(3)操作条件：温度升高，黏度下降，则截留率降低。膜面流速增大，则浓度极差现象减轻，截留率减小。

此外，当料液的 pH 等于某蛋白质的等电点时，由于蛋白质在等电点的净电荷数为 0，蛋白质间的静电斥力最小，使该蛋白质在膜表面形成的凝胶极化层浓度最大，即透过阻力最大。此时，溶质的截留率高于其他 pH 下的截留率。

在理想的情况下，超滤膜的截留曲线应为通过横坐标截留分子量的一条垂直线，分子量小于截留分子量的溶质截留率为 0，大于截留分子量的溶质截留率为 1。但实际上，膜孔径均有一定的分布范围，孔径分布范围较小，则截留曲线较陡直，反之，则斜坦。生产膜的厂商不同，截留率的敏锐程度不同，因此不同厂商生产的两种截留分子量相同的膜，对某一溶质的截留率不相同。此外，同一厂商的不同批号的膜，对同一溶质的截留情况也可能不一样。所以，相同截留分子量的超滤膜可能表现出完全不同的截留曲线。因此，截留分子量只是表征膜特性的一个参数，不能作为选择膜的唯一标准。膜的优劣应从多方面（如孔径分布、透过通量、耐污染能力等）加以分析和判断。

膜的另一特性是其纯水的透过通量，通称水通量。水通量是在一定的条件下（一般压力为 0.1 MPa，温度为 20 ℃）通过测量透过一定量纯水所需的时间来测定。表 6-2 列出了部分超滤膜和微滤膜的水通量，可以看出水通量随着膜的截留分子量的增大而增大。同时，膜材料的种类对水通量的影响显著，不同厂商生产的膜之间水通量的差别也很大。由于纯水并非实际物系，因此水通量不能用来衡量和预测实际料液的透过通量。在实际膜分离操作中，由于溶质的吸附、膜孔的堵塞以及后述的浓差极化或凝胶极化现象的产生，都会造成透过的附加阻力，使透过通量大幅度降低。

6.3 膜通量的计算

6.3.1 微滤膜通量

微滤与常规过滤几乎相同。微滤膜孔径范围是 0.05～10 μm，主要适用于对悬浮液和乳液的截留。通过微滤膜的体积通量 J_v，正比于所施加的压力Δp 。由达西(Darcy)定律描述：

$$J_v = A\Delta p \tag{6-5}$$

式中，J_v——体积通量；

A——渗透系数，与孔隙率、孔径及其分布、渗透液黏度等有关；

Δp——膜上施加的压力。

若膜由直的毛细管构成，则可以用 Hagen-Poiseuille 方程描述：

$$J_v = \frac{\varepsilon d^2}{32\mu\tau} \times \frac{\Delta p}{\Delta x} \tag{6-6}$$

对于球状结构或近球状结构，可用 Kozeny-Carman 公式描述：

$$J_v = \frac{\varepsilon^3}{K\mu S^2} \times \frac{\Delta p}{\Delta x} \tag{6-7}$$

式中，S——单位体积中球颗粒的表面积；

K——与孔几何形状有关的无因次数。

6.3.2 超滤膜通量

超滤是介于微滤与纳滤之间的一种过滤，超滤膜孔径范围是 1 nm～0.05 μm，也是多孔膜。其截留取决于溶质与孔径的相对大小和形状，分离原理与微滤相同。由于超滤膜具有不对称结构，表层致密得多(孔径小、孔隙度低)，因此阻力要大得多。通过超滤膜的体积通量 J_v，正比于所施加的压力。

6.3.3 反渗透及纳滤膜通量

纳滤和反渗透用于将低分子量溶质(如无机盐、有机小分子产物等)从溶剂中分离出来，它们分离的原理相同。纳滤和反渗透的差别在于溶质分子的大小。纳滤和反渗透要用流体阻力较大的较致密膜。纳滤和反渗透可视为介于多孔膜过程(微滤/超滤)和致密膜过程(全蒸发和气体分离)之间的过渡过程。由于膜的致密性，而且还要克服由于两边浓度差引起的渗透压，为得到同样的水通量，需要提供的压力较大。假如没有溶质分子通过膜，有效的水通量如式(6-8)所示：

$$J_w = K(\Delta p - \Delta\Pi) \tag{6-8}$$

实际有少量溶质通过，需要对真实渗透压进行修正，水通量如式(6-9)所示：

$$J_w = K(\Delta p - \sigma\Delta\Pi) \tag{6-9}$$

$$K = \frac{D_w c_w V_w}{RT\Delta x} \tag{6-10}$$

式(6-9)及式(6-10)中，K 为溶剂渗透系数，是溶解度和扩散系数的函数，对于反渗透，K

为 $6\times10^{-5}\sim3\times10^{-3}$(m·h^{-1}·bar),对于纳滤 K 为 $3\times10^{-3}\sim2\times10^{-2}$(m·h^{-1}·bar)。

对于纳滤,有时从不同价态离子中分离出一价离子,或分离体系中分子量较小的溶质,溶质通量也需要求取,溶质通量 J_s 通常与操作压力无关,其传递推动力 Δc_s 等于膜两边溶质的浓度差(=原料 c_f-透过液 c_p),通量表达式如式(6-11)所示:

$$J_s = B\Delta c_s = B(c_f - c_p) \tag{6-11}$$

$$B = \frac{D_s K_s}{\Delta x} \tag{6-12}$$

式中,B——溶质渗透系数,单位为 m·h^{-1}。

与微滤和超滤不同,对膜材料的选择(通过 K 和 B)直接影响纳滤和反渗透的分离效率:为实现高效分离,尽量选择 K 较大的(对溶剂亲和力大),B 尽可能小(对溶质的亲和力小)的膜材料,即膜材料对溶剂和溶质的亲和力明显不同。膜对溶剂和溶质的亲和力的差别,是由膜材料的本征性质决定的,这也和微滤或超滤不同(分离效率只与孔径大小和分布有关)。

6.3.4 离子交换膜通量

离子交换膜是一种荷电膜,可以用于电渗析、膜电解,也可以用于无外加电势、利用膜-溶液界面间电学特征的过程,如反渗透和纳滤(截留离子)、微滤和超滤(减少污染)、扩散透析和 Donnan 透析(综合 Donnan 排斥和扩散),气体分离和全蒸发等过程。

使用中性膜可以用反渗透法从水溶液中分离出离子,膜传递的推动力是浓度差,传递过程取决于离子在膜中的溶解度和扩散系数。如果用离子交换膜,则离子的传递受到电荷的影响。若离子交换膜与离子溶液接触,与膜中固定离子有相同电荷的离子因静电排斥力而不能通过膜。当溶液与离子交换膜达到热力学平衡时,组分离子在两相中的化学势相等。在溶液内可用式(6-13)及式(6-14)描述:

$$\mu_i = \mu_i^0 + RT\ln m_i + RT\ln\gamma_i^{\infty} + z_i F\psi \tag{6-13}$$

$$\mu_i^m = \mu_i^{0,m} + RT\ln m_i^m + RT\ln\gamma_i^{\infty,m} + z_i F\psi^m \tag{6-14}$$

若令 $\mu_i^m = \mu_i$,$\mu_i^{0,m} = \mu_i^0$,$E_{\text{don}} = \psi^m - \psi$,可得式(6-15):

$$\frac{m_i}{m_i^m} = \frac{\gamma_i^{\infty,m}}{\gamma_i^{\infty}}\exp\left(\frac{z_i F E_{\text{don}}}{RT}\right) \tag{6-15}$$

$$E_{\text{don}} = \frac{RT}{z_i F}\ln\left(\frac{\gamma_i^{\infty,m} m_i^m}{\gamma_i^{\infty} m_i}\right),\ E_{\text{don}} = \frac{RT}{z_i F}\ln\left(\frac{\alpha_i^m}{\alpha_i}\right)$$

当溶液为理想溶液时,活度与浓度相等,对于稀溶液则活度系数近似等于 1,此时可用式(6-16)描述:

$$E_{\text{don}} = \frac{RT}{z_i F}\ln\left(\frac{c_i^m}{c_i}\right) \tag{6-16}$$

Donnan 电位为膜-溶液界面的电位,由离子的分布决定。而离子的分布在很大程度上决定了带电粒子的传递,阴离子由于与离子交换膜上的固定电荷(负电荷)有排斥作用而离开界面。当原料中组分(电解质)浓度较小,固定电荷密度较高时,Donnan 排斥效应是很显著的。随着原料中组分浓度增大,Donnan 排斥效应减弱。

离子交换膜经常与外加电场结合用于分离过程,在这种情况下,溶液中的离子受到两种力的作用:浓度梯度和电位梯度。需要综合两种过程(Fick 扩散和离子电导)来描述离子交换膜的传递过程。由此得到的表达式称为 Nernst-Planck 公式:

$$J_v = -D_i\frac{\mathrm{d}c}{\mathrm{d}x} + \frac{z_i F c_i D_i}{RT}\times\frac{\mathrm{d}E}{\mathrm{d}x} \tag{6-17}$$

扩散透析和 Donnan 透析即为使用离子交换膜的交换过程，电渗析则为外加电场下使用离子交换膜的交换过程。

6.3.5 影响膜通量的相关因素

1. 浓差极化 一般来讲，在菌体或蛋白质的膜分离浓缩过程中，随着操作的进行，膜通量急剧下降，根据操作条件和料液性质不同，5～20 min 即降至最低。许多实验研究证明，膜孔径越大，膜通量下降速率越快，大孔径微滤膜的膜通量比小孔径微滤膜小，有时甚至微滤膜通量比超滤膜通量还要小。这主要是由于溶质微粒容易进入孔径较大的膜孔中堵塞膜孔。在伴随反洗的酵母悬浮液的错流过滤过程中，存在透过通量最大的微滤膜孔径。在细菌悬浮液的错流过滤过程亦有类似现象，最佳膜孔径与菌体大小有关。因此，用膜分离法处理含菌体细胞或悬浮微粒的料液时，要根据料液性质选择膜孔径适当、不易堵塞、溶质吸附作用弱的亲水膜，这样不仅可以提高分离速率，还可以提高分离质量和目标产物的收率。

膜分离开始后，膜通量急剧下降，一方面由于料液中颗粒物堵塞膜孔或在膜孔上形成封闭现象；另一方面，实际操作中对均相溶液进行纳滤及反渗透操作时同样能观察到膜通量急剧下降的过程，这一现象揭示了膜分离过程中更为普遍的现象：浓差极化。

在膜分离过程中，溶质被透过液传送到膜表面，不能完全透过膜的溶质受到膜的截留作用，在膜表面附近浓度增大，这种在膜表面附近浓度大于主体浓度的现象称为浓差极化。膜表面附近浓度增大，增大了膜两侧的渗透压差，使有效压差减小，膜通量降低。当膜表面附近的浓度超过溶质的饱和浓度时，溶质会析出，形成凝胶层。当分离含有菌体、细胞或其他固形成分的料液时，也会在膜表面形成凝胶层。这种现象称为凝胶极化(gel polarization)。凝胶层的形成对溶质透过产生附加的传质阻力，因此膜通量一般表示为式(6-18)：

$$J_v = \frac{\Delta p - \Delta \Pi}{\mu_L (R_m + R_g)} \tag{6-18}$$

式中，R_m和 R_g分别为膜阻力和凝胶层的阻力。

若凝胶层仅由高分子物质或固体成分构成，式中的渗透压差 $\Delta \Pi$ 可忽略不计，如图 6-6 中所示的不同程度浓差极化模型。在稳态操作条件下，溶质的透过质量通量与滞流底层内向膜面传送溶质的通量和向主体溶液反扩散通量之间达到物料平衡，即

$$J_v = \frac{\Delta p}{\mu_L (R_m + R_g)} \tag{6-19}$$

以图 6-7 中所示的浓差极化模型为例进行讨论。在稳态操作条件下，溶质的透过质量通量与滞流底层内向膜面传送溶质的通量和向主体溶液反扩散通量之间达到物料平衡，即式(6-20)～式(6-22)：

$$J_v c - J_v c_p = -D \frac{dc}{dx} \tag{6-20}$$

$$\int_{c_b}^{c_m} d\ln(c - c_p) = \frac{J_v}{D}\int_0^{\delta} dx \tag{6-21}$$

积分边界条件为：$c = c_b, x = 0; c = c_m, x = \delta$

$$J_v = k \ln \frac{c_m - c_p}{c_b - c_p}; k = \frac{D}{\delta} \tag{6-22}$$

上式是生物料液透过通量的浓差极化模型方程。

式中，D——溶质的扩散系数；

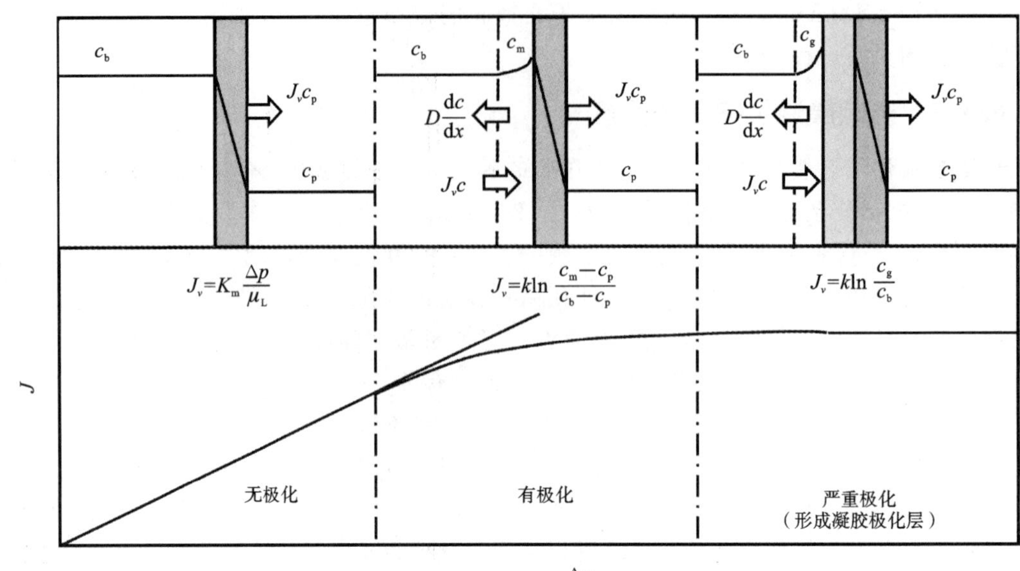

图 6-6　不同程度浓差极化示意图

图 6-7　浓差极化模型图

δ——虚拟滞流底层厚度；

c_m——膜表面浓度；

c_b——主体料液浓度；

c_p——透过液浓度；

k——传质系数。

当压力很大时，溶质在膜表面形成凝胶层，则

$$J_v = k\ln\frac{c_g - c_p}{c_b - c_p} \tag{6-23}$$

c_g为凝胶层浓度。形成凝胶层时，溶质的透过阻力极大，透过液浓度很小，可忽略不计($c_p=0$)。故上式可改写成式(6-24)：

$$J_v = k\ln\frac{c_g}{c_b} \tag{6-24}$$

式(6-24)是菌体悬浮浓度和高压条件下形成凝胶层时，生物大分子溶液透过通量的凝胶极化模型方程。

浓差极化-凝胶层模型在实际应用中仍然发现有一定缺陷，若按照模型，在凝胶层形成后过滤通量与膜种类无关，凝胶层浓度 c_g 为常数。事实上，不同膜通量可以相差很多倍，而凝胶层浓度对一定的溶质来说也不是常数，而与膜的种类、主体溶质浓度和过滤速率有关。

2. 膜污染及预防　膜污染是指与膜接触的料液中的微粒、胶体粒子或溶质大分子由于与膜的物理、化学或生物作用，引起物质在膜表面或膜孔内吸附、沉积，造成膜孔径减小或堵塞，使膜通量变小且分离性能降低的现象。当发生膜污染时，可以检测到沉积层的形成，通常被称为“泥饼”，这就增大了膜排水通道的阻力，从而导致膜通量下降。此外，这些沉积物会加剧浓差极化现象，阻碍被膜截留盐类的反向扩散。最后，由于沉积物占据了部分支撑层间的区域，会使循环水流产生能量损失，并导致整个膜表面过水不均匀。

(1)膜污染的主要原因:由三种不同种类的污染物易沉积在膜上引起。

①水中的胶体。这类物质主要包括水中的微粒(通常是细黏土)、微藻、微生物及残体,油脂、烃类化合物、不溶于水的聚合物。其危害在于能在膜表面形成一层在一定程度上产生不可逆污染的涂层,导致流量突然下降。

②难溶金属盐及氢氧化物。因pH、浓度和温度等变化,金属盐可能以氢氧化物、氧化物、难溶盐的形式沉积到膜表面,形成致密的非常难以清洗的泥饼层。

③生物污染物。只要进水中存在微生物(细菌、真菌、酵母),即使含量非常低,也会和其他胶体一样在膜表面沉积。如果水中同时含有一定浓度的营养物BOD(可生物降解有机碳),无论是何来源(天然、污染、氧化副产物等),微生物均会繁殖且通过胞外聚合物逐渐附着到膜上,生成一种类似于附着生长工艺中的生物膜。此外,这层生物膜内含有上述物质(氧化物、氢氧化物、胶体等)。

(2)膜污染的后果:膜污染可造成膜两侧压力差增大,这通常是膜组件运行的主要报警参数,另外膜污染会造成盐透过率升高,膜污染会阻碍盐离子的反向扩散(可能会加剧浓差极化)。膜污染对膜的堵塞作用以及随之加剧的浓差极化会导致膜通量迅速下降。需要注意的是,浓差极化和膜污染均导致膜通量下降,浓差极化导致的膜通量下降在膜表面简单清洗或长时间静置后可恢复;膜污染导致的膜通量下降在污染层剥离之前是无法恢复的。

实际上,由故意降低收率或温度波动引起的错流流速的增大,也会产生与膜过度污染相同的结果:水头损失增大和膜通量的波动。因此,为了评价膜污染的情况,首先必须对运行数据进行系统性校准分析,例如基于相同的压力、温度和回收条件进行计算,通过系统性的修正结果来确定水头损失、盐通量或流量是否发生显著变化,随后基于该结果再确定是否要进行化学清洗。

(3)缓解膜污染的方法:一般采用如下几种方法(单个或联用)以减缓膜污染。

①预处理。通常情况下,滤液经澄清及过滤组合工艺(如有必要可采用两级以上的处理工艺)处理后几乎不含有胶体颗粒。胶体颗粒含量可以用污染指数(H)或淤泥密度指数(SDI)表征。实际上,这也是判断膜污染风险最有效的参数。卷式膜组件供应商推荐的使用条件是膜污染指数小于5。

若使用絮凝沉降胶体或微生物,聚合物的效用多种多样,在此需慎重考虑聚合物的种类和用量,以防其在一定程度上被膜不可逆地吸附。设计合理的预处理工艺是系统稳定运行的关键因素,工艺合理可以降低冲洗频率,延长膜的使用寿命(根据实际使用情况可使用6～10年)。

②选择合适的膜通量。水的膜通量(每平方米膜每小时的产水量,单位为L/(m^2·h)或LMH)是一个非常重要的参数。实际上,膜通量越大,单位膜面积每小时接收的胶体含量越高,这将使得膜组件的清洗更加频繁。为防止出现这种情况,需选择最有效的预处理系统,或者选择较低的收率以降低错流流量(事实证明这个选择一般成本较高)。相反,选择合理的膜通量,特别是通过第一个元件时的膜通量,会使得渗透压和冲洗频率更加合理。

③控制生物污染。对于生物污染,一方面要尽可能彻底去除水中的所有微生物,这实际上难以实现;另一方面要尽量去除水中微生物的营养源,因水中BOD很难除尽,营养源的控制主要是氮和磷等元素。短时冲击投加适合的抑制剂也能够有效控制生物污染。

④抗污染膜的使用。最新的发展表明抗污染膜已经投入市场。其特性通常是减少膜表面的电荷,使其不易“捕获”粒子。

6.4 膜组件

由膜、固定膜的支撑体、间隔物(spacer)以及收纳这些部件的容器构成的一个单元(unit)称为膜组件(membrane module)或膜装置。膜组件的结构根据膜的形式而异，目前市售商品膜组件主要有管式膜组件、平板式膜组件、螺旋卷式膜组件和中空纤维(毛细管)式膜组件4种，其中管式膜组件和中空纤维(毛细管)式膜组件根据操作方式不同，又分为内压式和外压式。

6.4.1 管式膜组件

管式膜组件是将膜固定在内径为10～25 mm、长约为3 m的圆管状多孔支撑体上构成的，10～20根管式膜并联，或用管线串联，收纳在筒状容器内即构成管式膜组件。管式膜组件的内径较大，结构简单，适用于处理悬浮物含量较高的料液，分离操作完成后的清洗比较容易。但是管式膜组件单位体积的过滤表面积(即比表面积)在各种膜组件中最小，这是它的主要缺点。管式膜组件结构原理与管式换热器类似，管内与管外分别走料液与透过液，如图6-8所示。图6-9是管式膜组件中最常见的蜂窝结构陶瓷膜组件截面图。

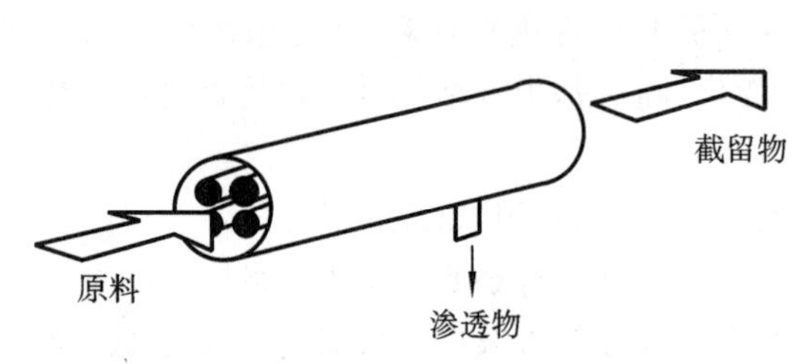

图6-8 管式膜组件

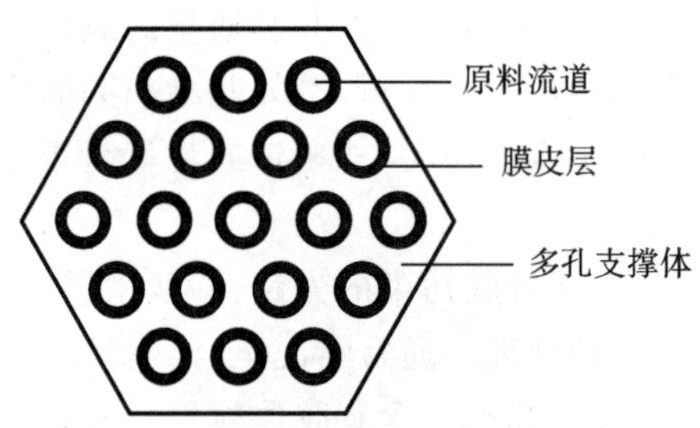

图6-9 蜂窝结构陶瓷膜组件截面图

6.4.2 平板式膜组件

平板式膜组件与板式换热器或加压叶滤机相似，由多枚圆形或长方形平板膜以1 mm左右的间隔重叠加工而成，膜间衬设多孔薄膜，供料液或滤液流动。平板式膜组件使用平板式膜，结构与常用的板框压滤机类似，由导流板、膜、支撑板交替重叠组成。由于膜组件可置于均匀的电场中，这种结构适用于电渗析器。平板式膜组件比管式膜组件比表面积大得多。在实验室中，经常将一张平板膜固定在容器底部的搅拌槽式过滤器上。平板式膜组件液体流动情况如图6-10所示。常见的平板式膜组件及其流道示意图如图6-11所示。

6.4.3 螺旋卷式膜组件

螺旋卷式膜组件也是用平板膜制成的，如同螺旋板式换热器。把多孔的进料通道隔板(供透过液流动的空间)夹在信封样的膜袋内，开口边与用作透过液引出管的带孔中心管接合，再在上面加一张作为料液流动通道的多孔隔板，并一起绕中心管卷成卷式元件卷绕在空心管上，空心管用于滤液的回收。多个卷式元件装入耐压筒中，构成螺旋卷式膜组件，操作时料液沿轴向流动，可渗透物透过膜进入透过液空间，沿螺旋通道流向中心管引出(图6-12)，目前螺旋卷

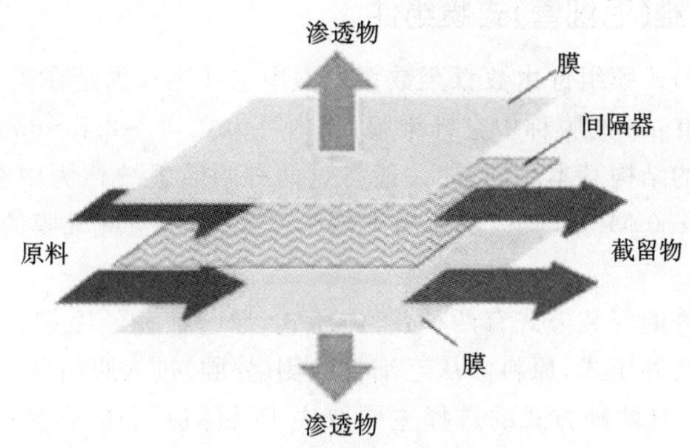

图 6-10　平板式膜组件液体流动示意图

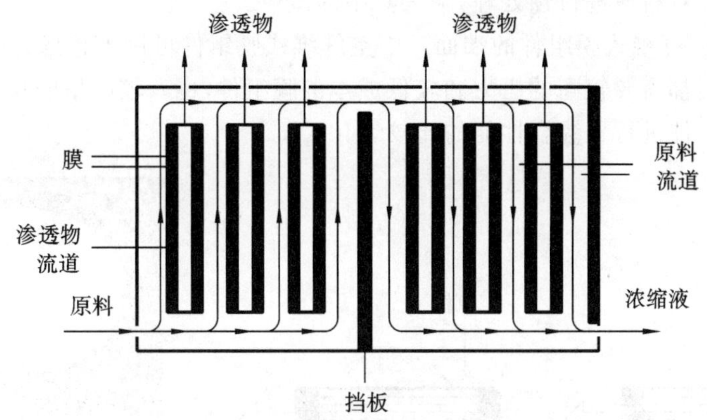

图 6-11　平板式膜组件及其流道示意图

式膜组件应用比较广泛。与平板式膜组件相比，螺旋卷式膜组件的比表面积大，结构简单，价格较便宜，适用于反渗透和气体渗透分离，但缺点是清洗不方便，膜有损坏时不易更换，处理悬浮物浓度较高的料液时容易发生堵塞现象。近年来，预处理技术的发展攻克了这些缺点，因此螺旋卷式膜组件的应用将更为扩大。

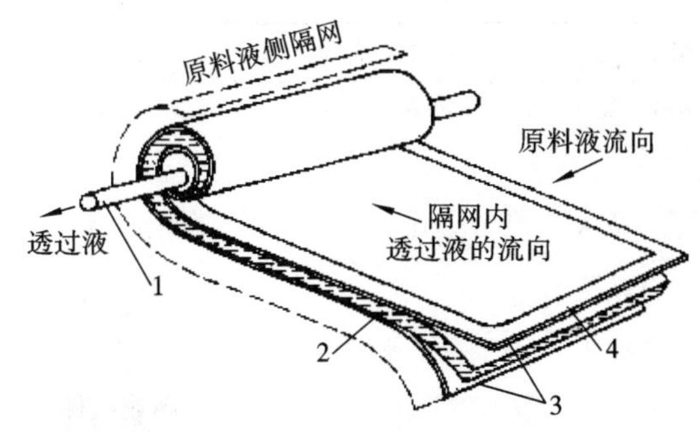

1—透过液集水管；2—透过液隔网（三个边界密封）；3—膜；4—密封边界

图 6-12　螺旋卷式膜组件的构造示意图

6.4.4 中空纤维(毛细管)式膜组件

中空纤维(毛细管)式膜组件由数百至数百万根中空纤维膜固定在圆筒形容器内构成。严格地讲,内径为 40～80 μm 的膜称中空纤维膜,而内径为 0.25～2.5 mm 的膜称毛细管膜。

由于两种膜组件的结构基本相同,故一般将这两种膜装置统称为中空纤维式膜组件。毛细管膜的耐压能力在 1.0 MPa 以下,主要用于超滤和微滤;中空纤维膜的耐压能力较强,常用于反渗透。

中空纤维式膜组件的安装方式有两种:①内压式,原料液流经毛细管内腔,而在毛细管外侧收集得到渗透物。②外压式,原料液从毛细管外侧(外腔)进入膜组件,而渗透物通过毛细管内腔,如图 6-13 所示。这两种方式的选择主要取决于具体应用场合,要考虑到压力、压降、膜的种类等因素。由于中空纤维式膜组件由许多极细的中空纤维构成,采用外压式操作(料液走壳方)时,流动容易形成沟流效应,凝胶吸附层的控制比较困难;采用内压式操作(料液走腔内)时,为防止堵塞,需对料液进行预处理,除去其中的微粒。

图 6-14 是中空纤维式膜组件的端面。中空纤维式膜组件可用于超滤、反渗透和气体分离等过程。这些过程都需要较高的压力和较低成本的膜组件,也有较严格的预处理过程。表 6-3 中对 4 种常见膜组件进行了综合性能的比较。

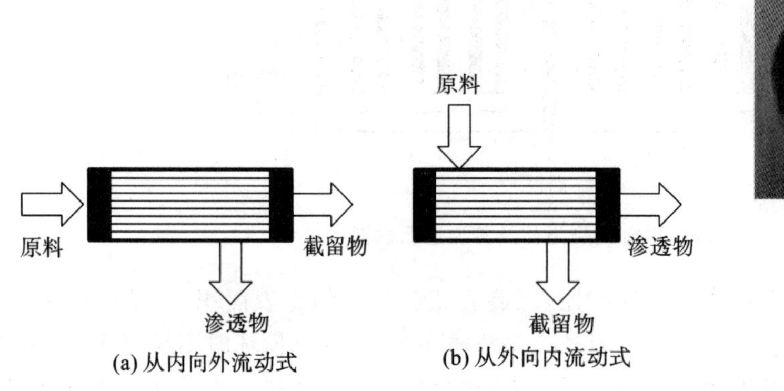

图 6-13 中空纤维式膜组件示意图

图 6-14 中空纤维式膜组件的端面

表 6-3 4 种常见膜组件综合性能的比较

比较项目	螺旋卷式	中空纤维式	管式	平板式
填充密度/(m^2/m^3)	200～800	500～3000	30～328	30～500
料液流速/[$m^3/(m^2 \cdot s)$]	0.25～0.5	0.005	1～5	0.25～0.5
料液侧压降/MPa	0.3～0.6	0.01～0.03	0.2～0.3	0.3～0.6
抗污染	中等	差	非常好	好
易清洗	较好	差	优	好
膜更换方式	组件	组件	膜或组件	膜
组件结构	复杂	复杂	简单	非常复杂
膜更换成本	较高	较高	中	低
对水质要求	较高	高	低	低

续表

比较项目	螺旋卷式	中空纤维式	管式	平板式
料液预处理/μm	10～25	5～10	不需要	10～25
配套泵容量	小	小	大	中
工程放大难度	中等	中等	易	难
相对价格	低	低	高	高

思考题

1. 膜分离过程的基本定义是什么？分离膜有哪些不同的形式？
2. 简述膜分离过程的优点。
3. 按推动力类型的不同，膜分离过程可分为哪几类？这些膜分离过程的推动力大小、透过物、截留物有什么区别？
4. 对实用分离膜的性能有哪些要求？
5. 醋酸纤维素膜、聚砜膜各有什么特点？
6. 压力推动膜过程中，浓差极化和膜污染有什么异同？预防膜污染的方法有哪些？
7. 常用的工业膜组件类型有哪些？其适用的膜过程分别有哪些？
8. 电渗析的基本原理是什么？电渗析的主要应用领域是什么？
9. 试举例说明膜分离在生物产品分离中的应用。

参考文献

[1] 欧阳平凯，胡永红，姚忠. 生物分离原理及技术[M]. 3 版. 北京：化学工业出版社，2019.
[2] 田瑞华. 生物分离工程[M]. 北京：科学出版社，2008.
[3] 刘国诠. 生物工程下游技术[M]. 北京：化学工业出版社，2011.
[4] 胡永红，刘凤珠，韩曜平. 生物分离工程[M]. 武汉：华中科技大学出版社，2015.
[5] 孙彦. 生物分离工程[M]. 3 版. 北京：化学工业出版社，2013.
[6] 俞俊棠，唐孝宣，邬行彦，等. 新编生物工艺学[M]. 北京：化学工业出版社，2003.
[7] 杨座国. 膜科学技术过程与原理[M]. 上海：华东理工大学出版社，2009.
[8] 黄维菊，魏星. 膜分离技术概论[M]. 北京：国防工业出版社，2008.
[9] 张玉忠，郑领英，高从堦. 液体分离膜技术及应用[M]. 北京：化学工业出版社，2004.
[10] 陈欢林. 新型分离技术[M]. 北京：化学工业出版社，2005.
[11] 高孔荣，黄惠华，梁照为. 食品分离技术[M]. 广州：华南理工大学出版社，1998.

（梁晓声）

第7章 吸附与离子交换分离技术

扫码看课件

7.1 吸附过程与吸附剂类型

利用固体吸附剂对流体混合物中某些组分进行选择性的吸附而使其富集,从而将目的物质从混合物中分离出来的过程称为吸附。在生物活性物质分离过程中,吸附分离操作具有以下特点:①不用或少用有机溶剂,吸附和洗脱过程受 pH 影响小,不易引起生物活性物质活性变化;②从大量流体混合物中吸附少量目的物质,处理能力较低;③吸附剂对溶质的作用小;④吸附平衡为非线性;⑤操作简便,设备简单,成本低廉;⑥选择性低,收率低,不适合连续操作,劳动强度大。

吸附是目的物质从流体相富集到吸附剂固体相的过程,典型的吸附过程有以下 4 个步骤:①待分离的流体与吸附剂混合;②吸附质与吸附剂发生作用而富集到吸附剂表面;③流体流出;④吸附质解吸及吸附剂的再生。

根据吸附剂与吸附质表面分子间作用方式的不同,有以下 3 种不同类型的吸附。

7.1.1 物理吸附

物理吸附过程中吸附剂与吸附质之间的作用力是分子间作用力,整个吸附界面都可以进行吸附,此过程没有选择性。物理吸附不需要较高的活化能,一般为$(2.09\sim4.18)\times10^4$ J/mol,吸附质在吸附剂表面的吸附可以是单分子层,也可以是多分子层,通常其吸附速率和解吸速率都较快。

7.1.2 化学吸附

化学吸附过程中吸附剂与吸附质之间形成化合键,吸附剂表面活性位点与吸附质之间有电子转移而发生化学结合,此过程需要较高的活化能,一般为$(4.18\sim41.8)\times10^4$ J/mol,需要在较高温度下进行,故一般可通过测定吸附热来判断一个过程是物理吸附还是化学吸附。由于化学吸附生成化学键,因而只能是单分子层吸附,其吸附与解吸过程较缓慢,因而具有较强的选择性。

7.1.3 离子交换吸附

吸附剂表面由极性分子或离子所组成时,吸附剂吸引溶液中带相反电荷的离子而形成双电层,根据其电荷差异依靠库仑力吸附在吸附剂表面,是一种特殊的吸附类型。离子的电荷是离子交换吸附的决定因素,电荷越多则在离子型吸附剂表面的吸附能力越强,具有一定的选择性。离子交换吸附反应过程是可逆的，利用合适的盐溶液将吸附质从离子型吸附剂上洗脱，完成解吸过程。

7.1.4 常用吸附剂

优良的吸附剂一般具有以下特点：①对目的物质具有较强的吸附选择性和较大的吸附量；②机械强度较高；③再生容易，性能稳定；④价格低廉，易于制备。常见吸附剂有以下几种。

1. 活性炭 活性炭是最常用的优良吸附剂，常用于生物产品的脱色、除臭，也可应用于糖、氨基酸、多肽和脂肪酸等生物产品的分离。几种常见活性炭的吸附特性见表 7-1，其类型如下。

(1)粉末活性炭：此类活性炭呈粉末状，其总表面积、吸附能力和吸附量大，但其颗粒极细，不易与待分离的流体分离，影响其过滤速率，常需要加压或者减压操作。

(2)颗粒活性炭：此类活性炭颗粒比粉末活性炭大，等质量时其总表面积、吸附能力和吸附量不及粉末活性炭，但过滤操作时易于控制，无需加压或者减压操作。

(3)锦纶活性炭：采用锦纶为黏合剂，将粉末活性炭制成颗粒，其总表面积较颗粒活性炭大，较粉末活性炭小，故其吸附能力较两者弱，可用于分离因前两种活性炭吸附力太强而不易洗脱的化合物。

表 7-1 几种常见活性炭的吸附特性

活性炭种类	颗粒大小	总表面积	吸附能力	吸附量	洗脱难易程度
粉末活性炭	细小	大	大	大	难
颗粒活性炭	较小	小	较小	较小	难
锦纶活性炭	大	较大	小	小	易

活性炭的吸附能力与其所处的溶液及吸附质的性质有关，一般来说具有以下规律：

(1)对极性基团多的化合物吸附能力大于极性基团少的化合物。

(2)对芳香族的化合物吸附能力大于脂肪族化合物，可借此性质选择性分离芳香族氨基酸和脂肪族氨基酸。

(3)对分子量大的化合物吸附能力大于分子量小的化合物。

(4)吸附作用在水中最强，在有机溶剂中变弱。常见溶剂中活性炭的吸附能力顺序如下：水＞乙醇＞甲醇＞乙酸乙酯＞丙酮＞氯仿。

(5)料液的 pH 与活性炭的吸附效果有关。

活性炭在使用前会吸附大量气体分子，其占据了活性炭的吸附表面而造成活性炭活力降低，故使用前需加热烘干以除去大部分气体而使其活化。一般活性炭可在 160 ℃下加热干燥 4～5 h 进行活化，而锦纶活性炭易受热变形，可在 100 ℃下加热干燥 4～5 h 进行活化。

2. 硅胶 硅胶具有多孔性网状结构，可用 $SiO_2 \cdot nH_2O$ 表示，其主要优点是化学惰性，吸附量大，易于制备成不同类型、孔径和表面积的多孔性硅胶，常用于萜类、固醇类、生物碱、酸性化合物、磷脂类、氨基酸类等生物产品的分离，是应用最广泛的一种极性吸附剂。

硅胶的吸附能力与吸附质的性质有关，硅胶能吸附极性和非极性化合物，硅胶为亲水性吸附剂，对极性化合物的吸附能力更大。硅胶的吸附能力与其本身的含水量密切相关(表7-2)，硅胶吸附能力随着含水量的增加而降低，当含水量低于 1%时活性最高，含水量高于 20%时吸附能力最低。

表 7-2　含水量与硅胶、氧化铝活性的关系

活性	硅胶含水量/(%)	氧化铝含水量/(%)
Ⅰ	0	0
Ⅱ	5	3
Ⅲ	15	6
Ⅳ	25	10
Ⅴ	35	15

硅胶表面带有大量的羟基，具有很强的吸水性，因此硅胶使用前一般在 105～110 ℃烘箱中活化 1～2 h，活化后的硅胶应立即使用或者存放在干燥器中，不可久放。用过的硅胶可采用如下方法进行再生：用 5～10 倍硅胶量 1%的 NaOH 溶液回流 30 min，热过滤，然后用蒸馏水洗涤 3 次，再用 3～6 倍硅胶量 5%的乙酸回流 30 min，过滤后用蒸馏水洗涤至中性，再用甲醇、蒸馏水洗涤 2 次，然后在 120 ℃烘干活化 12 h 备用。

3. 氧化铝　氧化铝是一种亲水性吸附剂，吸附容量较大，特别适用于分离亲脂性化合物，如醇、酚、生物碱、染料、苷、氨基酸、蛋白质、维生素及抗生素等。氧化铝的吸附活性与含水量有关(表 7-2)，吸附能力随着含水量增多而降低，使用前需要在 150 ℃烘干 2 h 使其活化。氧化铝价格低廉，再生方便，吸附活性容易控制，但操作不便、烦琐，处理量也有限，因而限制了在工业生产上的大规模应用。根据制备方法的不同，氧化铝可分为以下三类。

(1)碱性氧化铝：由氢氧化铝直接高温脱水制备，水洗脱液 pH 为 9～10，后经烘干活化备用。此类吸附剂主要用于碳氢化合物的分离，如甾体化合物、醇、生物碱等对碱稳定的中性、碱性成分。

(2)中性氧化铝：碱性氧化铝加入蒸馏水，煮沸并不断搅拌 10 min，去上清液，反复处理至水洗液的 pH 为 7.5 左右，过滤烘干活化备用。中性氧化铝常用于脂溶性生物碱、大分子有机酸及酸碱溶液中不稳定的化合物，如酯类物质的分离。

(3)酸性氧化铝：氧化铝用水调成糊状，加入 2 mol/L 盐酸，使混合物对刚果红呈酸性反应，去上清液，用热水洗涤至溶液对刚果红呈弱紫色，过滤烘干，活化备用。此类吸附剂适用于天然和合成的酸性色素、某些醛和酸、酸性氨基酸和多肽的分离，水洗液 pH 为 4～4.5。

4. 大孔网状吸附剂　大孔网状吸附剂又称大孔吸附树脂，是在聚合反应时加入致孔剂，聚合后将致孔剂除去，留下永久性空隙而形成大孔网状结构。大孔网状吸附剂的脱色、除臭效率与活性炭等吸附剂相当，具有选择性好、解吸容易、机械强度高、可反复利用和流体阻力小等优点，并可制备空隙大小、骨架结构和极性系列化的产品(表 7-3)。

表 7-3　大孔网状吸附剂性能参数

吸附剂名称	骨架结构	极性	比表面积/(m^2/g)	孔径/(10^{-10} m)	孔度/(%)	骨架密度/(g/mL)	交联剂
Amberlite XAD-1	苯乙烯	非极性	100	200	37	1.07	二乙烯苯
Amberlite XAD-2			330	90	42	1.07	
Amberlite XAD-3			526	44	38	—	
Amberlite XAD-4			750	50	51	1.08	
Amberlite XAD-5			415	68	43	—	

续表

吸附剂名称	骨架结构	极性	比表面积 /(m^2/g)	孔径 /(10^{-10} m)	孔度 /(%)	骨架密度 /(g/mL)	交联剂
Amberlite XAD-6	丙烯酸酯	中极性	63	498	49	— —	双 α-甲基苯乙烯二乙醇酯
Amberlite XAD-7	α-甲基苯乙烯	中极性	450	80	55	1.24	双 α-甲基苯乙烯二乙醇酯
Amberlite XAD-8	α-甲基苯乙烯	中极性	140	250	52	1.25	双 α-甲基苯乙烯二乙醇酯
Amberlite XAD-9	亚砜	极性	250	80	45	1.26	
Amberlite XAD-10	丙烯酰胺	极性	69	352			
Amberlite XAD-11	氧化氮类	强极性	170	210	41	1.18	
Amberlite XAD-12	氧化氮类	强极性	25	1300	45	1.17	
Diaion HP-10			400	300	小	—	
Diaion HP-20			600	460	大	—	
Diaion HP-30	苯乙烯	非极性	500～600	250	大	—	二乙烯苯
Diaion HP-40			600～700	250	小	—	
Diaion HP-50			400～500	900	—	—	

大孔网状吸附剂按骨架极性强弱可以分为以下三类。

(1)非极性大孔网状吸附剂:通常由苯乙烯聚合而成,交联剂为二乙烯苯。

(2)中等极性大孔网状吸附剂:通常由甲基丙烯酸酯聚合而成,交联剂是甲基丙烯酸酯。

(3)极性大孔网状吸附剂:一般由丙烯酰胺或亚砜经聚合而成,通常含有硫氧、酰胺、氮氧等基团。

大孔网状吸附剂的吸附能力不仅与其本身的化学结构和物理性能有关,而且与吸附质和溶液的性质有关。一般来说,非极性大孔网状吸附剂从极性溶剂中吸附非极性物质,极性大孔网状吸附剂从非极性溶剂中吸附极性物质,中等极性大孔网状吸附剂对上述两种条件下的化合物都有吸附能力。此外,吸附质分子大小也是选择大孔网状吸附剂的重要因素,分子大的吸附质应选用孔径较大的吸附剂,并考虑适当的极性、孔径和吸附表面积。

大孔网状吸附剂使用前通常要进行预处理,特别是新买的大孔网状吸附剂由于含有许多脂溶性杂质,需用丙酮在索氏提取器中加热洗脱 3～4 天才能将其除尽,否则将影响其吸附性能。用蒸馏水洗去大孔网状吸附剂表面浮渣后,用乙醇溶胀 24 h,湿法装柱后,继续用乙醇清洗至流出液与水以 1∶5 混合不呈乳白色,再用大量蒸馏水清洗至无乙醇味道即可。

5. 离子交换剂 离子交换剂是常用的吸附剂之一,为含有若干活性基团的不溶性高分子物质,能与溶液中其他带电离子进行离子交换或吸附。常见的离子交换剂有用人工高聚物作载体的离子交换树脂(常称为离子交换树脂)和多糖基离子交换剂。离子交换剂分类如下。

(1)按树脂骨架的主要成分分类:可分为聚苯乙烯型树脂、聚苯烯酸型树脂、多乙烯多胺-环氧氯苯烷型树脂和酚-醛型树脂等。

(2)按树脂骨架的物理结构分类:可分为凝胶型树脂、大网格树脂、均孔树脂等。

(3)按活性基团分类:可分为阳离子交换树脂、阴离子交换树脂等。

离子交换剂的性能参数是选择离子交换剂的重要依据,几个常用参数介绍如下。

(1)交换容量:表征离子交换剂交换能力的一个参数,指单位质量干燥的离子交换剂或单位体积完全溶胀的离子交换剂所能吸附的一价离子的毫摩尔数,其测定方法因离子交换剂的类型不同而不同。

对于强酸性阳离子交换剂,其交换容量的测定法如下:取一定量的离子交换剂,用去离子水溶胀,漂洗干净,用 1 mol/L 的 NaOH 溶液处理,并用去离子水洗至中性,用 1 mol/L 的 HCl 溶液处理,去离子水洗至中性。然后用 1 mol/L 的 NaCl 溶液洗脱,收集洗脱液,再通过已标定的 NaOH 溶液滴定洗脱液中的 H^+,计算出吸附 H^+ 的物质的量(mmol),除以离子交换介质的质量,即可得到交换容量。计算公式如下:

$$\text{交换容量(mmol/g)}=\frac{\text{测得的 } H^+ \text{ 的物质的量(mmol)}}{\text{离子交换介质的质量(g)}} \tag{7-1}$$

对于强碱性阴离子交换剂,其交换容量的测定法如下:取一定量的离子交换剂,用去离子水溶胀,漂洗干净,用 1 mol/L 的 HCl 处理,并用去离子水洗至中性,用 1 mol/L 的 NaOH 溶液处理,去离子水洗至中性。然后用 1 mol/L 的 NaCl 溶液洗脱,收集洗脱液,再通过已标定的 HCl 溶液滴定洗脱液中的 OH^-,计算出吸附 OH^- 的物质的量(mmol),除以离子交换介质的质量,即可得到交换容量。计算公式如下:

$$\text{交换容量(mmol/g)}=\frac{\text{测得的 } OH^- \text{ 的物质的量(mmol)}}{\text{离子交换介质的质量(g)}} \tag{7-2}$$

对于凝胶或纤维类弱碱性阴离子或弱酸性阳离子交换剂,其交换容量的测定法如下:取一定量的离子交换剂,漂洗干净,用 1 mol/L 的 NaCl 溶液处理,去离子水洗至中性,缓冲液平衡,用已知浓度的蛋白质样品过柱吸附,直至柱内的介质吸附的量达到饱和。用一定浓度的 NaCl 溶液或其他的洗脱剂洗脱,收集洗脱液,测定洗脱液中蛋白质的物质的量,按下式计算交换容量。

$$\text{交换容量(mmol/g 或 mmol/mL)}=\frac{\text{测得的蛋白质的物质的量(mmol)}}{\text{离子交换介质的质量(g)或体积(mL)}} \tag{7-3}$$

(2)粒度:离子交换剂颗粒溶胀后的直径大小,一般吸附分离用的离子交换剂粒度为 20～60 目(0.25～0.84 mm)。粒度小的吸附剂因表面积大而吸附效率高,粒度过小则堆积密度大,容易造成阻塞,粒度过大又会导致强度下降,装填量少,内部扩散时间延长,不利于有机大分子的交换等弊端。

(3)滴定曲线:检验和测定离子交换剂性能的重要参数。滴定曲线一般按以下方法进行测定:在数支干净的大试管中加入单位质量(如 1 g)的 H 型(或者 OH 型)离子交换剂,1 支试管中加入 0.1 mol/L NaCl 溶液 50 mL,其他试管加入不同量的 0.1 mol/L NaOH 溶液(OH 型的则加入 0.1 mol/L HCl 溶液)并加入蒸馏水稀释至 50 mL,强酸性、强碱性离子交换剂静置处理 24 h,弱酸性、弱碱性静置处理 7 天,以使离子交换反应达到平衡。分别测定各支试管中溶液的 pH,并以单位质量的离子交换剂所加的 NaOH(或 HCl)的物质的量(mmol)为横坐标,以平衡后的 pH 为纵坐标作图,即可得到滴定曲线(图 7-1)。

(4)交联度:离子交换树脂中交联剂的含量,一般以交联剂所占百分数表示。交联度的大小决定了树脂的机械强度及网状结构的疏密。交联度越大则交联剂含量越高,树脂孔径越小,结构紧密,机械强度大,一般不能用于大分子物质或者刚性分子(如链霉素)的分离,因为这类分子不能进入树脂颗粒内部;交联度小则树脂孔径大,结构疏松,机械强度小。故分离性质相似的小分子时,可选用较高交联度的树脂,有的时候可以起到分子筛的作用,如链霉素的精制

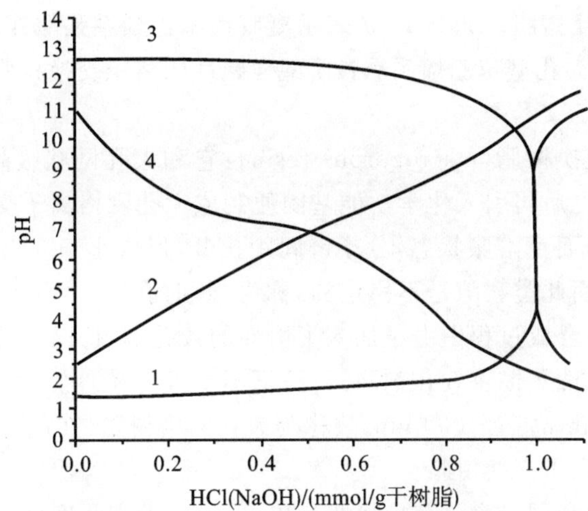

1—强酸性树脂Amberlite IR-120；2—弱酸性树脂Amberlite IRC-84；
3—强碱性树脂Amberlite IRA-400；4—弱碱性树脂Amberlite IR-45

图 7-1 几种典型离子交换剂的滴定曲线

过程采用交联度较高的离子交换树脂可以起到除去小分子杂质的作用。

离子交换树脂的命名，国际上至今还没有统一的规则，国外多以厂家或商品牌号或代号表示。我国原石油化工部在 1977 年颁布了离子交换树脂的命名法，规定离子交换树脂的型号由三位阿拉伯数字组成：第一位数字代表树脂的分类，第二位数字代表树脂骨架，第三位数字为顺序号，用以区别交联度、基团等。分类代号和骨架代号都分成 7 种，其含义见表 7-4，命名离子交换树脂的含义见图 7-2。

表 7-4 国产离子交换树脂命名法的分类代号及骨架代号

代号	分类名称	骨架名称
0	强酸性	苯乙烯系
1	弱酸性	丙烯酸系
2	强碱性	酚醛系
3	弱碱性	环氧系
4	螯合性	乙烯吡啶系
5	两性	脲醛系
6	氧化还原性	氯乙烯系

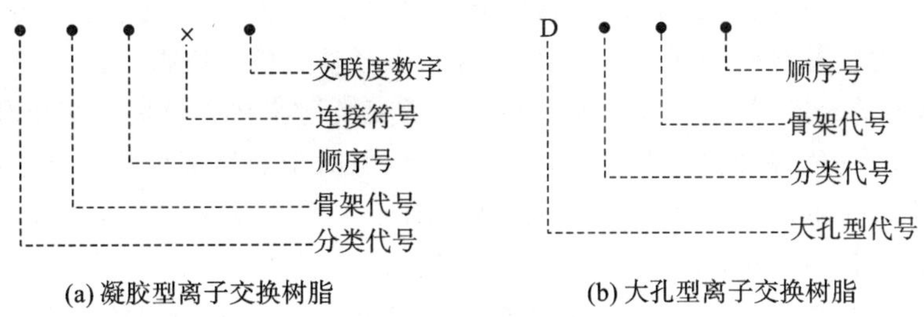

图 7-2 国产离子交换树脂的命名法

命名法规定凝胶型离子交换树脂必须标明交联度，在书写交联度时将百分号省去，并在树脂顺序号后面用“×”隔开。对于大孔型离子交换树脂，必须在分类代号前加上大写字母 D，以

区别普通凝胶型离子交换树脂。如 001×7 表示凝胶型苯乙烯系强酸性阳离子交换树脂，交联度为 7%。D201 表示是大孔型苯乙烯系季铵Ⅰ型强碱性阴离子交换树脂。

6. 其他离子交换剂

(1)大孔网格离子交换树脂(macroporous resin):它和大孔网状吸附剂有着相同的骨架，在合成大孔网状吸附剂之后再引入化学功能基团便制成大孔网格离子交换树脂。普通凝胶树脂具有亲水性，含有水分而呈溶胀状态，分子链间距拉开，形成小于 3 nm 的微孔隙，当失去水分后，孔隙闭合消失，因而此类孔隙是不稳定的，称为"暂时孔"。大孔网格树脂的基本性能和普通凝胶树脂相似，但在合成过程中由于加入了惰性的致孔剂，待网格骨架固化和链结构单元形成后，用溶剂萃取或水洗蒸馏将致孔剂除去，留下不受外界条件影响的"永久孔"，其孔径远大于 3 nm，可达到 100 nm，甚至 1000 nm，故称为大孔网格树脂，在此骨架上引入可交换离子基团即制备成大孔网格离子交换树脂。

与凝胶树脂相比，大孔网格离子交换树脂有以下特点：①交联度高、溶胀度小，有较好的理化稳定性；②有较大的孔度、孔径和比表面积，为离子交换提供良好的接触条件，交换速率快，抗有机污染能力强，其永久孔在水合作用时起缓冲作用，耐胀缩不易破碎；③适用于吸附有机大分子和非水体系中的离子交换，容易进行功能基反应，在有机反应中可用作催化剂；④流体阻力小，工艺参数稳定。但此类树脂因装填密度小、体积交换容量小、洗脱剂用量大、价格较贵且一次性投资较大等缺点，并不能完全取代凝胶树脂。

(2)两性离子交换树脂：同时含有酸、碱两种基团的树脂称为两性离子交换树脂，有强碱-弱酸和弱碱-弱酸两种类型，其相反电荷的活性基团可以在同一分子链上，也可以在两条互相接近的大分子链上，包括热再生性两性树脂和蛇笼树脂。

弱碱-弱酸型两性树脂在室温下能吸附 NaCl 等盐类，在 70～80 ℃时盐型树脂的分解反应达到初步脱盐而不用酸碱再生剂，此类树脂称为热再生树脂，主要用于苦咸水的淡化及废水处理。

蛇笼树脂兼有阴阳离子交换功能基团，这两种功能基团共价连接在树脂骨架上，如交联的阴离子交换树脂为"笼"，线性的聚丙烯为"蛇"，"蛇"被关在"笼"中不漏出。蛇笼树脂利用其阴阳两种功能基截留、阻滞溶液中强电解质(如盐类)，排斥有机物(如乙二醇)，使有机物先随流出液流出，可应用于糖类、乙二醇和甘油等有机物的除盐，称为离子阻滞法。

(3)螯合树脂：螯合树脂含有螯合功能基团，对某些离子具有特殊选择性吸附能力，因为它既有生成离子键又有形成配位键的能力，在螯合物形成之后，结构性状有的如螃蟹。氨基羧酸性螯合树脂主要用于氯碱工业离子膜法的制碱工艺中盐水的二次精制，去除 Ca^{2+} 和 Mg^{2+}，以保护离子交换膜，提高产品浓度和质量，降低能耗，提高电解时电流效率。还有一些对其他离子具有很强结合力的螯合树脂如磷酸类螯合树脂、多羟基类螯合树脂等。

(4)多糖基离子交换剂：以高聚物为骨架的离子交换树脂在无机离子交换和有机酸、氨基酸、抗生素等生物小分子的回收、提取方面应用广泛，但对蛋白质等生物大分子的分离提取则不适用。生物大分子的离子交换要求固相载体具有亲水性和较大的交换空间，还要求固相载体对其生物活性有稳定作用，至少不能有变性作用，并易于洗脱。而离子交换树脂疏水性强、交联度大、孔隙小、电荷密度大，不仅生物大分子难以进入，而且很有可能失去活性。而采用生物来源的高聚物多糖基离子交换剂具有较高的亲水性，能使离子交换剂在水中充分溶胀形成"水溶胶"，从而为生物大分子提供良好的微环境，且其较大的孔径使生物大分子容易进入离子交换剂内部，电荷密度适当可避免生物大分子的多个带电荷残基与交换剂的多个活性基团结合而失活。常见的多糖基离子交换剂有离子交换纤维素、葡聚糖凝胶离子交换剂。

①离子交换纤维素。离子交换纤维素为开放的长链骨架,大分子物质能够自由地在其中扩散和交换;其亲水性强、表面积大,易吸附大分子,交换基团稀疏,对大分子的实际交换容量大;其吸附力弱,交换和洗脱条件缓和,不易引起变性,分辨率高,能分离复杂的生物大分子化合物。

根据连接在纤维素骨架上活性基团的性质,离子交换纤维素可分为阳离子交换纤维素和阴离子交换纤维素,每大类又分为强酸强碱性、中强酸中强碱性、弱酸弱碱性等。与离子交换树脂类似,吸附介质中有带正电的吸附质时采用阳离子交换纤维素,反之则选用阴离子交换纤维素。实验室中最常用的为 DEAE、CMC 或 DEAE-Sephadex、CM-Sephadex。

离子交换纤维素的预处理和再生与离子交换树脂相似,只是浸泡用的酸碱浓度要适当降低,处理时间也从 4 h 缩短为 0.3~1 h。离子交换纤维素使用前需用大量水浸泡、漂洗,使之充分溶胀,然后用数十倍的 0.5 mol/L 的 HCl 溶液和 0.5 mol/L 的 NaOH 溶液反复浸泡处理,每次换液需用水洗至近中性。第二步处理时按交换的需要决定平衡离子,最后用交换用缓冲液平衡备用。需要注意的是,离子交换纤维素相对不耐酸,所以用酸处理的浓度和时间要小心控制。对阴离子交换纤维素而言,即使在 pH 为 3 的环境中长期浸泡也是不利的。在用碱处理时,阴离子交换纤维素膨胀度很大,以至影响过滤或流速,克服的办法是在 0.5 mol/L 的 NaOH 溶液中加入 0.5 mol/L 的 NaCl 溶液,以防止膨胀。

②葡聚糖凝胶离子交换剂。葡聚糖凝胶离子交换剂又称离子交换葡聚糖,是将活性交换基团连接于葡聚糖凝胶上制成的各种交换剂。它与纤维素一样具有亲水性,对生物活性物质而言是一个十分温和的环境。它能引入大量活性基团而骨架不被破坏,交换容量很大,是离子交换纤维素的 3~4 倍,外形呈球形,装柱后流动相在柱内流动的阻力很小。由于交联葡聚糖是具有一定孔隙的三维结构,所以兼有分子筛的作用,它与离子交换纤维素不同之处还有电荷密度、交换容量较大,而膨胀度受环境 pH 及离子强度的影响也较大。

市售的离子交换葡聚糖由葡聚糖凝胶 G-25 及 G-50 两种规格的母体制成,离子交换葡聚糖命名时将活性基团写在前面,然后写骨架"Sephadex",最后写原骨架的编号。为了使阴、阳离子交换葡聚糖便于区别,在编号前添加字母"A"(表示阴离子)或"C"(表示阳离子)。如载体 Sephadex G-25 构成的离子交换剂有 CM-Sephadex C-25、DEAE-Sephadex A-25 及 QAE-Sephadex A-25 等。离子交换葡聚糖的主要特征见表 7-5。

表 7-5 常用的离子交换葡聚糖的主要特征

商品名称	类型	功能型基团	反离子	对小离子的吸附容量/(mmol/g)	对血红蛋白的吸附容量/(g/g)	稳定 pH
CM-Sephadex C-25	弱酸阳离子	羧甲基	Na^+	4.5±0.5	0.4	6~10
CM-Sephadex C-50	弱酸阳离子	羧甲基	Na^+	—	9	9~2
DEAE-Sephadex A-25	中强碱阴离子	二乙基氨基乙基	Cl^-	3.5±0.5	0.5	10~2
DEAE-Sephadex A-50	中强碱阴离子	二乙基氨基乙基	Cl^-	5	—	—
QAE-Sephadex A-25	强碱阴离子	季铵乙基	Cl^-	3.0±0.4	0.3	—
QAE-Sephadex A-50	强碱阴离子	季铵乙基	Cl^-	—	6	—
SE-Sephadex C-25	强酸阳离子	磺乙基	Na^+	2.3±0.3	0.2	2~10

续表

商品名称	类型	功能型基团	反离子	对小离子的吸附容量/(mmol/g)	对血红蛋白的吸附容量/(g/g)	稳定pH
SE-Sephadex C-50	强酸阳离子	磺乙基	Na^+	—	3	—
SP-Sephadex C-25	强酸阳离子	磺丙基	Na^+	2.3±0.3	0.2	10～2
SP-Sephadex C-50	强酸阳离子	磺丙基	Na^+	—	7	—
CM-Sephadex CL-6B	强酸阳离子	羧甲基	Na^+	13±2	10.0	3～10
DEAE-Sephadex CL-6B	中强碱阴离子	二乙基氨基乙基	Cl^-	12±2	10.0	3～10

7.2 吸附与离子交换的理论

7.2.1 吸附平衡理论

吸附质在吸附剂上的吸附平衡是指吸附达到平衡时，吸附剂所吸附的吸附质浓度 q 与液相中游离吸附质浓度 c 之间存在一个函数关系，一般是浓度 c 和温度 T 的函数：

$$q=f(c,T) \tag{7-4}$$

但一般吸附过程是在一定温度下进行的，当吸附达到平衡时，吸附量与浓度和温度有关，当温度一定时，吸附量与浓度之间的函数关系称为吸附等温线。吸附剂与吸附质之间的作用力不同、吸附剂表面状态不同，则吸附等温线也将随之改变。q 和 c 之间的关系体现为如下几种吸附平衡类型(图 7-3)。

(1)亨利(Henry)型吸附平衡：如图 7-3 中曲线 1，其吸附函数为

$$q=Kc \tag{7-5}$$

式中，K——吸附平衡常数。

此类吸附平衡表明平衡吸附质浓度与游离相吸附质浓度呈线性关系，一般在低浓度范围内成立。

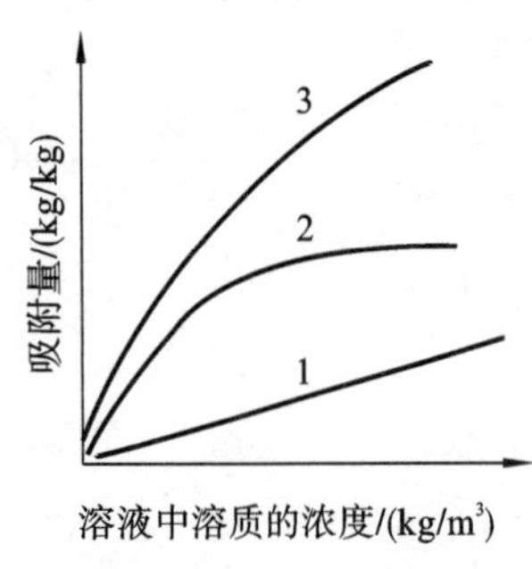

图 7-3 吸附平衡类型

(2)朗格缪尔(Langmuir)型吸附平衡：单分子层吸附时，朗格缪尔型吸附平衡能很好地解释此类吸附现象，该理论认为吸附剂上具有许多活性位点，每个活性位点具有相同的能量，只能吸附 1 个分子且被吸附的分子间无作用力，如图 7-3 中曲线 2 所示。据此理论推导出朗格缪尔吸附平衡方程：

$$q=\frac{q_0 c}{K+c} \tag{7-6}$$

式中，q_0——饱和吸附容量；

K——吸附平衡解离常数，可用实验来确定。

生物产品如酶、蛋白质分离提取时符合此类吸附平衡。

(3)弗罗因德利希(Freundlich)型吸附平衡：当吸附质浓度较高时，吸附平衡常为非线性，

如图 7-3 中曲线 3 所示，经常利用弗罗因德利希经验方程描述此类吸附平衡：

$$q = Kc^n \tag{7-7}$$

式中，K——吸附平衡常数；

n——指数，可通过实验来测定。

抗生素、类固醇、激素等产品的吸附分离通常符合此类吸附等温线。通过实验测定不同浓度 c 时吸附量 q 的对应关系，在对数坐标中，上式可变为

$$\lg q = n\lg c + \lg K \tag{7-8}$$

通过实验数据即可得到 n 和 K 值，当 $n<1$ 时，表明吸附效率高，若 $n>1$，则表明吸附效果不理想。

7.2.2 影响吸附的主要因素

固体吸附剂在溶液中的吸附过程比较复杂，主要考虑三种作用力：①界面层上吸附剂与吸附质之间的作用力；②吸附剂与溶剂之间的作用力；③吸附质与溶剂之间的作用力。影响吸附的主要因素如下。

1. 吸附剂 吸附剂的比表面积、颗粒度、孔径、极性等对吸附的影响很大。比表面积主要与吸附容量有关，颗粒度和孔径分布主要影响吸附速率，颗粒度越小吸附速率就越快，孔径适当有利于吸附质向孔隙中扩散，加快吸附。对于分子量较大的吸附质，要选用孔径大的吸附剂，而对于分子量较小的吸附质，则需选择比表面积大且孔径较小的吸附剂。如除去废水中的苯酚选取吸附剂时，因苯酚的分子横截面积为 21×10^{-10} m^2，纵截面积为 41.2×10^{-10} m^2，对 Amberlite XAD-4（比表面积 750 m^2/g，孔径 50×10^{-10} m）和 Amberlite XAD-2（比表面积 330 m^2/g，孔径 90×10^{-10} m）两种吸附剂而言，根据比表面积和孔径，选择前者更合适。

2. 吸附质的性质 根据吸附质的性质可以预测相对吸附量，主要有如下几条吸附规律。

(1)能使表面张力降低，易为表面所吸附，所以吸附剂容易吸附对固体的表面张力较小的液体。

(2)吸附质在易溶的溶剂中被吸附时，吸附量较少。

(3)极性吸附剂容易吸附极性吸附质，非极性吸附剂容易吸附非极性吸附质，极性吸附剂在非极性溶剂中易于吸附非极性吸附质，而非极性吸附剂易于从极性溶剂中吸附非极性吸附质。如非极性吸附剂活性炭在水溶液中能够良好地吸附一些有机化合物，而极性的硅胶易于在有机溶剂中吸附极性的吸附质。

(4)结构相似的化合物，在其他条件相同的情况下，熔点较高的吸附质容易被吸附，因为熔点较高的化合物一般溶解度较低。

3. 温度 吸附过程一般是放热过程，故只要达到了吸附平衡，升高温度将会降低吸附量，但在低温时，吸附过程在短时间内往往达不到平衡，升温会加快吸附速率，并出现吸附量增加的情况。对蛋白质分子进行吸附时，被吸附的高分子处于伸展状态，因此此类吸附是吸热过程，此过程升温将会增加吸附量，但要考虑物质的热稳定性。

4. 溶液 pH 溶液的 pH 往往会影响吸附剂或者吸附质的解离情况，进而影响吸附量，对于蛋白质等两性物质，一般在等电点附近吸附量最大。不同吸附质的最佳吸附 pH 条件须通过实验来确定。

5. 盐浓度 溶液中盐的存在对吸附的影响比较复杂，有时盐的存在不利于吸附，如在低浓度盐溶液中吸附的蛋白质，常用高浓度的盐溶液进行洗脱，而有时盐又能促进吸附，有的吸附

剂一定要在盐存在条件下才能对某种吸附质进行吸附，如硅胶吸附蛋白质时，加入硫酸铵能使吸附量增加很多倍。最佳的盐浓度通常需要通过实验来确定。

7.2.3 吸附过程理论

1. 间歇吸附过程 与单级萃取相似，间歇吸附依靠两个基本方程，一是吸附等温线，最常用的是弗罗因德利希吸附等温线（式 7-7）。另一个方程是根据质量衡算得出的操作曲线方程，设 Q 为进料量（m^3），W 为吸附量，c_0 和 c 分别为进料和吸附残液中吸附质浓度，q_0 和 q 分别为初始和最终吸附剂的吸附量。根据质量衡算有

$$c_0 Q + c_0 W = cQ + qW \tag{7-9}$$

式(7-9)经整理可得操作方程：

$$q = q_0 + \frac{Q}{W}(c_0 - c) \tag{7-10}$$

上述两式可使用图解法（图 7-4）或数学解析法求解。图 7-4 为间歇吸附操作的图解法，解题过程：先在直角坐标系上绘出吸附平衡曲线和操作曲线，平衡曲线操作线的交点为(c,q)，其横坐标 c 表示吸附液中吸附质的浓度，纵坐标 q 表示操作平衡时的吸附量。

2. 连续搅拌吸附过程 间歇吸附适合小规模生产操作，对于大规模生产的产物分离，一般采用连续搅拌槽进行吸附操作。典型的连续吸附操作如图 7-5 所示。初始时，搅拌槽内是不含吸附质的纯溶液和吸附剂，当待分离的料液连续进入搅拌吸附槽，流速为 Q，吸附质浓度衡为 c_0，经吸附分离的料液同样以流速 Q 连续流出，流出液中吸附质浓度为 c，c 随时间变化而变化。操作开始时，吸附剂中吸附质浓度 $q=0$，而随着吸附的进行，q 随时间变化而变化。根据反应工程理论，连续搅拌槽内的物料是均匀混合的，故流出的吸附质浓度应与槽内浓度相同。

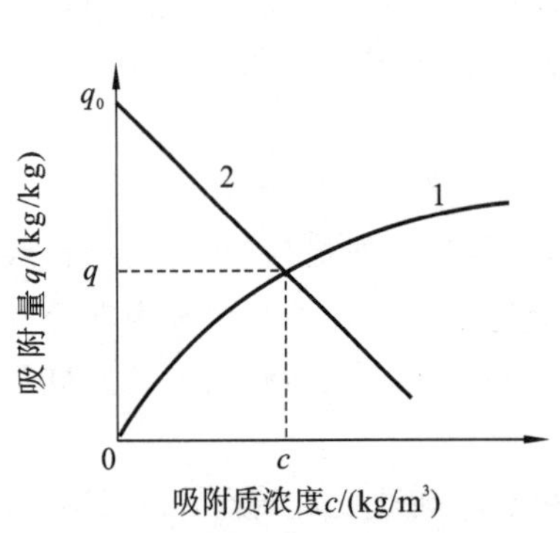

图 7-4 间歇吸附操作的图解法

曲线 1 为平衡曲线；曲线 2 为操作曲线

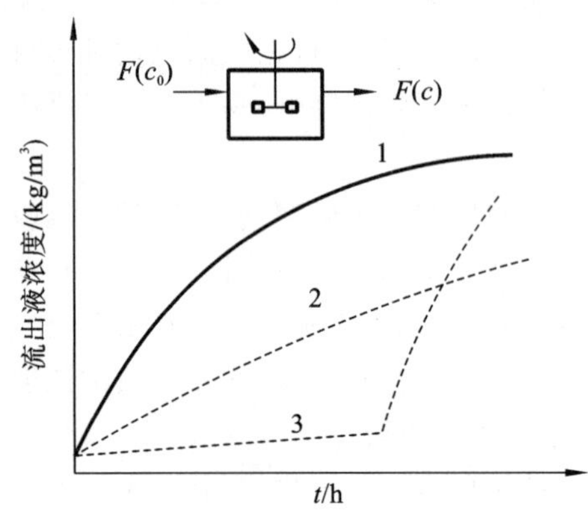

图 7-5 连续搅拌槽的吸附操作

图 7-5 中曲线 1 表示没有吸附作用时槽内流出的料液中吸附质浓度随时间的变化曲线，显然开始时流出液中吸附质的浓度升高很快。而曲线 3 表示的是无限迅速吸附的特例，曲线 2 则是最常见的吸附动力学曲线。

3. 固定床吸附过程 固定床吸附操作是最普遍而又最重要的吸附分离方式，它是将吸附剂固定在柱式塔内部，含有目的吸附质的料液从一端进入，流经吸附剂从另一端流出的吸附操作过程。如图 7-6 所示，操作开始时，由于绝大部分吸附质被吸附剂滞留，故吸附残液中溶质浓度较低，随着吸附过程的继续，流出残液的吸附质浓度逐渐升高，到达某一时刻，其浓度急剧增大，此时称为吸附过程的穿透点。在此时应立即停止操作，并对吸附剂进行再生后重新使

用。固定床吸附器一般为圆柱形设备，主要有立式固定床吸附器、卧式固定床吸附器和环式固定床吸附器三种类型。

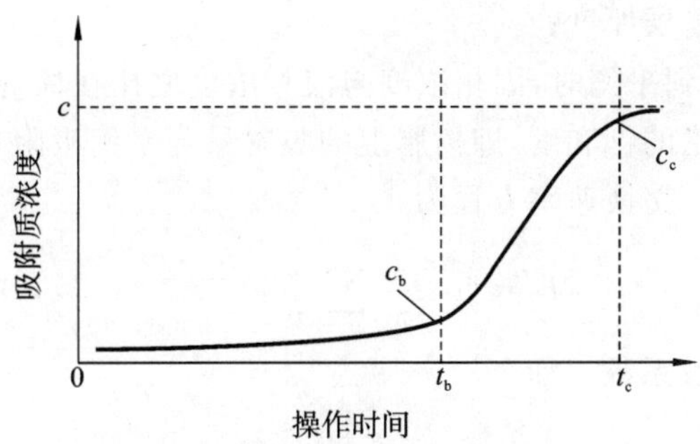

图 7-6 经固定床吸附后料液的吸附质浓度变化曲线

7.2.4 离子交换平衡理论

1. 交换机理 在没有待分离的溶质存在时，离子交换剂表面的离子基团或可离子化的基团 R(R^+或 R^-)一直被其反粒子所覆盖，液相中的反离子浓度为一个常数。溶质与反离子带有相同的电荷，溶质的吸附是基于其与离子交换基团相反电荷的静电引力，典型的离子交换反应如式(7-11)、式(7-12)所示。

阳离子交换反应： $$R^-B^+ + A^+ \rightleftharpoons R^-A^+ + B^+ \tag{7-11}$$

阴离子交换反应： $$R^+B^- + A^- \rightleftharpoons R^+A^- + B^- \tag{7-12}$$

式中，R^+、R^-——离子交换基；

B——反离子；

A——溶质。则上述离子交换反应的平衡常数 K_{AB}分别为

$$K_{AB^+} = \frac{[RA]}{[RB]}\frac{[B^+]}{[A^+]} \tag{7-13}$$

$$K_{AB^-} = \frac{[RA]}{[RB]}\frac{[B^-]}{[A^-]} \tag{7-14}$$

图 7-7 描述了离子交换的机理，其过程如下：①A^+自溶液中扩散到离子交换树脂表面；②A^+从离子交换树脂表面进入内部的活性中心；③A^+与 RB 在活性中心上发生复分解反应，B^+解吸下来；④解吸离子 B^+自树脂内部扩散到树脂表面；⑤B^+从树脂扩散到溶液中。上述步骤中，步骤①和⑤、②和④互为可逆过程，扩散速率相同，而扩散方向相反。将步骤①和⑤称为外部扩散，而步骤②和④称为内部扩散，步骤③称为交换反应。交换过程速率的控制步骤是扩散过程，不同的分离体系可能由内部扩散或者外部扩散控制。

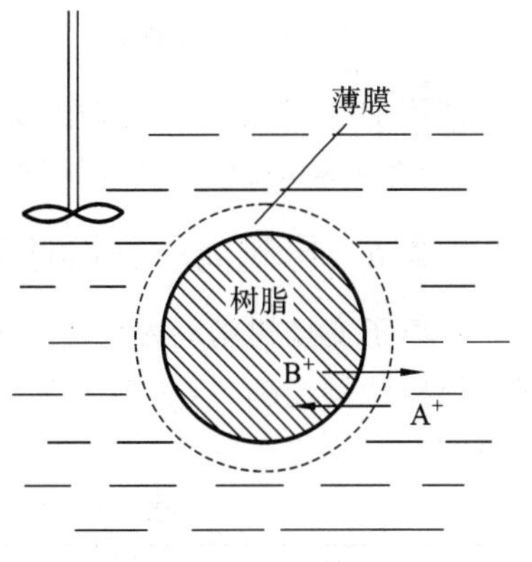

图 7-7 离子交换的机理

2. 交换速率方程 由于交换速率方程的推导比较复杂，现将其推导结果直接列出。

当为外部扩散控制时，交换速率方程为

$$\ln(1-F) = -K_1 t \tag{7-15}$$

式中，K_1——外扩散速率常数，$K_1 = \frac{3D_1}{r_0 \Delta r_0 r}$；

D_1——液相中的扩散系数；

r_0——树脂颗粒半径；

Δr_0——颗粒表面薄膜层厚度；

r——吸附常数，当达到平衡时，固相浓度与液相浓度之比在稀溶液中为一个常数；

F——时间为 t 时树脂的饱和度，即树脂上的吸附量与平衡吸附量之比。

当为内部扩散控制时，交换速率方程为

$$F = 1 - \frac{6}{\pi^2}\sum_{n=1}^{\infty}\frac{1}{n^2}e^{-\frac{D_i n^2 \pi^2 t}{r_0^2}} \tag{7-16}$$

式中，D_i——树脂内的扩散系数。如令

$$B = \frac{D_i \pi^2}{r_0^2} \tag{7-17}$$

则式(7-16)可变为

$$F = 1 - \frac{6}{\pi^2}\sum_{n=1}^{\infty}\frac{1}{n^2}e^{-Btn^2} \tag{7-18}$$

由 B、t 的值就可以求得 F。F 与 Bt 的关系可由文献查得，以 Bt 与 t 为坐标作图，如得到一直线，就可以证明交换过程为内部扩散。

7.2.5 偶极离子吸附

两性化合物如氨基酸、蛋白质、多肽等均具有酸、碱两性，能够分别与酸或碱作用成盐。在溶液中，两性化合物可存在阳离子、阴离子或偶极离子三种状态。

$$\underset{\text{两性化合物}}{\mathrm{R{-}CH(NH_2){-}COOH}}$$

$$\underset{\text{阴离子}}{\mathrm{R{-}CH(NH_2){-}COO^-}} \underset{pK_2}{\overset{H^+}{\rightleftharpoons}} \underset{\text{偶极离子}}{\mathrm{R{-}CH(NH_3^+){-}COO^-}} \underset{pK_1}{\overset{OH^-}{\rightleftharpoons}} \underset{\text{阳离子}}{\mathrm{R{-}CH(NH_3^+){-}COOH}}$$

应用 H 型磺酸树脂吸附丙氨酸时，发现不是等物质量的交换，而且流出液中没有 H^+ 的存在，而在用酸洗脱时，则丙氨酸和 H^+ 是等物质的量的关系。

7.2.6 影响离子交换速率的主要因素

1. 离子交换树脂颗粒大小 不论是内部扩散控制还是外部扩散控制的离子交换过程，离子交换树脂颗粒越小，交换速率越快。表 7-6 和图 7-8 为离子交换树脂颗粒大小对交换速率的影响。

表 7-6 在磺酸基聚苯乙烯树脂上交换过程的速率数据

图 7-8 中直线	DVB/(%)	r_0/cm	温度/℃	B	$D_i \times 10^6$	半饱和时间/s
1	5	0.0272	25	0.082	6.1	3.7
2	17	0.0273	50	0.029	2.2	10.4
3	17	0.0273	25	0.0143	1.08	21.0
4	17	0.0446	25	0.0016	1.23	49

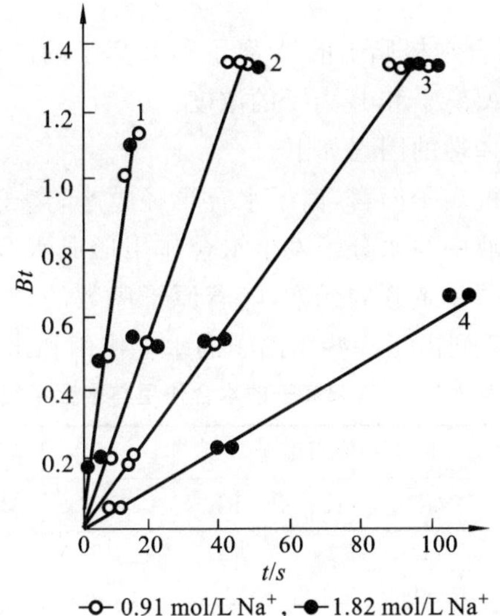

图 7-8　离子交换树脂颗粒大小对交换速率的影响

2. 交联度　交联度越大,孔径越小,离子扩散运动阻力越大,交换速率越慢。当内部扩散控制反应速率时,降低交联度能提高交换速率。如表 7-6 所示,交联度为 5%的树脂交换速率较快,其内部扩散系数 D_i 约为交联度为 17%的树脂的 6 倍。

3. 温度　溶液的温度升高,扩散速率加快,离子交换速率也加快。

4. 离子化合价　离子在交换树脂中扩散时,和交换树脂骨架之间存在库仑力,离子化合价越高,库仑力越大,扩散速率越慢。化合价增加一价,内扩散系数的值约减小一个数量级。

5. 离子大小　小离子的交换速率比较快。例如用 NH_4^+ 型磺酸基聚苯乙烯树脂去交换下列离子时,达到半饱和的时间分别是:Na^+ 1.25 min;$N(CH_3)_4^+$ 1.75 min;$N(C_2H_5)_4^+$ 3 min;$C_6H_5N(CH_3)_2CH_2C_6H_5^+$ 1 周。大分子在树脂中的扩散速率特别慢,因为大分子会和树脂骨架碰撞,甚至使骨架变形。有时候可以利用大分子与小分子在某种离子交换树脂上交换速率的不同而达到分离的目的,这种树脂称为分子筛。

6. 搅拌速率　当吸附过程为液膜控制时,增大搅拌速率会使交换速率增大,但增大到一定程度后再提高搅拌速率,交换速率的变化就比较小。

7. 溶液浓度　当溶液浓度为 0.001 mol/L 时,一般为外部扩散控制,当溶液浓度增加时,交换速率也按比例增加,当浓度达到 0.01 mol/L 左右时,溶液浓度再增加,交换速率却增加较慢,此时内部扩散和外部扩散同时起作用,当溶液浓度继续增大时,交换速率达到极限值之后就不再增大,此时已转变为内部扩散控制。

7.2.7　离子交换树脂的选择性

离子交换树脂的选择性就是树脂对不同离子交换能力的差别,离子与树脂活性基团的亲和力越大,就越容易被该树脂所吸附。离子交换树脂的选择性集中反映在交换常数 K 上,可用下式表示

$$K_A^B = \frac{[R-B][A]_s}{[R-A][B]_s} \tag{7-19}$$

式中,K_A^B——交换常数,是树脂上的 A 离子、B 离子浓度比与溶液中 A 离子、B 离子浓度比的

比值；

[R—A]、[R—B]——结合在树脂上的 A 离子和 B 离子的浓度；

$[A]_S$、$[B]_S$——溶液中 A 离子和 B 离子的浓度。

影响离子交换树脂的选择性的因素如下。

1. 离子水合半径 对无机离子而言，离子水合半径越小，离子与树脂的亲和力越大，越容易被吸附。无机离子在水溶液中与水分子发生水合作用形成水合离子，水合离子的半径才是离子在溶液中的大小。对于同一主族的元素，随着原子序数的增加，离子半径也增加，离子表面电荷密度相对减少。表 7-7 列出了一些阳离子的水合作用和水合半径。

表 7-7 一些阳离子的水合作用与水合半径

项目	一价阳离子					二价阳离子			
	Li^+	Na^+	K^+	Rb^+	Cs^+	Mg^{2+}	Ca^{2+}	Sr^{2+}	Ba^{2+}
原子序数	3	11	19	37	55	12	20	38	56
裸半径/μm	0.068	0.098	0.133	0.149	0.165	0.069	0.117	0.134	0.149
水合半径/μm	0.1	0.79	0.53	0.509	0.505	0.108	0.96	0.96	0.88
水合水/(mol 水/mol)	12.6	8.4	4.0	—	—	13.3	10.0	8.2	4.1

各种离子按照水合半径对树脂亲和力大小的次序如下：

一价阳离子：$Li^+ < Na^+ \approx NH_4^+ < Rb^+ < Cs^+ < Ag^+ < Ti^+$

二价阳离子：$Mg^{2+} \approx Zr^{2+} < Cu^{2+} < Ni^{2+} < Co^{2+} < Ca^{2+} < Sr^{2+} < Pb^{2+} < Ba^{2+}$

一价阴离子：$F^- < HCO_3^- < Cl^- < HSO_3^- < Br^- < NO_3^- < I^- < ClO_4^-$

对同价离子而言，水合半径小的能取代水合半径大的。H^+、OH^- 对树脂的亲和力与树脂的性质有关。对强酸性树脂，H^+ 和树脂的结合力很弱，与 Li^+ 相当，而对弱酸性树脂而言，H^+ 具有较强的置换能力，其交换顺序列在同价金属离子之后。OH^- 的置换顺序取决于树脂碱性基团的强弱，对强碱性树脂而言，其亲和力在 F^- 之前，而对弱碱性树脂而言，其亲和力则在 ClO_4^- 之后。因而强酸、强碱性离子交换树脂较之弱酸、弱碱性离子交换树脂再生更困难，且酸、碱用量很大。

2. 离子化合价 离子交换树脂总是优先吸附高价离子，而低价离子被吸附时则较弱，常见阳离子的被吸附顺序：$Fe^{3+} > Al^{3+} > Ca^{2+} > Mg^{2+} > Na^+$。常见阴离子的被吸附顺序：

$C_5H_7O_5COO^- > SO_4^{2-} > NO3^-$。

3. 溶液的 pH 溶液的 pH 直接决定了树脂活性及交换离子的解离程度，不仅影响树脂的交换容量，而且对树脂的交换选择性影响也较大。对强酸、强碱性树脂，溶液 pH 主要影响交换离子的解离度，决定其带何种电荷及电荷量，从而可知它是否被树脂吸附或者吸附的强弱。对于弱酸、弱碱性树脂，溶液的 pH 是影响树脂解离程度和吸附能力的重要因素，但过强的交换能力有时会影响到交换树脂的选择性，同时增加洗脱的难度。对生物活性分子而言，过强的吸附剂、剧烈的洗脱条件会增加其变性失活的机会。此外，树脂的解离程度与活性基团的水合程度也密切相关。水合程度高的树脂溶胀度大，选择吸附能力下降，这就是在分离蛋白质或酶时较少选用强酸、强碱性树脂的原因。

4. 离子强度 浓度高的离子必然与目的吸附质离子竞争，减少有效交换容量，此外，离子的存在会增加蛋白质分子及树脂活性基团的水合作用，降低树脂的吸附选择性和交换速率，所以在保证目的吸附质溶解度和溶液缓冲能力的前提下，尽量采用低离子强度。

5. 有机溶剂的影响 当有机溶剂存在时，常会使离子交换树脂对有机离子的选择性降低而更容易吸附无机离子。这是因为离子交换树脂在水相和非水相体系中的行为是不同的，有机溶剂的存在会使树脂收缩，这是由于树脂结构变紧密，降低了吸附有机离子的能力。而且有机溶剂使离子溶剂化程度降低，易水合的无机离子降低程度大于有机离子，有机溶剂会降低有机物的电离度，这两种因素使得当有机溶剂存在时，不利于有机离子的吸附。利用这个特性，常在洗涤剂中加入有机溶剂来洗脱难以洗脱的有机物。

7.3 离子交换操作方法

7.3.1 离子交换树脂的选择

选择离子交换树脂的主要依据是被分离物质的性质和分离目的。如果被分离物质(目标物质)带正电荷，应采用阳离子交换树脂，而分离带负电荷的目标物质应采用阴离子交换树脂。最主要的是根据分离要求和分离环境保证目标物质与主要杂质对树脂的吸附力有足够的差异。当目标物质具有较强的酸、碱性时，宜采用弱酸性或者弱碱性树脂，而目标物质是弱酸性或弱碱性的小分子时，往往选用强碱或强酸性树脂。如氨基酸的分离一般采用强酸性树脂，以保证有足够的结合力，便于洗脱分离。

就树脂而言，要求孔径适宜，孔径太小影响交换速率，有效交换容量下降，而孔径太大也会导致其选择性下降。离子交换树脂可交换的离子类型也是选择的依据，主要根据分离目的进行选择，如将肝素钠转换成肝素钙时，需要将所用的阳离子交换树脂转换成 Ca^{2+} 型后与肝素钠进行交换。离子交换树脂的粒度、交联度、稳定性等也是考虑的因素，离子交换条件如 pH、溶液中产物浓度、洗脱条件等亦需要考虑。

7.3.2 离子交换树脂的处理和再生

1. 树脂的预处理和转型 市售树脂在使用前都要先去杂、过筛，粒度过大时可稍加粉碎。对于粉碎后的树脂或者粒度不均匀的树脂，应进行筛选，如浮选处理。具体方法如下：先用水浸泡，使其充分膨胀并除去细小颗粒，再用 8～10 倍量的 1 mol/L 盐酸或 NaOH 溶液交替浸泡，每次换酸、碱前都要用水洗至中性。如 732 树脂在分离氨基酸前应先用 8～10 倍量盐酸搅拌浸泡 4 h，用水反复洗至中性，再用 8～10 倍量 NaOH 溶液搅拌浸泡 4 h，用水反复洗至中性后又用 8～10 倍量盐酸搅拌浸泡 4 h，用水反复洗至中性备用。最后一步的盐酸处理使之变为 H 型树脂的操作也可称为转型。对强酸性树脂来说，应用状态还可以是 Na 型，若把上述过程中的酸—碱—酸处理换成碱—酸—碱处理即可得到 Na 型树脂。对于阴离子交换树脂，按碱—酸—碱处理便成 OH 型，若按酸—碱—酸处理，则为 Cl 型树脂。

2. 树脂的再生 树脂的再生就是让使用过的离子交换树脂重新获得使用性能的处理过程。离子交换树脂一般可以多次使用，故使用过的树脂可采用再生操作反复使用。使用过的树脂再生前首先要除杂，即采用大量水冲洗树脂，以除去树脂表面和空隙内部吸附的各种杂质，然后采用酸、碱处理除去与功能基团相结合的杂质，使其恢复原有的静电吸附能力。

再生可在柱内或者柱外进行，分别称为静态法和动态法。静态法是将树脂放在一定的容器内，加入一定浓度的适量酸碱浸泡或搅拌一段时间，水洗至中性后完成再生。动态法是在柱内进行再生，其操作程序同静态法，该法适用于工业生产规模的大型离子交换树脂柱的再生处理，其效果比静态法要好。

3. 树脂的保存 用过的树脂必须经再生后方能保存。阴离子交换树脂 Cl 型较 OH 型稳定，用盐酸处理后，水冲洗至中性，在湿润状态密封保存。阳离子交换树脂 Na 型较稳定，用 NaOH 溶液处理后，水洗至中性，在湿润状态密封保存，以防止干燥和长霉。

7.3.3 离子交换基本操作方法

1. 离子交换的操作方式 一般分为静态交换和动态交换两种方式。静态交换是将树脂与交换溶液混合置于一定的容器中进行搅拌。静态交换方式简单、设备要求低，是分批进行的，交换不完全，不适宜进行多种成分的分离，树脂也有一定的损耗。动态交换是先将树脂装柱，交换溶液以平流方式通过柱床进行交换，该法不需要搅拌，交换完全、操作连续，而且可以使吸附与洗脱在柱床的不同部位同时进行，适合多组分的分离，例如用 732 离子交换柱可以分离多种氨基酸。

2. 洗脱方式 离子交换完成后将树脂所吸附的物质释放出来重新转入溶液的过程称为洗脱。洗脱分为静态洗脱和动态洗脱两种方式。一般来说静态交换后采用静态洗脱，动态交换后采用动态洗脱，洗脱液分酸、碱、盐等类。酸碱洗脱旨在改变吸附物的电荷或改变树脂基团的解离状态，以消除静电结合力，迫使目标物质被释放出来，盐类洗脱液是通过高浓度的带同种电荷的离子与目标物质竞争树脂上的活性基团，并取而代之，以使吸附物游离出来。

实际工作中，静态洗脱可进行一次，也可进行多次反复洗脱，旨在提高目标物质的收率。动态洗脱在柱中进行。洗脱液的 pH 和离子强度可以始终不变，也可以按分离的要求人为地分阶段改变其 pH 或离子强度，这就是阶段洗脱，此法常用于多组分分离。这种洗脱液的改变也可以通过仪器如梯度洗脱仪来完成，使洗脱条件的改变连续化，其洗脱效果优于阶段洗脱，特别适用于高分辨率的分离。

连续梯度洗脱可采用自动化的梯度混合仪，还可以采用市售或自制的梯度混合仪。图 7-9 是浓度梯度形成示意图，A 瓶中装有低浓度溶液，B 瓶中装有高浓度盐溶液，洗脱开始后 A 瓶的盐浓度随时间而改变，由起始浓度 c_A 逐渐升高，直至终浓度 c_B，形成连续的浓度梯度。某一时刻洗脱液的盐浓度可由下式求得：

$$c = c_A - (c_A - c_B)V^{\frac{A_A}{B_B}} \tag{7-20}$$

式中，c_A、c_B——两容器中的盐浓度；

A_A、B_B——两容器的截面积；

V——已流出洗脱量对溶液总量的比值。

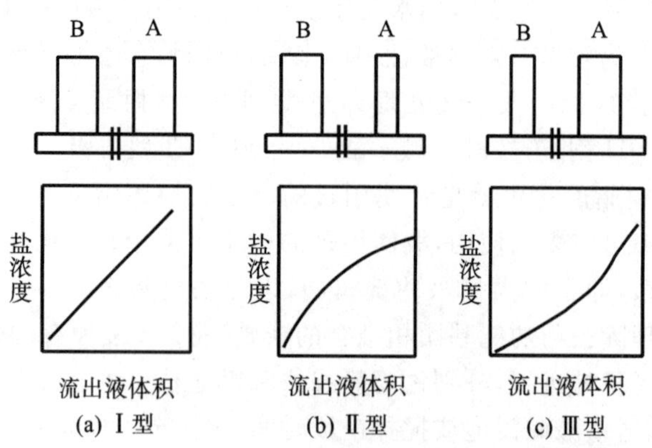

图 7-9 梯度混合仪类型及其浓度梯度曲线

如图 7-9 所示，当两容器截面积相等，即 $A_A = B_B$ 时为线性梯度（Ⅰ型）；$A_A < B_B$ 时为凸形梯度（Ⅱ型）；$A_A > B_B$ 时为凹形梯度（Ⅲ型）。

3. 再生方式 再生时可以采用顺流再生方式，即再生液自上而下流过树脂，也可以采用逆流再生方式，即再生液自下而上流过树脂。逆流再生过程中，再生液从单元的底部分布器进入，均匀地通过树脂床向上流动，从树脂床的面上通过一个废液收集器流出，再生剂向上的同时，淋洗的水从喷洒器喷入，经树脂床向下流动，与再生废液一起排出（图 7-10）。随着再生的进行，树脂再生程度不断提高，但到达一定程度后要进一步提高时，需要大大增加再生剂的用量，并不经济，因而通常不将树脂百分百再生。

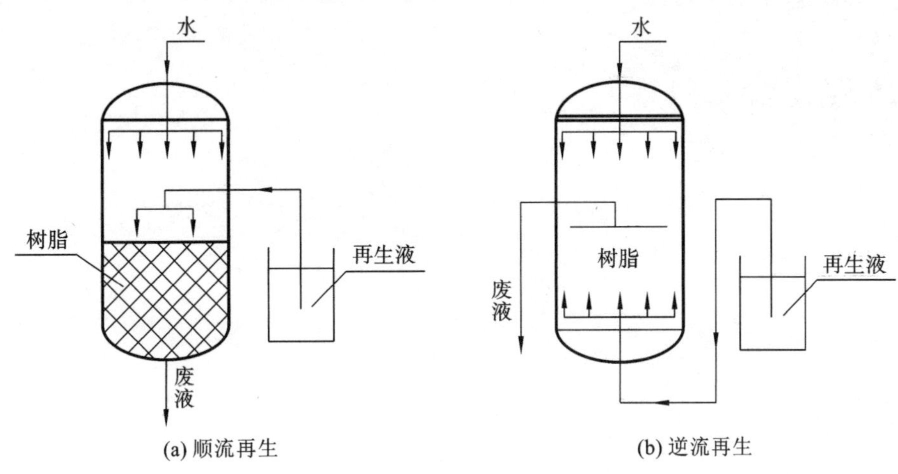

图 7-10 顺流再生和逆流再生过程示意图

思 考 题

1. 什么是吸附？影响吸附过程的因素有哪些？如何选择吸附分离的操作条件（包括吸附与解吸）？

2. 常用的离子交换介质有哪些？影响离子交换速率的因素有哪些？

3. 用阳离子交换树脂分离下列氨基酸对，用 pH 7.0 的缓冲液洗脱时哪种氨基酸先被洗脱下来？

(1) Asp 和 Lys (2) Arg 和 Met (3) Glu 和 Val (4) Gly 和 Leu (5) Ser 和 Ala

4. 试设计利用离子交换剂分离一种含等电点分别为 4.0、6.0、7.5 和 9.0 的蛋白质混合液的方案，并简述理由。

5. 采用离子交换树脂吸附分离抗生素，饱和吸附量为 0.062 kg 抗生素/kg 干树脂，当抗生素浓度为 0.082 kg/m^3 时，吸附量为 0.043 kg 抗生素/kg 干树脂。假定此吸附过程属朗格缪尔等温吸附，求料液含抗生素 0.3 kg/m^3 时的吸附量。

6. 影响离子交换树脂选择性的因素有哪些？

7. 如何测定离子交换剂的交换容量？

参 考 文 献

[1] 欧阳平凯，胡永红，姚忠. 生物分离原理及技术[M]. 3 版. 北京：化学工业出版社，2018.

[2] 田瑞华. 生物分离工程[M]. 北京：科学出版社，2008.

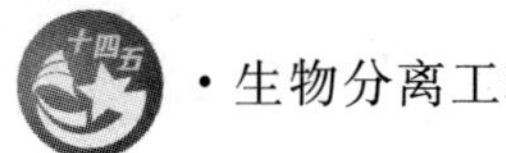

[3] 刘国诠. 生物工程下游技术[M]. 北京:化学工业出版社,2011.
[4] 胡永红,刘凤珠,韩曜平. 生物分离工程[M]. 武汉:华中科技大学出版社,2015.
[5] 孙彦. 生物分离工程[M]. 3 版. 北京:化学工业出版社,2013.

(汪文俊)

第8章 色谱分离技术

扫码看课件

色谱分离技术又称色层分离技术，是一种分离复杂混合物中各个组分的有效方法。本章内容主要包括色谱分离技术的基本原理、分类以及色谱技术在药物及生物样品分离中的应用实例。

8.1 色谱分离技术的原理、基本概念和分类

色谱分离技术始于20世纪初，1903年俄国植物生理学家茨维特(M. S. Tswett)创造性地创立了色谱法(chromatography)。他将植物叶子的萃取物倒入装有$CaCO_3$的直立玻璃管柱中，然后加入石油醚使其自由流下，由于$CaCO_3$对各种色素的吸附能力不同，色素被逐渐分离，在管柱中出现了不同颜色的色带，因此将此方法命名为色谱法。

当时这种方法并没有引起人们的足够注意，直到1931年将该方法应用到分离复杂的有机混合物，人们才发现它的广泛用途。随着科学技术的发展以及生产实践的需要，色谱技术也得到了迅速的发展。英国科学家Martin和Synge首先提出了色谱塔板理论，以理论塔板数来表示色谱柱的分离效率，定量描述、评价色谱分离过程。其次，他们根据液-液逆流萃取的原理，发明了液-液分配色谱。特别是他们具有远见卓识的预言：①流动相可用气体代替液体，与液体相比，物质间的作用力减小了，这对分离更有益；②使用非常细的颗粒填料并在柱两端施加较大的压差，能得到最小的理论塔板高度，这将大大提高分离效率。前一预见促使1952年气相色谱仪诞生，并产生了气相色谱法，它给挥发性化合物的分离测定带来了划时代的变革，Martin也因创立气-液色谱分离方法而荣获诺贝尔奖；后一预见促使20世纪60年代末高效液相色谱(HPLC)的产生。目前气相色谱(GC)、高效液相色谱(HPLC)及其联用质谱技术已成为化学、化工、生物化学与分子生物学等领域不可缺少的分析分离工具。

色谱分离技术具有应用范围广、分离效率高、操作模式多样化等特点，其最大特点是分离精度高，能分离各种性质、极性类似的物质。色谱分离技术已经发展成为生物大分子、天然产物、化学合成产物分离和纯化技术中极其重要的组成部分。胰岛素是较早使用色谱分离技术进行纯化得到的注射药品之一，其中一个关键生产环节就是以凝胶色谱去除胰岛素的二聚体。现在，以凝胶色谱、反相色谱为核心的色谱分离技术已被广泛应用于包括干扰素、生长激素、多肽类药物等生物工程药物的生产环节。而硅胶色谱、聚酰胺色谱、氧化铝色谱也已越来越多地应用于天然产物药物的分离与生产，其中以新型抗癌药物紫杉醇、喜树碱、高三尖杉酯碱等的生产最具代表性。作为一种重要的分离手段与方法，色谱分离技术广泛地应用于科学研究与工业生产中，它在石油、化工、医药卫生、生物科学、环境科学、农业科学等领域发挥了十分重要的作用。

8.1.1 色谱分离技术的原理

色谱由固定相和流动相两相组成。它是利用被分离混合物中各个组分的理化性质差异，受固定相的作用力(吸附、分配、交换、分子间氢键结合力等)不同，当被分离的混合物通过固定相时，在与流动相和固定相发生相对移动过程中，与两相发生相互作用的能力不同，如果分步收集流出液，可得到样品中所含的各单一组分，从而达到将各组分分离的目的，这个过程就称为色谱分离过程。与固定相相互作用力越弱的组分，随流动相移动时受到的阻滞作用小，向前移动的速率越快。反之，与固定相相互作用越强的组分，向前移动速率越慢。

以吸附柱色谱为例，其将 X 和 Y 两种组分进行色谱分离的过程如图 8-1 所示。

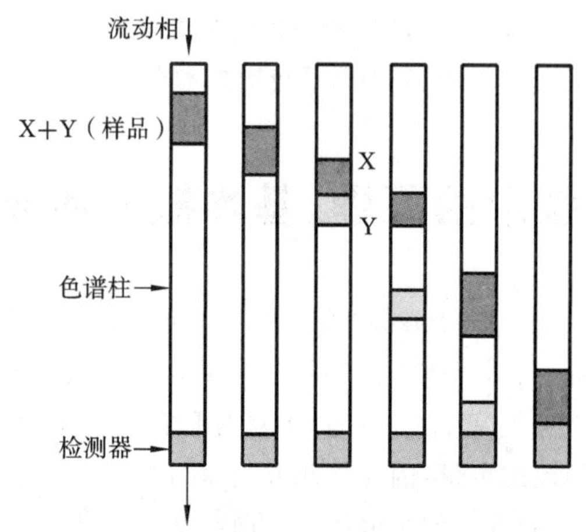

图 8-1　两种化合物色谱分离过程示意图

将含有 X 和 Y 两种组分的样品加到色谱柱的顶端，X、Y 均被吸附到固定相上，然后用适当的流动相洗脱。当流动相流过时，已被吸附在固定相上的两种组分又溶解于流动相中而被解吸，并随着流动相向前迁移。已解吸的组分遇到新的吸附剂颗粒又再次被吸附，如此在色谱柱上重复此过程。若两种物质的理化性质存在微小的差异，则在吸附剂表面的吸附能力也存在微小的差异，经过多次的重复，这种差异逐渐扩大，其结果就是吸附能力弱的 Y 组分先从色谱柱中流出，吸附能力强的 X 组分后流出，从而使两组分得到分离。

8.1.2 色谱分离技术的基本概念

1. 固定相(stationary phase)　固定相是色谱分离过程中的一个固定的介质。它可以是固体物质(如吸附剂、凝胶、离子交换剂等)，也可以是液体物质(如固定在硅胶、纤维素或树脂上的溶液)，这些基质能与待分离的化合物进行可逆的吸附、分配、解吸、交换等作用。它对色谱分离的效果起着关键的作用。

2. 流动相(mobile phase)　在色谱分离过程中，推动固定相上待分离的物质朝着一个方向移动的液体、气体或超临界流体等都称为流动相。柱色谱中一般称流动相为洗脱剂，薄层色谱时称为展层剂。它也是影响色谱分离效果的重要因素之一。

3. 保留时间(retention time)和保留体积(retention volume)　溶质分子通过色谱柱所需要的时间，即待分离物质从进样开始到组分流出浓度最大时所需要的时间，称为该组分的色谱保留时间，用 t_R 表示。待分离物质从进样开始到组分流出浓度最大时所用洗脱液的体积，称为该组分的保留体积，用 v_R 表示。

4. 死时间(dead time)和死体积(dead volume)　不被固定相滞留的组分从进样到出现峰

最大值所需要的时间称为死时间，通常又称流动相的保留时间，用 t_0 表示(图 8-2)。不被保留的组分通过色谱柱、抑制器、管路所消耗的洗脱液的体积，称为死体积，用 v_0 表示，可用死时间乘以实际流速计算。

5. 调整保留时间(adjusted retention time)和调整保留体积(adjusted retention volume) 某种物质扣除死时间后的在色谱柱上的保留时间称为该物质的调整保留时间，用 t'_R 表示；某种物质扣除死体积后的在色谱柱上洗脱所用的洗脱剂的体积称为该物质的调整保留体积，用 v'_R 表示。

6. 容量因子(capacity factor) 容量因子是描述溶质分子在固定相和流动相中分布特征的一个重要参数，表示某一溶质在色谱柱中任意位置达到平衡后，该溶质在固定相中的量与在流动相中的量之比。通常用 k' 表示。与溶质在流动相和固定相中的分配性质、柱温及相比(固定相与流动相体积之比)有关，与柱尺寸及流速无关。

7. 塔板理论(theoretical plate) 对于一个色谱柱来说，可做如下基本假设。

(1)色谱柱的内径和柱内的填料是均匀的，而且色谱柱由若干层组成。每层高度为 H，称为一个理论塔板。塔板一部分为固定相占据，一部分为流动相占据，且各塔板的流动相体积相等。

(2)每个塔板内溶质分子在固定相与流动相之间瞬间达到平衡，且忽略分子纵向扩散。

(3)溶质在各塔板上的分配系数是一个常数，与溶质在塔板的量无关。

(4)流动相通过色谱柱可以看成是脉冲式的间歇过程(即不连续过程)。

(5)溶质一开始加在色谱柱的第 0 个塔板上。

根据以上假设，将连续的色谱过程分解成了间歇的动作，这与多次萃取过程相似，一个理论塔板相当于一个两相平衡的小单元。

在以上假设的基础上，一个色谱柱的分离效率的高低，可以用这个色谱柱的理论塔板数或塔板高度的大小来衡量。其中该色谱柱理论塔板数用 $n=16(t_R/W)^2$ 来计算，这里的 W 为该组分的基线峰宽，t_R 为该组分的保留时间(图 8-2)。该色谱柱的理论塔板高度可以用 $H=L/n$ 来计算。这里的 L 为色谱柱的长度。色谱柱的理论塔板数越大，塔板高度越小，则该色谱柱的分离效率越高。

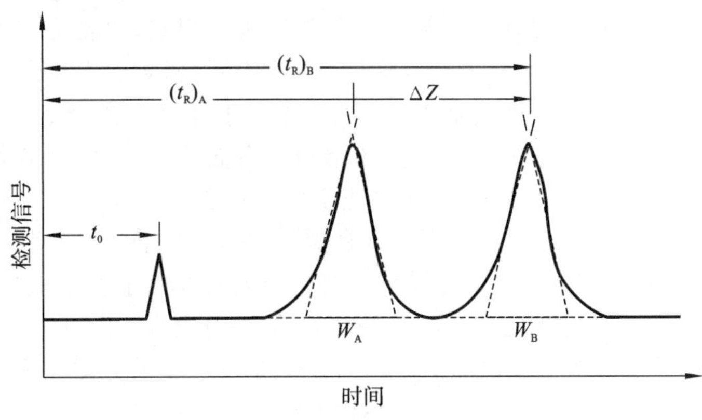

图 8-2 典型色谱图

8. 分配系数(distribution coefficient) 分配系数是指在一定的条件下，某种组分在固定相和流动相中含量(浓度)的比值，常用 K 来表示。分配系数是色谱分离过程中分离纯化物质的主要依据。

$$K = c_s/c_m \tag{8-1}$$

式中，c_s——组分在固定相中的浓度；

c_m——组分在流动相中的浓度。

分配系数主要与下列因素有关：①被分离物质本身的性质；②固定相和流动相的性质；③色谱柱的温度。对于分配系数相近的不同物质，可通过改变色谱条件的方法，增大分配系数之间的差异，达到分离的目的。

9. 迁移率（或比移值）(mobility) 迁移率是指在一定条件下，在相同的时间内某一组分在固定相移动的距离与流动相本身移动的距离之比，常用 R_f 来表示。分离对象 R_f 的大小与该化合物的分配系数 K 密切相关，K 增大，R_f 减小；反之，K 减小，R_f 增大。实验中我们还常用相对迁移率的概念，用 R_x 来表示，是指在一定条件下，在相同时间内，某一组分在固定相中移动的距离与某一标准物质在固定相中移动的距离之比。它可以小于等于 1，也可以大于 1。不同物质的分配系数或迁移率是不同的。分配系数或迁移率的差异程度决定了混合物采用色谱方法能否分离。很显然，差异越大，分离效果越理想。

10. 分辨率（或分离度）(resolution) 及影响因素 分辨率一般定义：相邻两个峰的分开程度，用 R_s 来表示。

$$R_s = \frac{2\Delta Z}{W_A + W_B} = \frac{2[(t_R)_A - (t_R)_B]}{W_A + W_B} \tag{8-2}$$

这里 ΔZ 是峰 A 和 B 两峰顶之间的距离；W_A 和 W_B 分别是 A 和 B 两峰基线的宽度。一般来说，R_s 越大，两种组分分离得越好。当 $R_s=1$ 时，两种组分可以较好地分离，互相沾染约 2%，即每种组分的纯度约为 98%。当 $R_s=1.5$ 时，两种组分基本完全分开，每种组分的纯度可达到 99.8%。在每次色谱分离过程中，相邻两种化合物的 R_s 最小的两种物质称为难分离物质对，只要调整难分离物质对的分离度使其达到分离的要求，其他各种物质均能实现有效的分离。

组分间分离度 R_s 的提高可以通过改变容量因子 k'、分离因子 α 和提高理论塔板数 n 来实现。

(1) 使理论塔板数 n 增大，则 R_s 上升。①增加色谱柱的长度，n 可增大，可提高分离度，但它造成分离的时间延长，洗脱液体积增大，并使洗脱峰加宽，因此不是一种特别好的办法。②减小理论塔板的高度。如减小固定相颗粒的尺寸，并加大流动相的压力。高效液相色谱(HPLC)就是这一理论的实际应用。一般液相色谱的固定相颗粒为 100 μm；而 HPLC 的固定相颗粒为 10 μm 以下，且压力可达 200 kg/cm^2，使 R_s 大大提高，也使分离的效率大大提高。③采用适当的流速，也可使理论塔板的高度降低，增大理论塔板数。太高或太低的流速都是不可取的，对于一个色谱柱，它有一个最佳流速。特别是对于气相色谱，流速影响相当大。

(2) 改变容量因子 k'（固定相与流动相中溶质量的分布比）。一般可增大 k'，但 k' 的数值通常不超过 10，再大对提高 R_s 不明显，反而使洗脱的时间延长，谱带加宽。一般限制在 $1<k'<10$，最佳范围为 1.5～5。我们可以通过改变柱温（一般降低温度），改变流动相的性质及组成（如改变 pH、离子强度、盐浓度、有机溶剂比例等），或改变固定相体积与流动相体积之比（如用细颗粒固定相，填充的紧密与均匀些），提高 k' 值，使分离度增大。

(3) 增大分离因子 α（分离因子，也称选择性因子，是两种组分容量因子 k' 之比），使 R_s 变大。实际上，α 增大，就是使两种组分的分配系数差值增大。同样，我们可以通过改变固定相和流动相的性质、组成，或者改变色谱的温度，使 α 发生改变。应当指出的是，温度对分辨率的影响，是对分离因子与理论塔板高度的综合效应。因为温度升高，理论塔板高度有时会降低，有时会升高，这要根据实际情况去选择。通常，α 的变化对 R_s 影响最明显。

总之，影响分离度或者分离效率的因素是多方面的。我们应当根据实际情况综合考虑，特别是对于生物大分子，我们还必须考虑它的稳定性、活性等问题。如 pH、温度等都会产生较大的影响，这是生化分离绝不能忽视的。否则，我们将无法得到预期的效果。

11. 正相色谱(normal phase chromatography)与反相色谱(reverse-phase chromatography) 正相色谱是指固定相的极性高于流动相的极性,因此,在这种色谱过程中非极性分子或极性小的分子比极性大的分子移动的速率快,先从柱中流出。

反相色谱是指固定相的极性低于流动相的极性,在这种色谱过程中,极性大的分子比极性小的分子移动的速率快而先从柱中流出。

一般来说,分离纯化极性大的分子(带电离子等)采用正相色谱(或正相柱),而分离纯化极性小的有机分子(有机酸、醇、酚等)多采用反相色谱(或反相柱)。

12. 操作容量(或交换容量)(operating capacity) 在一定条件下,某种组分与基质(固定相)反应达到平衡时,存在于基质上的饱和容量,称为操作容量(或交换容量)。它的单位是 mmol(或 mg)/g(基质)或 mmol(或 mg)/mL(基质),数值越大,表明基质对该物质的亲和力越强。应当注意,同一种基质对不同种类分子的操作容量是不相同的,这主要是由于分子大小(空间效应)、带电量、溶剂的性质等多种因素的影响。因此,实际操作时,加入的样品量要尽量少些,特别是生物大分子,更要控制样品的加入量,否则用色谱不能得到有效的分离。

8.1.3 色谱分离技术的分类

根据不同的分类标准,色谱分离技术可分为以下几种类型。

1. 根据固定相基质的形式 根据固定相基质的形式不同,色谱可以分为纸色谱、薄层色谱和柱色谱。纸色谱是指以滤纸作为基质的色谱。薄层色谱是将基质在玻璃或铝箔等光滑表面铺成一薄层,在薄层上进行色谱分离。柱色谱则是指将基质填装在管中形成柱形,在柱中进行分离。纸色谱和薄层色谱主要适用于小分子物质的快速检测分析和少量分离制备,通常为一次性使用。柱色谱是常用的色谱形式,适用于样品的分析、分离。凝胶色谱、离子交换色谱、亲和色谱、气相色谱、高效液相色谱等通常采用柱色谱形式。

2. 根据流动相的形式 根据流动相的形式不同,色谱可以分为液相色谱和气相色谱。气相色谱是指流动相为气体的色谱,而液相色谱是指流动相为液体的色谱。气相色谱测定样品时需要汽化,大大限制了其在生化领域的应用,主要用于石油化工产品、挥发油及氨基酸、单糖、脂肪酸等衍生化后易挥发的小分子物质的分析鉴定。而液相色谱是生物领域最常用的色谱形式,适用于生物样品的分析、分离。

3. 根据分离的原理不同 根据分离的原理不同,色谱可以分为吸附色谱、分配色谱、凝胶过滤色谱、离子交换色谱、亲和色谱等(图 8-3)。

(1)吸附色谱是以吸附剂为固定相,根据待分离物与吸附剂之间吸附力不同而达到分离目的的一种色谱分离技术。

(2)分配色谱是根据在一个有两相同时存在的溶剂系统中,不同物质的分配系数不同而达到分离目的的一种色谱分离技术。

(3)凝胶过滤(排阻)色谱是以具有网状结构的凝胶颗粒作为固定相,根据物质的分子大小进行分离的一种色谱分离技术。

(4)离子交换色谱是以离子交换剂为固定相,根据物质的带电性质不同而进行分离的一种色谱分离技术。

(5)亲和色谱是根据生物大分子和配体之间的特异性亲和力(如酶和抑制剂、抗体和抗原、激素和受体等),将某种配体连接在载体上作为固定相,而对能与配体特异性结合的生物大分子进行分离的一种色谱分离技术。亲和色谱是分离生物大分子最为有效的色谱分离技术,具有很高的分辨率。

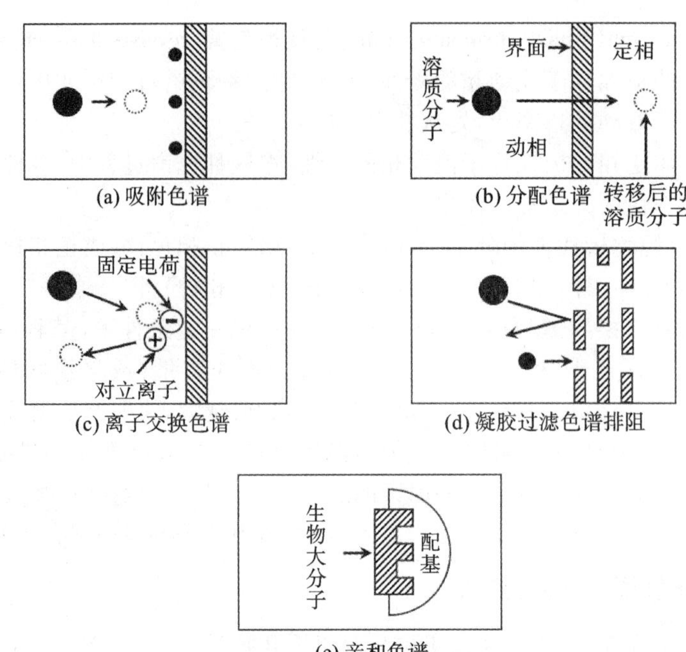

图 8-3　不同类型色谱的分离原理示意图

4. 根据处理量不同　根据分离样品量的不同，以分离纯化为目的色谱可分为分析型色谱、半制备型色谱、生产型色谱。但由于目的物质不同，样品量并不是绝对的分级指标，对于某些基因工程药物而言，毫克级就已达到生产型色谱规模。

8.2　吸附色谱

吸附色谱是指固定相与流动相在相对移动过程中，溶质和溶剂分子在吸附剂表面上的活性位点相互竞争作用的吸附过程。1903 年 Tsweet 用碳酸钙分离色素的实验是液-固色谱利用吸附的机理进行分离的典型例子，过程如图 8-4所示。

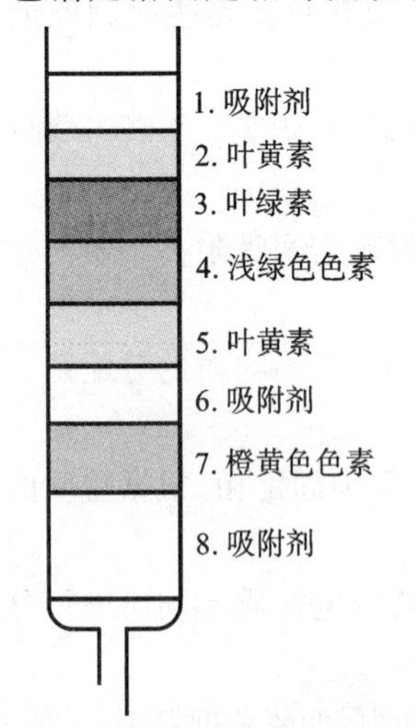

图 8-4　Tswett 分离叶绿素的经典色谱过程

叶绿素通过碳酸钙管柱所形成的色谱图(淋洗液:石油醚)

8.2.1　吸附色谱中常用的固定相

根据吸附剂的特点，吸附色谱中常用的固定相有硅胶、活性炭、氧化铝等，吸附剂的特点和应用详见第 7 章。

8.2.2　吸附色谱固定相的选择

吸附色谱中固定相选择对于成功分离至关重要(表 8-1)。固定相选择的原则主要依据被分离对象的性质、分离的目的和固定相的性质来决定。对于被分离对象，考虑的主要因素如下。

(1)样品的溶解性:一般情况下,水溶性样品如糖类、某些苷类等可以采用活性炭来分离。黄酮类化合物则主要采用聚酰胺来分离,绝大部分的有机物可以采用硅胶和氧化铝作为固定相进行分离。

(2)样品的酸碱性:硅胶略带酸性,适用于微酸性和中性物质的分离,而碱性物质能与硅胶作用,易被吸附,导致分离效果差。反之,氧化铝略带碱性,适用于碱性和中性物质的分离,而酸性物质因与其吸附得较牢而难以得到较好的分离效果。

(3)化合物的极性:化合物的极性取决于分子结构和分子中所含官能团的极性。通常极性大的物质吸附能力也强,应根据化合物极性的不同选择不同的分离介质进行分离,一般来说,饱和碳氢化合物为非极性化合物,一般不被吸附剂吸附;不饱和化合物吸附能力强;分子中基团的极性越大,极性基团数越多,整个分子极性越大。有些化合物若含有很容易被吸附的基团,可能在硅胶或氧化铝上吸附得太牢而得不到分离。例如黄酮(含多个酚羟基)有时就不宜用硅胶和氧化铝,而采用聚酰胺作吸附剂。常见化合物的极性(吸附能力)大小顺序:烷烃<烯烃<醚<硝基化合物<二甲胺<酯<酮<醛<硫醇<胺<酰胺<醇<酚<羧酸。

(4)吸附剂对组分的作用:所选用固定相必须和分离对象不发生化学反应或不对被吸附分离的物质具有破坏作用,如酸性的硅胶固定相不适合分离碱性物质,碱性氧化铝不能用来分离具有酸性的酚类及黄酮类化合物。碱性氧化铝由于能引起醛、酮的缩合,酯和内酯的水解等,不能用于此类化合物的分离。在紫杉醇的分离过程中,碱性氧化铝由于能够造成紫杉醇的降解,同时又能促进7-表-紫杉醇等紫杉烷类物质向紫杉醇转化,所以该介质不能用于紫杉醇的分离时需要探究色谱温度、分离时间、甲醇浓度等色谱参数。

表 8-1 吸附色谱常用固定相的选择及使用方法

吸附剂	装柱方法	洗脱剂	适用范围
氧化铝	一般先准确量取一定体积的溶剂加入柱中,同时将氧化铝慢慢加入,保持边沉降边添加的状态,直至加完,用量一般是样品量的20～50倍	洗脱时,所用溶剂的极性逐步增大,跳跃不能太大	适合分离碱性化合物
硅胶	硅胶一般采用湿法装柱,即将硅胶混悬于装柱溶剂中,不断搅拌待空气泡除去后,连同溶剂一起倾入色谱柱中,最好一次性倾入,否则由于粒度大小不同的硅胶沉降速率不一,硅胶柱将有明显的分段,从而影响分离效果。用量一般是样品量的30～60倍	色谱常用的混合洗脱剂的极性大小顺序:石油醚<苯<苯-乙醚<苯-乙酸乙酯<氯仿-乙醚<氯仿-乙酸乙酯<氯仿-丙酮<氯仿-甲醇<丙酮-水<甲醇-水	适合分离酸性和中性物质,如酚类、醛类、生物碱、氨基酸、甾体类及萜类等
活性炭	因活性炭在水中的吸附力最强,一般在水中装柱,色谱柱内先加入少量蒸馏水,将在蒸馏水中浸泡过一段时间的活性炭倒入柱中,让其自然沉降,装至所需体积	洗脱按极性递减的顺序,在水中或亲水溶剂中形成的吸附作用最强,故水的洗脱能力最强	主要用于分离水溶性成分,如氨基酸、糖类及某些苷类

续表

吸附剂	装柱方法	洗脱剂	适用范围
聚酰胺	方法同活性炭的装柱，但使用的装柱溶剂为90%～95%的乙醇	常用的洗脱剂有10%醋酸、3%氨水、5%氢氧化钠水溶液等。各种溶剂在聚酰胺柱上的洗脱能力由弱至强的顺序：水＜甲醇＜丙酮＜氢氧化钠水溶液＜甲酰胺＜二甲基甲酰胺＜尿素水溶液	适合酚类、黄酮类化合物的分离制备。此外对生物碱、萜类、甾体类、糖类、氨基酸等的分离也有着广泛的用途，特别是对鞣质有很强的吸附性，适合植物粗提取的脱鞣处理

8.2.3 吸附色谱流动相的选择

吸附色谱过程实际上是组分分子与流动相分子竞争占据吸附剂表面活性中心的过程，所以流动相的选择应同时考虑被分离物质的性质、吸附剂的活性及展开剂的极性三个因素。

分离极性较强的组分时，要选用吸附活性较低的吸附剂，以极性较强的流动相洗脱。分离极性较弱的组分时，要选用吸附活性较高的吸附剂，以极性较弱的流动相洗脱。实现被分离对象的较好分离，吸附剂的选择和流动相的选择要结合起来考虑。

常用的单一溶剂流动相的极性由弱到强的顺序：石油醚＜环乙烷＜二硫化碳＜四氯化碳＜三氯乙烷＜苯＜甲苯＜二氯甲烷＜氯仿＜乙醚＜乙酸乙酯＜丙酮＜正丙醇＜乙醇＜甲醇＜吡啶＜酸＜水。以单一溶剂为流动相时，由于溶剂组成简单，因而分离重现性好，但往往难以得到满意的分离效果，所以在实际中常采用二元、三元甚至多元溶剂组分。有时还需加入酸、碱以使某些极性物质的斑点集中，以提高分离度。

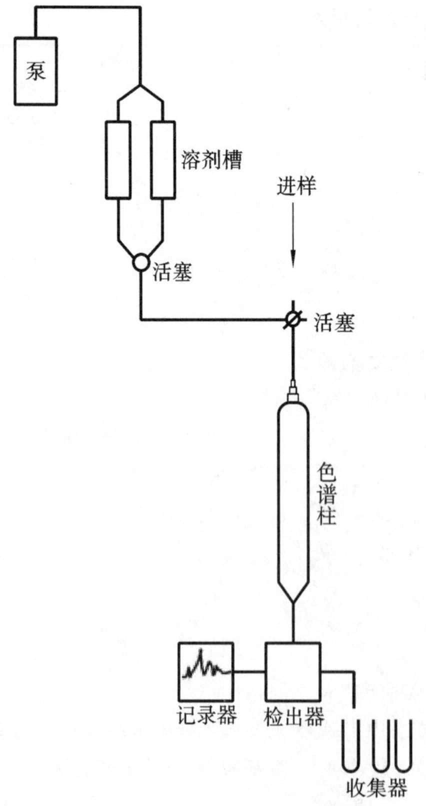

图 8-5 柱色谱的基本装置示意图

8.2.4 吸附色谱操作技术

吸附色谱按其操作方式可分为柱色谱法和薄层色谱法。经典的柱色谱法由于样品容量大，主要用于天然产物的制备分离，而薄层色谱法更适用于分离或分析少量样品。

目前，最常用的色谱类型是柱色谱，经典的柱色谱是将作为固定相的吸附剂（色谱填料）装在一根色谱柱中，从管顶加入流动相。使流动相由上往下流过而使各种成分分离并依次流出色谱柱的过程称为洗脱。在洗脱时，可在柱的下端依次收集洗脱液并进行检查。柱色谱的基本装置示意图如图 8-5 所示。柱色谱的基本操作包括以下步骤。

1. 装柱 装柱质量的好与差，是柱色谱能否成功分离纯化物质的关键步骤之一。一般要求柱子装得要均匀，不能分层，柱子中不能有气泡等，否则要重新装柱。首先选好柱子，根据色谱的填料和分离目的而定。一般柱子的直径与长度之比为1∶(10～50)；同时将柱子洗涤干净，有干法装柱和湿法装柱两种装柱方法。干法装柱，将干燥吸附剂经漏斗均匀地成一细流慢慢装入柱中，不时轻轻敲打色谱柱，使柱填充均匀，有适当的紧密度，然后加入溶剂，使固定相全部润湿。此法简单，缺点是易产生气泡。湿法装柱，将色谱填料用适当的溶剂洗涤干净并真空抽气(吸附剂等与溶液混合在一起)，以除去其内部的气泡。关闭色谱柱出水口，并装入1/3柱高的缓冲液，并将处理好的吸附剂等缓慢地倒入柱中，使其沉降约3 cm高。打开出水口，控制适当的流速，使吸附剂等均匀沉降，并不断加入吸附剂(吸附剂的多少根据分离样品的多少而定)。注意不能干柱、分层，否则必须重新装柱。最后使柱中色谱填料表面平坦并在表面上留有2～3 cm高的缓冲液，同时关闭出水口。

2. 平衡 柱子装好后，要用缓冲液(有一定的pH和离子强度)平衡柱子。用恒流泵在恒定压力下泵入缓冲液过柱(平衡与洗脱时的压力尽可能保持相同)。平衡液体积一般为3～5倍柱床体积，以保证平衡后柱床体积稳定及色谱填料充分平衡。如果需要，可用蓝色葡聚糖2000在恒压下走柱，如色带均匀下降，则说明柱子是均匀的。有时柱子平衡好后，还要进行转型处理。

3. 加样 加样量的多少直接影响分离效果。一般来说，加样量应尽量少，分离效果比较好。通常加样量应少于20%的操作容量，体积应低于5%的柱床体积，对于分析型柱色谱，一般不超过柱床体积的1%。当然，最大加样量必须在具体条件下多次实验后才能确定。应注意的是，加样时应缓慢小心地将样品溶液加到固定相表面，尽量避免冲击色谱填料，以保持色谱填料表面平坦。

4. 洗脱 选定好洗脱液后，洗脱的方式可分为简单洗脱、分步洗脱和梯度洗脱三种。

(1)简单洗脱：柱子始终用同一种溶剂洗脱，直到色谱分离过程结束为止。如果被分离物质对固定相的亲和力差异不大，其区带的洗脱时间间隔(或洗脱体积间隔)也不长，采用这种方法是适宜的。但选择的溶剂必须相当合适方能使各组分的分配系数较大。否则应采用下面的方法。

(2)分步洗脱：这种方法按照递增洗脱能力顺序排列洗脱液，以进行逐级洗脱。它主要适用于对组成简单、各组分性质差异较大或需快速分离的混合物的分离。每次用一种洗脱液将其中一种组分快速洗脱下来。

(3)梯度洗脱：当混合物中组分复杂且性质差异较小时，一般采用梯度洗脱。它的洗脱能力是逐步连续增加的，梯度可以指浓度梯度、极性梯度、离子强度梯度或pH梯度等。最常用的是浓度梯度，在水溶液中，亦即离子强度梯度。洗脱条件的选择，也是影响色谱效果的重要因素。当对所分离的混合物的性质了解较少时，一般先采用线性梯度洗脱的方式去尝试，但梯度的斜率要小一些，尽管洗脱时间较长，但对性质相近的组分分离更为有利。同时还应注意洗脱时的速率，因为流速的快慢将影响理论塔板高度，从而影响分辨率。事实上，速率太快，各组分在固液两相中平衡时间短，相互分不开，仍以混合组分流出。速率太慢，将增大物质的扩散，同样达不到理想的分离效果。只有多次实验才会得到合适的流速。总之，必须经过反复的实验与调整(可以用正交实验或优选法)，才能得到最佳的洗脱条件。还应强调的一点是，在整个洗脱过程中，千万不能干柱，否则分离纯化将会前功尽弃。

5. 收集、鉴定及保存 由于检测系统的分辨率有限，洗脱峰不一定能代表一个纯净的组分。因此，每管的收集量不能太多，一般1～5 mL。如果分离的物质性质很相近，每管的收集量可低至0.5 mL，这视具体情况而定。在合并一个峰的各管溶液之前，还要进行鉴定。

6. 色谱填料的再生 许多色谱填料(吸附剂、交换树脂或凝胶等)价格昂贵,可以反复多次使用,所以色谱分离后要回收处理,以备再用,严禁乱倒乱扔。这也是一个科研工作者的科学作风问题。各种色谱填料的再生方法可参阅具体色谱实验及有关文献。

8.3 薄层色谱

薄层色谱是一种简便、快速、用于微量物质分析与制备的色谱方法。一般将色谱用的超细吸附剂涂布到平面如玻璃片或铝箔上,形成固定相,在一个以展开剂饱和的密闭容器内,展开剂依靠固定相的毛细作用和固定相做相对移动,使物质发生分离,这种方法称为薄层色谱,薄层色谱的分离原理与柱色谱基本相似。

薄层色谱用的吸附剂与其选择原则和柱色谱相同,主要区别在于薄层色谱要求吸附剂(支持剂)的粒度更细,一般应小于 10 μm,并要求粒度均匀。用于薄层色谱的吸附剂或预制薄层一般活度不宜过高,以Ⅱ～Ⅲ级为宜。而展开距离则随薄层的粒度粗细而定,薄层粒度越细,展开距离相应缩短,一般不超过 10 cm,否则可引起色谱扩散影响分离效果。当吸附剂活度为一定值时(如Ⅱ或Ⅲ级),对于多组分的样品而言,能否获得满意的分离,取决于展开剂的选择。中草药化学成分在脂溶性成分中,大致可按其极性不同而分为非极性、中极性与强极性。但在实际工作中,经常需要利用溶剂的极性大小,对展开剂的极性予以调整。

8.3.1 荧光薄层色谱

有些化合物本身无色,在紫外灯下也不显荧光,又无适当的显色剂时,则可在吸附剂中加入荧光物质制成荧光薄层进行分离。展层后置于紫外灯下照射,薄层板本身显荧光,而样品斑点处不显荧光,即可检出样品的色谱位置。常用的荧光物质多为无机物。一种是在 254 nm 紫外光激发下显出荧光的,如锰激活的硅酸锌。另一种为在 365 nm 紫外光激发下发出荧光的,如银激化的硫化锌或硫化锆。

8.3.2 络合薄层色谱

常用的有硝酸银薄层,用来分离碳原子数相等而其中碳碳双键数目不等的一系列化合物,如不饱和醇、酸等。其主要机理是由于碳碳双键能与硝酸银形成络合物,而碳碳单键则不与硝酸银络合。因此在硝酸银薄层上,化合物由于饱和程度不同而获得分离。分离时饱和化合物由于吸附最弱而 R_f 最大,含一个双键的化合物比含两个双键的化合物 R_f 值大,含一个三键的化合物比含一个双键的化合物 R_f 值大。此外,在含一个双键的化合物中,顺式结构与硝酸银络合较反式结构易于进行。因此,其还可以用于分离顺反异构体。

8.3.3 酸碱薄层或 pH 缓冲薄层色谱

为了改变吸附剂原来的酸碱性,可在铺制薄层时采用稀酸或稀碱代替水调制薄层。例如硅胶带微酸性,有时对碱性物质如生物碱的分离效果不好,如不能展开或拖尾,则可在铺制薄层时,用 0.1～0.5 mol/L 的稀 NaOH 溶液制成碱性硅胶薄层。薄层色谱在天然产物中常用于植物成分的定性鉴定或分离化合物的纯度检验。比如了解分离化合物的真伪,了解混合物中化合物的种数,有效(或主要)成分的鉴定等。鉴别单一化合物的真伪,可采用标准品对照法,将化合物和标准品分别点在同一块薄层板上,用选定溶剂展开后,观察二者在薄层上的

R_f。若用三种不同展开溶剂进行分离，两者 R_f 都相等，初步推测化合物和标准品为同一物质。鉴别单一化合物纯度时，采用三种不同溶剂进行展开，在三块薄层上，都只出现单一斑点者，可以推测该化合物纯度较高；再用样品浓度递增方式点在薄层上，分离后浓度大的样品，也只呈现一个斑点，则进一步说明其纯度高。鉴定中药主要成分时，将中药提取物制成样品溶液点在薄层上，同时随行该中药主要成分单体对照品，色谱分离后在样品液中呈现与单体对照品 R_f 一致、显色相同的斑点，则可以认为该中药含此主要成分。另外，采用特异性显色剂对展开完成的薄层板进行显色不仅可以确定植物中可能存在的化合物的种类，也可以用于判断 R_f 相同的化合物是否和标准化合物相同。

薄层色谱也可以用于中药主要成分的含量测定，可采用直接定量法和洗脱定量法。前者将薄层上已分离的斑点直接在薄层上用分光光度法测定；后者将分离的斑点从薄层上用适当溶剂洗脱，再用一定方法测定含量。不论是直接测定或洗脱测定，如用显色剂定位，显色剂的存在都以不干扰含量测定为原则。所以定量分析时，显色剂的应用有一定限制。

8.3.4 薄层色谱的应用

在生物组成成分的研究中，薄层色谱主要应用于化学成分的预试验、鉴定，少量化合物的制备分离及柱色谱分离条件的探索。

1. 化学成分的预试验 薄层色谱进行生物组成成分预试验时，可依据各类成分性质及熟知的条件，有针对性地进行。由于在薄层上展开后，可将一些杂质分离，选择性高，可使预试验结果更为可靠。

2. 生物组成成分的鉴定 以薄层色谱进行生物组成成分鉴定，最好要有标准品进行共薄层色谱。如用数种溶剂展开后，标准品和鉴定品的 R_f、斑点形状颜色都完全相同，则可初步得到结论是同一化合物。但一般需进行化学反应或用红外光谱仪等分析手段加以核对。

3. 柱色谱分离条件的探索 用薄层色谱探索柱色谱分离条件，是实验室的常规方法。

在进行柱色谱分离时，首先考虑选用何种吸附剂与洗脱剂。在洗脱过程中各个成分将按何种顺序被洗脱，每种洗脱剂是否为单一成分或混合体，均可由薄层的分离得到判断与检验。通过薄层的预分离，还可以了解多组分样品的组成与相对含量。如在薄层色谱上摸索到比较满意的分离条件，即可将此条件用于柱色谱。但亦可以将薄层分离条件经适当改变，转至一般柱色谱所采用洗脱的方式进行柱色谱分离。

利用薄层的预分离寻找柱色谱的洗脱条件时，假定是在薄层上所测得的 R_f（样品在柱层中的相对迁移率）。这是由于在薄层展开时，薄层固定相中所含的溶剂经过不断的蒸发，而使薄层上各点位置所含的溶剂量不相等，靠近起始线的含量高于薄层的前沿部分。但若严格控制色谱操作条件，则可得到接近真实的 R_f。

用薄层色谱进行某一组分的分离，当 $0.15<R_f<0.35$ 时，可达到分离目的。如图 8-6(a)、(b)，斑点 C、D 所代表的化合物，在相同的溶剂系统条件下，经柱色谱能得到较好的分离效果，而斑点 A、B 所代表的化合物得不到理想的分离效果。

在实际应用过程中初次选取的薄层展开条件不一定符合实验要求，如图 8-6(c)所示，只有 D 满足 $0.15<R_f<0.35$，因而能得到理想的分离。

此时需要调整薄层展开系统的极性，以吸附色谱为例，降低溶剂系统的极性再进行薄层展开，可得到图 8-6(d)的效果。可见 A、B 的 R_f 范围已被调整为 0.15～0.35，但 C、D 的 R_f 过小。以此时的溶剂系统进行柱色谱可以将 A、B 较好地分离，但 C、D 柱色谱的分离时间大大延长，

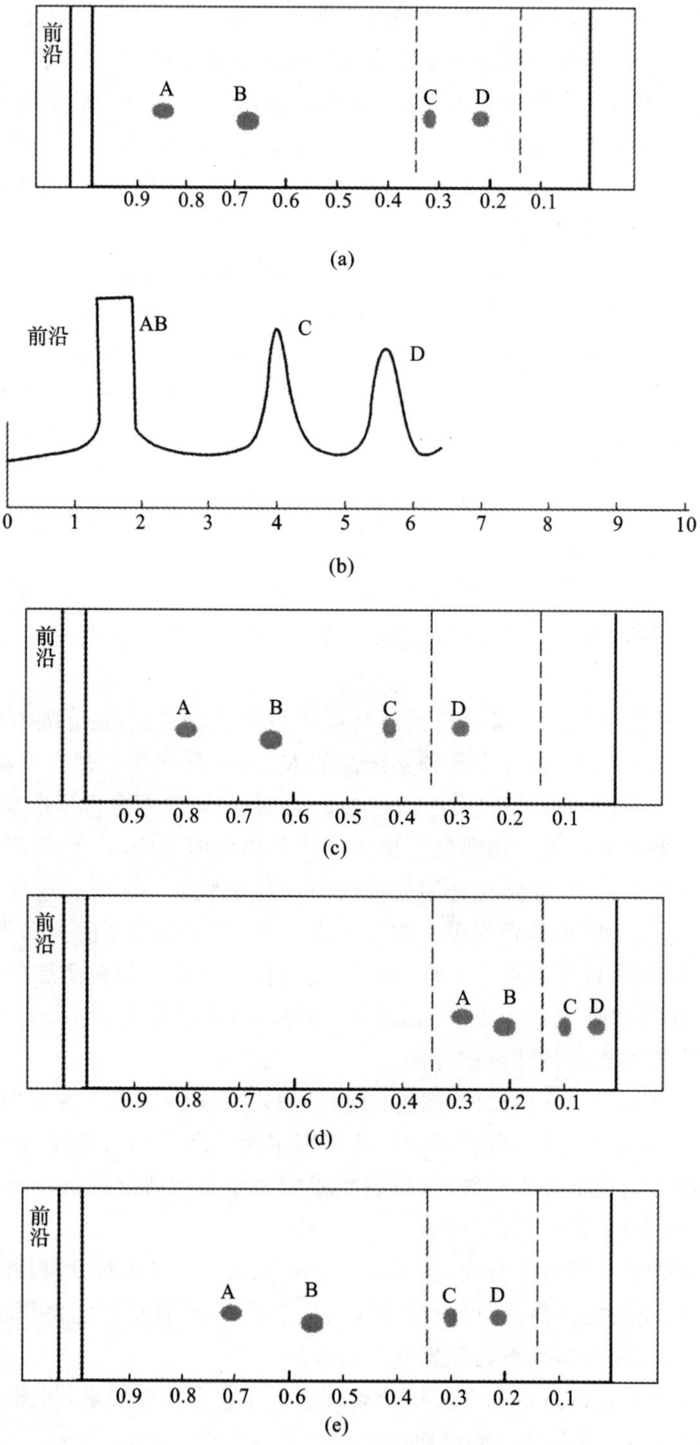

(a)

(b)

(c)

(d)

(e)

图 8-6 A、B、C、D 四种化合物的薄层色谱图

溶剂消耗量大,也不符合最佳实验的要求,适时检测分离得到的流出液,在 A、B 得到分离后,继续调整展开剂的溶剂系统极性,以便更好地分离 C、D。

选取合适的溶剂比例,合理地增强展开剂的极性,最终得到理想的分离条件,如图 8-6(e)所示。

当 A、B 在流出液中得到富集后,调整此时的溶剂系统进行柱色谱,可以较好地分离 C、D。

此外,薄层色谱法亦应用于中草药品种、药材及其制剂真伪的检查、质量控制和资源调查,对控制化学反应的进程,反应副产品产物的检查,中间体分析,化学药品及制剂杂质的检查,临床和生化检验以及毒物分析等都是有效的手段。

8.4 分配色谱

分配色谱是基于混合物各组分在固定相与流动相之间的分配系数不同而分离的一种色谱分离技术。经典的分配色谱最早见于 1941 年 Martin 和 Synge 采用的含水硅胶分离氨基酸的实验,将含有一定水的硅胶均匀填装于玻璃柱内,在色谱柱顶端添加氨基酸混合溶液,以氯仿为流动相洗脱,将几种不同的氨基酸进行分离,此实验以硅胶中所含水为固定相,各种氨基酸因在两相中的分配系数不同而产生差速迁移,从而得到分离。

8.4.1 分配色谱的基本原理

当一种溶质分布在两种互不相溶的溶剂中时,它在固定相和流动相两相内的浓度之比是一个常数,称为分配系数。分配色谱分离各种不同化合物的原理是基于结构不同的化合物在两相中分配系数的差异。

在分配色谱中,一般用一种液体或多孔物质牢固吸附和化学键结合的一种液膜作为固定相,此液膜始终固定于多孔物质上。不同组分在流动相与固定相之间的分配系数不同,在色谱过程中迁移速率也各异,分配系数小的溶质在流动相中分配数量多,移动快;分配系数大的溶质在固定相中分配数量多,移动慢,因此可彼此分开(图 8-7)。

8.4.2 分配色谱的分类和特点

按照支持物的不同,分配色谱可分为纸色谱、硅胶分配色谱等。

按照流动相的状态,分配色谱可分为液-液分配色谱、气-液分配色谱等。

按照支持物的装填方式不同,分配色谱可分为柱色谱、薄层色谱等。

1. 纸色谱(paper chromatography) 纸色谱是以滤纸为支持物的分配色谱。滤纸纤维与水有较强的亲和力,能吸收 22%左右的水,其中 6%～7%的水以氢键形式与纤维素的羟基结合。由于滤纸纤维与有机溶剂的亲和力很弱,故在分离时,以滤纸纤维及其结合的水为固定相,以有机溶剂为流动相。

纸色谱对混合物进行分离时,发生两种作用:第一种是溶质在结合于滤纸纤维上的水与流过滤纸的有机相中因不同的分配系数进行分离(即液-液分离);第二种是滤纸纤维对溶质的吸附及溶质溶解于流动相中因不同分配系数进行分离(即固-液分离)。因此混合物的彼此分离是这两种作用共同作用的结果。

在实际操作中,点样后的滤纸一端浸没于流动相液面之下,由于毛细管作用,有机相(即流动相)开始从滤纸的一端向另一端渗透扩展。当有机相沿滤纸经点样处时,样品中的溶质就按

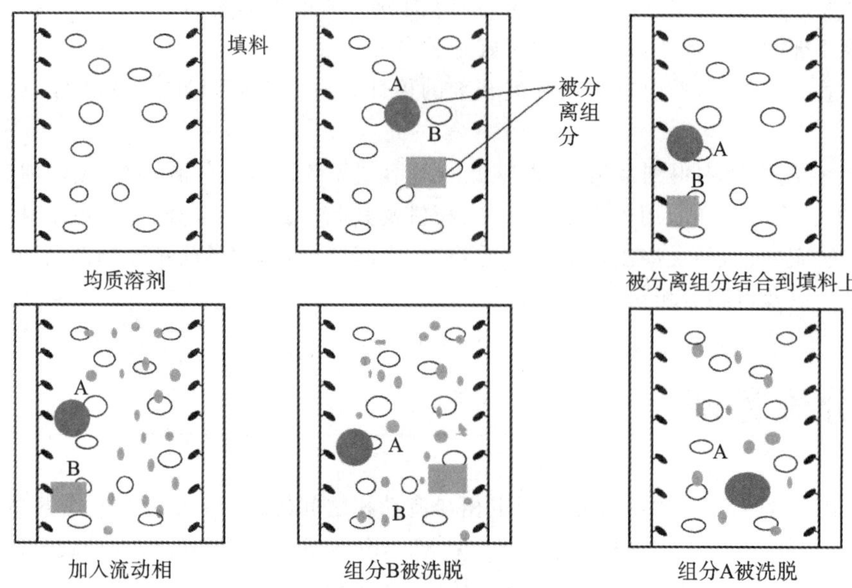

图 8-7　分配色谱对组分 A、B 的分离示意图

各自的分配系数在有机相与附着于滤纸上的水相之间进行分配。一部分溶质离开原点随着有机相移动，进入无溶质区，此时又重新进行分配；一部分溶质从有机相进入水相，在有机相不断流动的情况下，溶质就不断地进行分配，沿着有机相流动的方向移动。因样品中不同的溶质组分有不同的分配系数，移动速率也不一样，从而使样品中各组分得到分离和纯化。

可以用相对迁移率（R_f）来表示一种物质的迁移：R_f＝组分移动的距离/溶剂前沿移动的距离＝原点至组分斑点中心的距离/原点至溶剂前沿的距离

在滤纸、溶剂、温度等各项实验条件恒定的情况下，各物质的 R_f 是不变的，它不随溶剂移动距离的改变而变化。

R_f 与分配系数 K 的关系：$R_f=1/(1+\alpha K)$。

α 是由滤纸性质决定的一个常数。由此可见，K 越大，溶质分配于固定相的趋势越大，而 R_f 越小；反之，K 越小，则分配于流动相的趋势越大，R_f 越大。R_f 是定性分析的重要指标。

在样品所含溶质较多或某些组分在单相纸色谱中的 R_f 比较接近，不易明显分离时，可采用双向纸色谱法。该法是将滤纸在某一特殊的溶剂系统中按一个方向展层以后，即予以干燥，再旋转 90°，在另一溶剂系统中进行展层，待溶剂到达所要求的距离后，取出滤纸，干燥显色，从而获得双向色谱。应用这种方法，如果溶质在第一种溶剂中不能完全分开，而经过第二种溶剂的色谱能得以完全分开，大大提高了分离效果。纸色谱还可以与区带电泳法结合，能获得更有效的分离方法，这种方法称为指纹谱法。

在应用纸色谱过程中特别需要注意的是，点好样的滤纸放入色谱缸中，先不要浸入展开剂，使滤纸及色谱缸中空气被溶剂蒸气饱和后，再将滤纸浸入展开剂开始展开。

2. 反相色谱技术（reverse-phase chromatography）　通常把固定相极性大于流动相极性，化合物流出色谱柱的极性顺序是从小到大的色谱过程称为正相色谱，这种色谱通常是吸附色谱。将固定相极性小于流动相极性，化合物流出色谱柱的极性顺序是从大到小的色谱过程称为反相色谱，这种色谱通常为分配色谱。在反相色谱中所采用的固定相一般以硅胶为色谱填料、键合 C_{18} 等烷烃的非极性物质；流动相多为甲醇、乙腈、水等。在反相色谱中，当不同的待分离组分吸附到固定相之后，通过改变流动相的极性来改变待分离组分与固定相之间的作用，达到解吸和洗脱的目的。由于不同的待分离组分与固定相的作用强度不同，因此在梯度洗脱时可相互分离。

反相色谱的填料多是以微粒多孔硅胶为色谱填料制备的键合相载体，较为常用的是带有十八烷基主链的硅胶填料，一般称为 ODS 硅胶，由于其疏水性强，在分离制备酶或其他活性蛋白质时，常常导致蛋白质的不可逆吸附和活性丧失，因此蛋白质的分离通常用疏水作用色谱或 C_{18} 填料。除 C_{18} 硅烷化填料外，目前已经商品化的反相填料还有 C_4、C_8、苯基、氨基、氰基等反相填料。

反相色谱多应用在高效、快速的实验室分析或小量纯化方面，特别是多肽及抗生素的纯化分离等。

3. 液滴逆流色谱(droplet countercurrent chromatography, DCCC) 液滴逆流色谱技术是当今世界分离科学技术的一个新颖的分支，是 20 世纪 70 年代逐步发展起来的基于液-液分配原理在两相互不相溶的液体之间进行物质连续分离的新型分配色谱分离技术。

(1)基本原理：多个首尾相连的分配萃取管中填充固定相液，而使流动相形成液滴通过此固定相液，在细的分配萃取管中与固定相液有效地接触，不断形成新的表面，从而促进待分离混合物各组分在两相溶剂之间的分配。其分离效果比较好，且不会产生乳化现象，用氮气压驱动流动相，被分离物质不会因遇到氧气而氧化。

液滴逆流色谱根据流动相流动方向的不同可以分为上升法和下降法，其装置如图 8-8 所示。

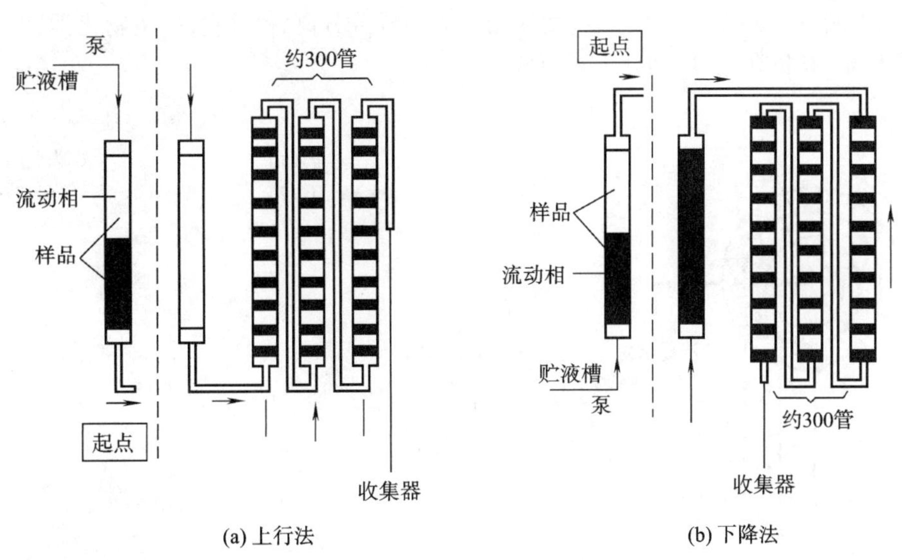

图 8-8 300 根内径为 1000 mm 柱构成的液滴逆流系统

(2)特点。

①液滴逆流色谱不用固态支撑物，完全排除了支撑物对样品组分的吸附、沾染、变性、失活等不良影响。所以，能避免不可逆吸附所造成的溶质色谱峰拖尾现象，能实现很高的收率。例如，对于黄酮等易被填料吸附的物质的分离与制备具有明显的优势。

②液滴逆流色谱的分离是在旋转中完成的，两相溶剂都被剧烈振荡的离心力场因其界面特征甩成极微小的颗粒，样品各组分会在两相微粒的极大表面上分配，并且能在颗粒振荡与对

流的环境中进行有效的传递。所以它就像是将通常的溶剂萃取过程分成成千上万次，高效、自动、连续地予以完成。

③没有填料在柱内的占空体积，液滴逆流色谱的分离柱容易做得容积大些，柱内空间全部是有效空间。所以，它的样品负载能力很强，制备量较大，而且重复性很好。

④液滴逆流色谱不用填料，分离过程不是淋洗或洗脱过程，而是对流穿透过程。所以，能节省昂贵的材料和溶剂消耗，运行使用的后续投入较低。液滴逆流色谱的分离效率不如气相色谱和高效液相色谱等技术，不适合用于组成复杂的混合物的全谱分离分析。而它对于样品预处理条件的放大，以及收率高、制备量大的优点，使其作为特定部位和特定组分的分离纯化与制备则是十分可取的。

近年来液滴逆流色谱广泛用于分离纯化皂苷、生物碱、有机酸、蛋白质、多肽、糖类等，其最主要的优点是没有固体吸附剂，不存在被分离物质的不可逆吸附，因此对分离微量且生物活性很强的化合物，尤其是极性化合物特别有意义。

4. 高速逆流色谱（high speed countercurrent chromatography，HSCCC） 高速逆流色谱是美国国立卫生研究院 Ito 博士于 1982 年研制开发的一种新型、连续高效的液-液分配色谱技术。它不用任何固态的支撑物或载体，利用两相溶剂体系在高速旋转的螺旋管内建立起一种特殊的单向性流体动力学平衡，其中一相作为固定相，另一相作为流动相，在连续洗脱的过程中能保留大量固定相。通过公转、自转（同步行星式运动）产生的二维力场，保留两相中的其中一相作为固定相，见图 8-9。通过高速旋转提高两相溶剂的萃取频率，以转速 1000 r/min 旋转时可达到频率为 17 次/秒的萃取过程，如图 8-10 所示。HSCCC 具有样品无损失、无污染、高效、快速和大制备量分离等优点，被广泛应用于中药成分分离、保健食品、生物化学、生物工程、天然产物化学、有机合成、环境分析等领域。

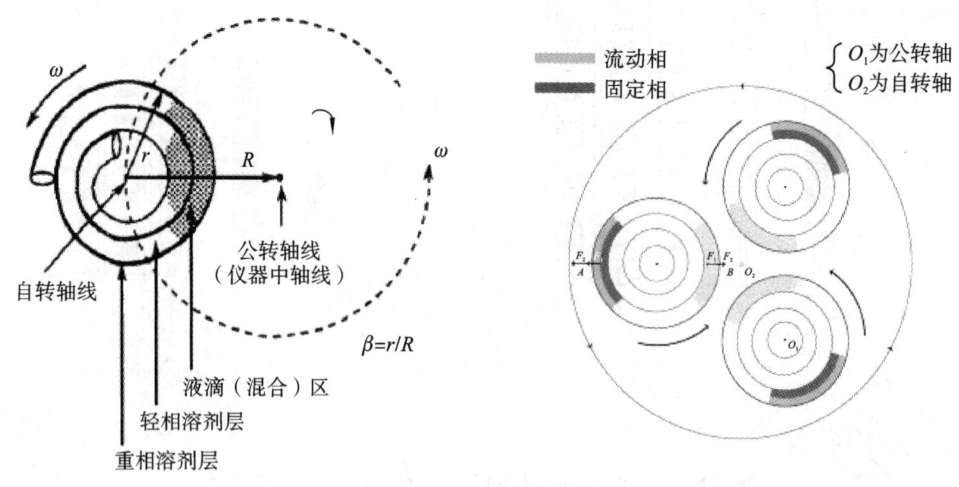

图 8-9　高速逆流色谱原理图

F_1 为公转轴时产生的离心力

F_2 为自转轴时产生的离心力

A、F_1 与 F_2 方向一致，固定相、流动相分层

B、F_1 与 F_2 方向相反，固定相、流动相混合

以 1000 r/min 的速率进行旋转，在二维力场的作用下分离管柱内每小时可实现上万级的萃取过程，从而产生高效的分离

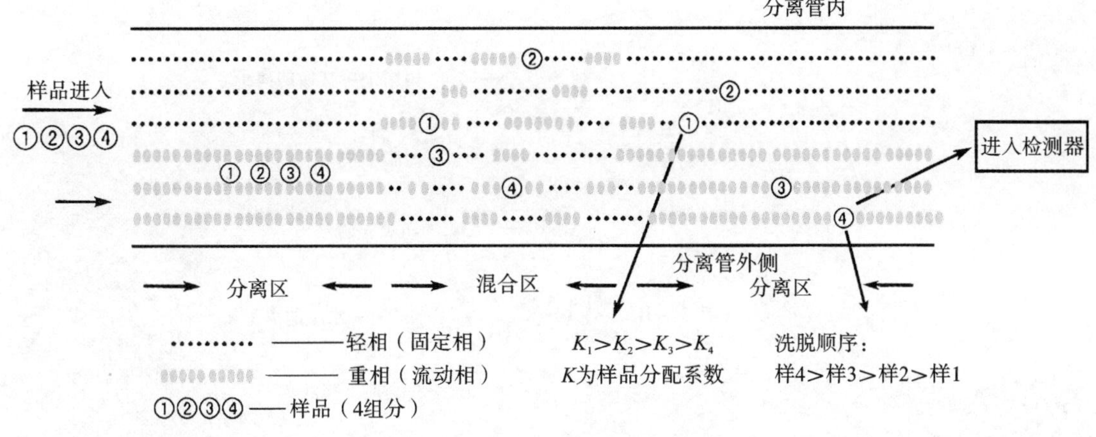

图 8-10　高速逆流色谱样品分离过程

经过 40 多年的发展与完善，逆流色谱(CCC)作为一种高效的制备或半制备分离技术已广泛用于分离复杂样品，如天然产物、生物蛋白、纳米粒子等。至今，已经建立了快速分析型 CCC，半制备型 CCC，大分子蛋白质分离用的 CCC，以及 pH 区带制备型 CCC。众多的应用实例表明，CCC 凭借其独特的优势，已成为现代分离技术不可缺少的手段之一。

8.5　离子交换色谱

离子交换色谱(ion exchange chromatography，IEC)是以离子交换剂为固定相，依据流动相中的组分离子与离子交换剂上的平衡离子进行可逆交换时的结合力大小的差别而进行分离的一种色谱分离技术。早在古希腊时期，人们就用特定的黏土(主要是沸石)纯化海水，算是比较早的离子交换法。1848 年，Thompson 等人在研究土壤碱性物质交换过程中发现离子交换现象。20 世纪 40 年代，出现了具有稳定交换特性的聚苯乙烯离子交换树脂，如今，离子交换树脂已有 2000 余种，离子交换技术在化工、食品、医药卫生、生物、原子能工业、分析化学和环境保护等领域的应用越来越广泛。目前离子交换色谱是生化领域中常用的一种色谱分离技术，广泛应用于各种生化物质如氨基酸、蛋白质、糖类、核苷酸等的分离纯化。

8.5.1　离子交换色谱的基本原理

离子交换色谱是依据各种离子或离子化合物与离子交换剂的结合力不同而进行分离纯化的。离子交换色谱的固定相是离子交换剂，它是由一类不溶于水的惰性高分子聚合物色谱填料通过一定的化学反应共价结合上某种电荷基团形成的。

离子交换剂可以分为三部分：高分子聚合物色谱填料、电荷基团和平衡离子。电荷基团与高分子聚合物共价结合，形成一个带电的可进行离子交换的基团。平衡离子是结合于电荷基团上的相反离子，它能与溶液中其他的离子基团发生可逆交换反应。平衡离子带正电的离子交换剂能与带正电的离子基团发生交换作用，称为阳离子交换剂，如图 8-11 所示；平衡离子带负电的离子交换剂与带负电的离子基团发生交换作用，称为阴离子交换剂。

$$R-X^-Y^+ \xrightarrow{A^+} R-X^-A^+ + Y^+$$

$$R-X^+Y^- \xrightarrow{A^-} R-X^+A^- + Y^-$$

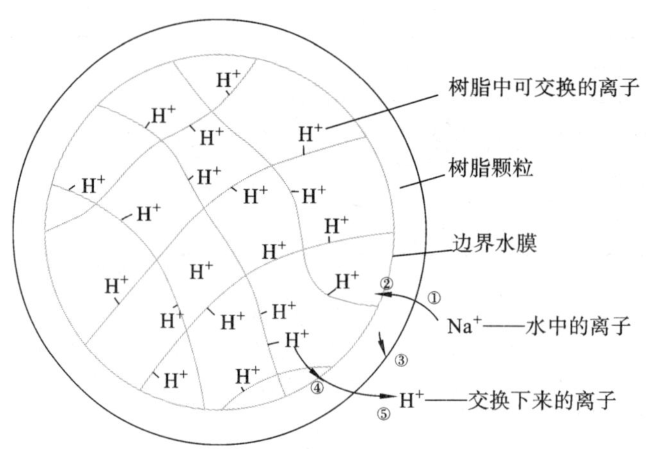

图 8-11　阳离子交换树脂示意图

其中 R 代表离子交换剂的高分子聚合物色谱填料，X^- 和 X^+ 分别代表阳离子交换剂和阴离子交换剂中与高分子聚合物共价结合的电荷基团；Y^+ 和 Y^- 分别代表阳离子交换剂和阴离子交换剂的平衡离子；A^+ 和 A^- 分别代表溶液中的离子基团。

从上面的反应式中可以看出，如果 A 离子与离子交换剂的结合力强于 Y 离子，或者提高 A 离子的浓度，或者通过改变其他条件，可以使 A 离子将 Y 离子从离子交换剂上置换出来。也就是说，在一定条件下，溶液中的某种离子基团可以把平衡离子置换出来，并通过电荷基团结合到固定相上，而平衡离子则进入流动相，这就是离子交换色谱的基本置换反应。通过在不同条件下的多次置换反应，就可以对溶液中不同的离子基团进行分离。下面以阴离子交换剂为例简单介绍离子交换色谱的基本分离过程。

阴离子交换剂的电荷基团带正电，装柱平衡后，与缓冲溶液中的带负电的平衡离子结合。待分离溶液中可能有正电基团、负电基团和中性基团。加样后，负电基团可以与平衡离子进行可逆的置换反应，而结合到离子交换剂上。而正电基团和中性基团则不能与离子交换剂结合，随流动相流出而被去除。通过选择合适的洗脱方式和洗脱液，如增加离子强度的梯度洗脱。随着洗脱液离子强度的增加，洗脱液中的离子可以逐步与结合在离子交换剂上的各种负电基团进行交换，而将各种负电基团置换出来，随洗脱液流出。与离子交换剂结合力小的负电基团先被置换出来，而与离子交换剂结合力强的需要较高的离子强度才能被置换出来，这样各种负电基团就会按其与离子交换剂结合力从小到大的顺序逐步被洗脱下来，从而达到分离目的。

各种离子与离子交换剂上的电荷基团的结合是由静电力产生的，是一个可逆的过程。结合的强度与很多因素有关，包括离子交换剂的性质、离子本身的性质、离子强度、pH、温度、溶剂组成等。离子交换色谱就是利用各种离子本身与离子交换剂结合力的差异，并通过改变离子强度、pH 等条件改变各种离子与离子交换剂的结合力而达到分离的目的。离子交换剂的电荷基团对不同的离子有不同的结合力。一般来讲，离子化合价越高，结合力越大；离子化合价相同时，原子序数越大，结合力越大。

如阳离子交换剂对离子的结合力由小到大的顺序：$Li^+ < Na^+ < K^+ < Rb^+ < Cs^+$；$Na^+ < Ca^{2+} < Al^{3+} < Ti^{4+}$。

蛋白质等生物大分子通常呈两性，它们与离子交换剂的结合与它们的性质及 pH 有较大关系。以阳离子交换剂分离蛋白质为例，在一定的 pH 条件下，等电点 pI<pH 的蛋白质带负

电,不能与阳离子交换剂结合;pI>pH 的蛋白质带正电,能与阳离子交换剂结合,一般 pI 越高的蛋白质与离子交换剂结合力越强。但由于生物样品的复杂性以及其他因素影响,一般生物大分子与离子交换剂的结合情况较难估计,往往要通过实验进行摸索。

8.5.2 离子交换剂的选择

1. 离子交换剂的种类及性质 离子交换剂的种类和性质详见第 7 章。

2. 离子交换剂的处理和保存 离子交换剂使用前一般要进行处理。干粉状的离子交换剂首先要进行膨化,将干粉状的离子交换剂在水中充分溶胀,以使离子交换剂颗粒的孔隙增大,使具有交换活性的电荷基团充分暴露出来。而后用水悬浮去除杂质和细小颗粒。再用酸碱分别浸泡,每一种试剂处理后要用水洗至中性,再用另一种试剂处理,最后用水洗至中性,这是为了进一步去除杂质,并使离子交换剂带上需要的平衡离子。市售的离子交换剂中通常阳离子交换剂为 Na 型(即平衡离子是 Na^{+}),阴离子交换剂为 Cl 型,因为这样比较稳定。处理时一般阳离子交换剂最后用碱处理,阴离子交换剂最后用酸处理。常用的酸是 HCl,碱是 NaOH 或再加一定的 NaCl,这样处理后阳离子交换剂为 Na 型,阴离子交换剂为 Cl 型。使用的酸碱浓度一般小于 0.5 mol/L,浸泡时间一般为 30 min。处理时应注意酸碱浓度不宜过高、处理时间不宜过长、温度不宜过高,以免离子交换剂被破坏。另外要注意的是,离子交换剂使用前要排除气泡,否则会影响分离效果。

离子交换剂的再生是指对使用过的离子交换剂进行处理,使其恢复原来性状的过程。前面介绍的酸碱交替浸泡的处理方法就可以使离子交换剂再生。离子交换剂的转型是指离子交换剂由一种平衡离子转为另一种平衡离子的过程。如对阴离子交换剂用 HCl 处理可将其转为 Cl 型,用 NaOH 处理可转为 OH 型,用甲酸钠处理可转为甲酸型等。对离子交换剂的处理、再生和转型的目的是一致的,都是为了使离子交换剂带上所需的平衡离子。

进行离子交换色谱分离前要注意使离子交换剂带上合适的平衡离子,使平衡离子能与样品中的组分离子进行有效的交换。如果平衡离子与离子交换剂结合力过强,会造成组分离子难以与交换剂结合而使交换容量降低。另外还要保证平衡离子不对样品组分有明显影响。因为在分离过程中,平衡离子被置换到流动相中,它不应对样品组分有污染或破坏。如在制备过程中用到的离子交换剂的平衡离子通常是 H^{+} 或 OH^{-},因为其他离子都会对纯水有污染。但是在分离蛋白质时,一般不能使用 H 型或 OH 型离子交换剂,因为分离过程中 H^{+} 或 OH^{-} 被置换出来都会改变色谱柱内的 pH,影响分离效果,甚至引起蛋白质变性。

离子交换剂保存时应首先洗净去除蛋白质等杂质,并加入适当的防腐剂,一般加入 0.02 % 的叠氮钠,于 4 ℃下保存。

3. 离子交换剂的选择 离子交换剂的种类很多,选择合适的离子交换剂是离子交换色谱取得较好分离效果的前提。

首先是离子交换剂电荷基团的选择。选择阳离子交换剂还是阴离子交换剂,取决于被分离的物质在其稳定的 pH 下所带的电荷,如果带正电荷,则选择阳离子交换剂;如果带负电荷,则选择阴离子交换剂。例如,待分离的蛋白质的等电点为 4,稳定的 pH 范围为 6~9,由于这时蛋白质带负电,故应选择阴离子交换剂进行分离。强酸或强碱性离子交换剂适用的 pH 范围广,常用于分离一些小分子物质或在极端 pH 条件下的分离。一般分离蛋白质等大分子物质常用不易使蛋白质失活的弱酸或弱碱性离子交换剂。

其次是离子交换剂色谱填料的选择。正如前面所述,疏水性较强的离子交换剂,如聚苯乙烯离子交换剂等，一般常用于分离小分子物质，如无机离子、氨基酸、核苷酸等。而纤维素、葡聚糖、琼脂糖等亲水性较强的离子交换剂，适用于蛋白质等大分子物质的分离。一般纤维素离子交换剂价格较低，但分辨率和稳定性都较低，适合初步分离和大量制备。葡聚糖离子交换剂的分辨率和价格适中，但受外界影响较大，体积可能随离子强度和 pH 变化有较大改变，影响分辨率。琼脂糖离子交换剂机械稳定性较好，分辨率也较高，但价格较贵。

另外离子交换剂颗粒大小也会影响分离效果。离子交换剂颗粒一般呈球形，颗粒的大小通常以目数或者颗粒直径来表示，目数越大表示直径越小。离子交换色谱柱的分辨率和流速也都与所用的离子交换剂颗粒大小有关。一般来说，颗粒小，分辨率高，但平衡离子的平衡时间长，流速慢；颗粒大则相反。所以大颗粒的离子交换剂适用于对分辨率要求不高的大规模制备性分离，而小颗粒的离子交换剂适用于高分辨率的分析或分离。

这里特别要提到的是，离子交换纤维素目前种类很多，其中以 DEAE-纤维素（二乙基氨基乙基纤维素）和 CM-纤维素（羧甲基纤维素）最常用，它们在生物大分子物质（蛋白质、酶、核酸等）的分离方面显示出巨大的优越性。一是它具有开放性长链和松散的网状结构，有较大的表面积，大分子可自由通过，使它的实际交换容量要比离子交换树脂大得多。二是它具有亲水性，对蛋白质等生物大分子物质吸附得不太牢，用较温和的洗脱条件就可达到分离的目的，因此不致引起生物大分子物质的变性和失活。三是它的收率高。所以离子交换纤维素已成为非常重要的一类离子交换剂。

8.5.3 离子交换色谱的基本操作

离子交换色谱的基本装置及操作步骤与前面介绍的柱色谱类似，这里就不再重复了。下面主要介绍离子交换色谱操作中应注意的具体问题。

1. 色谱柱 离子交换色谱要根据分离的样品量选择合适的色谱柱，离子交换用的色谱柱一般粗而短，不宜过长。直径和柱长比一般为 1∶(10～50)，色谱柱安装要垂直。装柱时要均匀平整，不能有气泡。

2. 平衡缓冲液 离子交换色谱的基本反应过程就是离子交换剂平衡离子与待分离物质、缓冲液中离子间的交换，所以在离子交换色谱中平衡缓冲液和洗脱缓冲液的离子强度和 pH 的选择对于分离效果有很大的影响。

平衡缓冲液是指装柱后及上样后用于平衡离子交换柱的缓冲液。平衡缓冲液的离子强度和 pH 的选择首先要保证各个待分离物质（如蛋白质）的稳定。其次要使各个待分离物质与离子交换剂能进行适当的结合，并尽量使待分离物质和杂质与离子交换剂的结合有较大的差别。一般应使待分离物质与离子交换剂有较稳定的结合，而尽量使杂质不与离子交换剂结合或结合不稳定。在一些情况下（如污水处理）可以使杂质与离子交换剂有牢固的结合，而样品与离子交换剂结合不稳定，也可以达到分离的目的。另外注意平衡缓冲液中不能有与离子交换剂结合力强的离子，否则会大大降低交换容量，影响分离效果。选择合适的平衡缓冲液，直接就可以去除大量的杂质，获得很好的洗脱效果。如果平衡缓冲液选择不合适，可能会给后面的洗脱带来困难，无法得到好的分离效果。

3. 上样 离子交换色谱上样时应注意样品溶液的离子强度和 pH，上样量也不宜过大，一般为柱床体积的 1%～5%，以使样品能吸附在色谱柱的上层，得到较好的分离效果。

4. 洗脱缓冲液 在离子交换色谱中一般常用梯度洗脱，通常有改变离子强度和改变 pH 两种方式。改变离子强度通常是在洗脱过程中逐步增大离子强度，从而使与离子交换剂结合的各个组分被洗脱下来；而改变 pH 的洗脱，对于阳离子交换剂一般是 pH 从低到高洗脱，阴离子交换剂一般是 pH 从高到低洗脱。由于 pH 可能对蛋白质的稳定性有较大的影响，故一般采用改变离子强度的梯度洗脱。梯度洗脱的装置如前面所述，可以有线性梯度、凹形梯度、凸形梯度以及分级梯度等洗脱方式。一般线性梯度洗脱分离效果较好，故通常采用线性梯度进行洗脱。

洗脱缓冲液的选择首先要保证在整个洗脱缓冲液梯度范围内，所有待分离组分都是稳定的。其次要使结合在离子交换剂上的所有待分离组分在洗脱缓冲液梯度范围内都能够被洗脱下来。另外可以使梯度范围尽量小一些，以提高分辨率。

5. 洗脱速率 洗脱缓冲液的流速也会影响离子交换色谱分离效果，洗脱速率通常要保持恒定。一般来说洗脱速率慢比洗脱速率快的分辨率要高，但洗脱速率过慢会造成分离时间长、样品扩散、谱峰变宽、分辨率降低等副作用，所以要根据实际情况选择合适的洗脱速率。如果洗脱峰相对集中某个区域造成重叠，则应适当缩小梯度范围或降低洗脱速率来提高分辨率；如果分辨率较好，但洗脱峰过宽，则可适当提高洗脱速率。

6. 样品的浓缩、脱盐 离子交换色谱得到的样品往往盐浓度较高，而且体积较大，样品浓度较低。所以应用离子交换色谱得到的样品一般要进行浓缩、脱盐处理。

8.5.4 离子交换色谱的应用

离子交换色谱的应用范围很广，主要应用于以下几个方面。

1. 水处理 离子交换色谱是一种简单而有效地去除水中的杂质及各种离子的方法，聚苯乙烯树脂广泛应用于纯水制备、硬水软化以及污水处理等方面。纯水制备可以用蒸馏的方法，但要消耗大量的能源，而且制备量小、速率慢，也得不到高纯度。用离子交换色谱可以大量、快速制备纯水。一般是将水依次通过 H 型强阳离子交换剂，去除各种阳离子及与阳离子交换剂吸附的杂质；再通过 OH 型强阴离子交换剂，去除各种阴离子及与阴离子交换剂吸附的杂质，即可得到纯水。再通过弱型阳离子交换剂和弱型阴离子交换剂进一步纯化就可以得到纯度较高的水。离子交换剂使用一段时间后可以通过再生处理重复使用。

2. 分离纯化小分子物质 离子交换色谱也广泛应用于无机离子、有机酸、核苷酸、氨基酸、抗生素等小分子物质的分离纯化。例如对氨基酸的分析，使用强酸性阳离子聚苯乙烯树脂，将氨基酸混合液在 pH 2～3 上柱。这时氨基酸都结合在树脂上，再逐步提高洗脱液的离子强度和 pH，这样各种氨基酸将以不同的速率被洗脱下来，可以进行分离鉴定。

3. 分离纯化生物大分子物质 离子交换色谱是依据物质的带电性质的不同来进行分离纯化的，是分离纯化蛋白质等生物大分子的一种重要手段。由于生物样品中蛋白质的复杂性，一般很难只经过一次离子交换色谱就达到高纯度，往往要与其他分离方法配合使用。使用离子交换色谱分离样品要充分利用其按带电性质来分离的特性，只要选择合适的条件，通过离子交换色谱可得到较满意的分离效果。目前利用离子交换色谱分离纯化糖化血红蛋白、重组角质细胞生长因子-1(KGF-1)、酶、人结合珠蛋白、人凝血因子Ⅷ等均取得了较好的效果。

8.6 凝胶色谱

凝胶色谱(gel chromatography)又称分子筛过滤、排阻色谱等。它的突出优点是色谱所用

的凝胶属于惰性载体,基本不带电荷,非特异性吸附力弱,操作条件比较温和,分离范围广,可在相当广的温度范围下进行,不需要有机溶剂,并且对分离成分理化性质的保持有独到之处,对于高分子物质有很好的分离效果。目前已在生物化学、分子生物学、生物工程学、分子免疫学及医学等领域得到广泛应用,不仅应用于科学实验研究,也应用于大规模工业生产。

8.6.1 凝胶色谱的基本原理

凝胶是一种不带电的具有三维空间的多孔网状结构、呈珠状颗粒的物质,每个颗粒的细微结构及筛孔的直径均匀一致,像筛子。小的分子可以进入凝胶颗粒内,而大的分子则排阻于凝胶颗粒之外。当含有分子大小不一的混合物样品加到用此类凝胶颗粒装填而成的色谱柱中时,这些物质随洗脱液的流动而发生移动。大分子物质沿凝胶颗粒间隙随洗脱液移动,流程短,移动速率快,先被洗出色谱柱;而小分子物质可通过凝胶颗粒网孔进入颗粒内部,然后扩散出来,故流程长,移动速率慢,最后被洗出色谱柱,从而使样品中不同大小的分子彼此获得分离。如果两种以上不同分子量的分子都能进入凝胶颗粒网孔,但由于它们被排阻和扩散的程度不同,在色谱柱中所经过的路程和时间也不同,从而彼此也可以被分离开来,如图 8-12 所示。

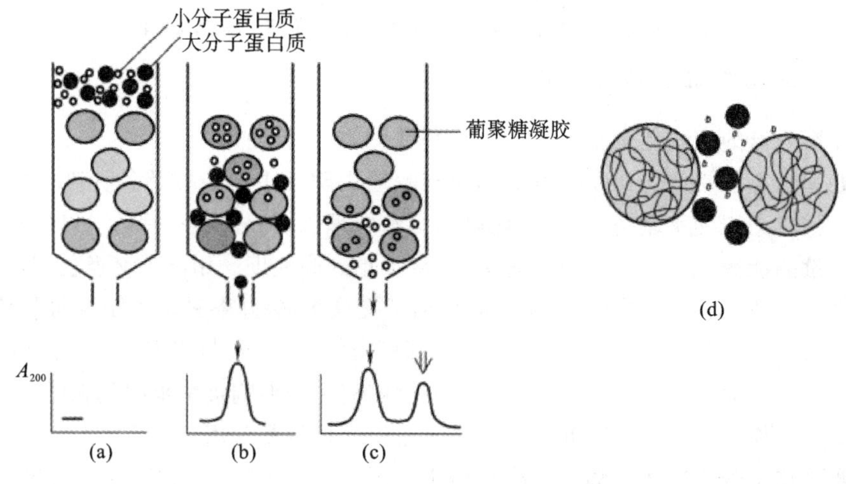

图 8-12 凝胶色谱分离不同的物质

(a)混合物样品加在色谱柱顶端开始洗脱;(b)小分子进入凝胶颗粒网孔内,大分子被排阻于凝胶颗粒网孔之外;(c)大分子先被洗脱下来;(d)截面示意图,小分子进入凝胶颗粒网孔内,大分子被排阻于凝胶颗粒网孔之外

8.6.2 分子筛效应

含有各种分子的样品溶液缓慢地流经凝胶色谱柱时,各分子在柱内同时进行着两种不同的运动:垂直向下的移动和无定向的扩散运动。大分子物质由于直径较大,不易进入凝胶颗粒的微孔,而只能分布于凝胶颗粒之间,所以在洗脱时向下移动的速率较快。小分子物质除了可在凝胶颗粒间隙中扩散外,还可以进入凝胶颗粒的微孔中,即进入凝胶相内,在向下移动的过程中,从一个凝胶内扩散到颗粒间隙后再进入另一个凝胶颗粒,如此不断地进入和扩散,小分子物质的下移速率落后于大分子物质,从而使样品中大分子先流出色谱柱,中等分子后流出,小分子最后流出,这种现象称为分子筛效应。

具有多孔的凝胶就是分子筛。各种分子筛的孔隙大小分布有一定范围,有最大极限和最小极限。分子直径比凝胶最大孔隙直径大的,就会全部被排阻在凝胶颗粒之外,这种情况称全排阻。两种全排阻的分子即使大小不同,也不能有效分离。直径比凝胶最小孔隙直径小的分子能进入凝胶的全部孔隙。如果两种分子都能全部进入凝胶孔隙，即使它们的大小有差别，也不会有好的分离效果。因此，分子筛有一定的使用范围。

综上所述，在凝胶色谱中会有三种情况，一是分子很小，能进入凝胶颗粒全部的内孔隙；二是分子很大，完全不能进入凝胶颗粒的任何内孔隙；三是分子大小适中，能进入凝胶颗粒的内孔隙中孔径大小相应的部分。大、中、小三类分子彼此间较易分开，但每种凝胶颗粒分离范围之外的分子，在不改变凝胶种类的情况下是很难分离的。对于分子大小不同，但同属于凝胶分离范围内的各种分子，在凝胶中的分布情况是不同的：大分子只能进入孔径较大的那一部分凝胶颗粒孔隙内，而小分子可进入较多的凝胶颗粒内，这样大分子在凝胶内移动距离较短，小分子移动距离较长。于是大分子先通过凝胶而小分子后通过凝胶，这样就利用分子筛将分子量不同的物质进行分离。另外，凝胶本身具有三维网状结构，大分子在通过这种网状结构上的孔隙时阻力较大，小分子通过时阻力较小。分子量大小不同的多种成分在通过凝胶床时，按照分子量大小排序，这就是凝胶所表现出的分子筛效应。

8.6.3 凝胶色谱柱的重要参数

1. 柱床体积（column bed volume） 柱床体积是指凝胶装柱后，从柱的底板到凝胶沉积表面的体积。在色谱柱中充满凝胶的部分称为凝胶床，凝胶柱床体积又称“床体积”，常用 V_t 表示。

2. 外水体积（void volume） 色谱柱内凝胶颗粒间隙，这部分体积称外水体积，亦称间隙体积，常用 V_o 表示。

3. 内水体积（inner volume） 因为凝胶为三维网状结构，颗粒内部仍有空间，液体可进入颗粒内部，这部分间隙的总和为内水体积，又称定相体积，常用 V_i 表示，不包括基质（色谱填料）体积（V_g）。

4. 峰洗脱体积（peak elution volume） 峰洗脱体积是指被分离样品通过凝胶柱所需洗脱液的体积，常用 V_e 表示。当被分离样品的体积很小时（与洗脱液体积比较可以忽略不计），在洗脱图中，从加样到峰顶位置所用洗脱液体积为 V_e。当被分离样品体积与洗脱液体积比较不能忽略时，洗脱液体积计算可以从样品体积的一半到峰顶位置。当样品体积很大时，洗脱液体积计算可以从应用样品开始到洗脱峰升高的弯曲点（或半高处），如图 8-13 所示。

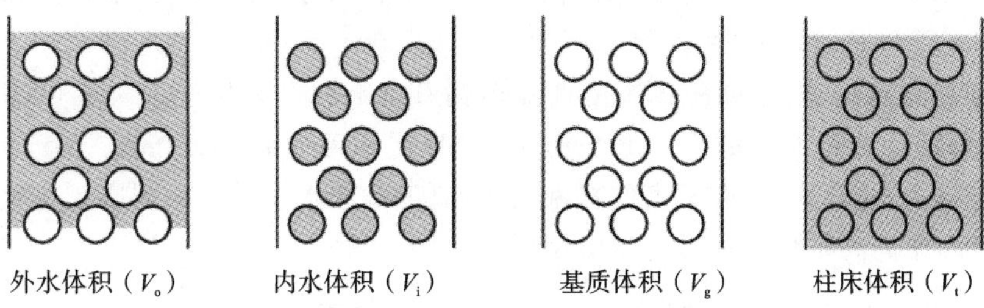

图 8-13 凝胶色谱柱各种体积示意图

8.6.4 凝胶的种类和性质

凝胶的骨架是线状的高分子化合物，线与线之间交联连接，因此凝胶不溶于水，并在水中有较大的膨胀度。

不同的凝胶机械性能不同。目前凝胶色谱支持剂的品种型号很多，可分为两大类：一类是以水为洗脱液的用于生物大分子分离纯化的凝胶，如天然琼脂糖凝胶，人工合成的聚丙烯酰胺凝胶等；另一类为以有机溶剂为洗脱剂的凝胶，如交联聚苯乙烯、氧化锌交联的氯丁橡胶等，主要用于分离小分子、有机多聚物。

1. 交联葡聚糖凝胶　Sephadex G 交联葡聚糖的商品名为 Sephadex，是一种由葡聚糖通过环氧氯丙烷交联而成的多聚物。通过改变交联剂的用量可以获得不同交联度的葡聚糖凝胶，交联度决定了凝胶孔径大小、吸水性特性及有效分级范围。不同规格型号的葡聚糖用英文字母 G 表示，G 后面的阿拉伯数字为凝胶得水值的 10 倍。例如，G-25 为每克凝胶膨胀时吸水 2.5 g，同样 G-200 为每克凝胶膨胀时吸水 20 g。交联葡聚糖凝胶根据交联度的不同可以分为 8 种不同型号，如 G-10、G-15、G-25、G-50、G-75、G-100、G-150 和 G-200。因此，“G”反映了凝胶的交联程度、膨胀程度。

2. Sephadex LH-20　全名羟丙基葡聚糖凝胶，是 Sephadex G-25 的羧丙基衍生物，能溶于水及亲脂性溶剂，用于分离不溶于水的物质。与 Sephadex G 比较，Sephadex LH-20 分子中羟基总数虽无改变，但碳原子数所占比例却相对增加，所以 Sephadex LH-20 不仅可在水中应用，也可在极性有机溶剂或它们与水组成的混合溶剂中使用。Sephadex LH-20 适用于有机溶剂分离嗜脂性分子，结合凝胶过滤、分配色谱及吸附色谱于一身，可分离结构非常相近的分子。

3. 琼脂糖凝胶　琼脂糖凝胶商品名很多，常见的有 Sepharose（瑞典 Pharmacia）、Bio-Gel-A（美国 Bio-Rad）等。琼脂糖凝胶依靠糖链之间的次级链（如氢键）来维持网状结构，网状结构的疏密取决于琼脂糖的浓度。一般情况下，它的结构是稳定的，可以在许多条件下使用（如水，pH 4～9 的盐溶液）。琼脂糖凝胶在 40 ℃以上开始融化，也不能高压消毒，可用化学灭菌处理。琼脂糖凝胶适用于核酸、多糖和蛋白质的分离。

4. 聚丙烯酰胺凝胶　聚丙烯酰胺凝胶是一种人工合成凝胶，是以丙烯酰胺为单位，由甲叉双丙烯酰胺交联成的，经干燥粉碎或加工成形制成粒状，控制交联剂的用量可制成各种型号的凝胶。交联剂越多，孔隙越小。聚丙烯酰胺凝胶的商品名为生物胶 P（Bio-Gel P），由美国 Bio-Rad生产，型号很多，从 P-2 至 P-300 共 10 种，P 后面的数字再乘 1000 就相当于该凝胶的排阻限度。

5. 聚苯乙烯凝胶　聚苯乙烯凝胶的商品名为 Styrogel，具有大网孔结构，可用于分离分子量为 1600～40000000 的生物大分子，适用于有机多聚物的分子量测定和脂溶性天然化合物的分级，凝胶机械强度好，洗脱剂可用甲基亚砜。

6. 聚乙烯醇凝胶　聚乙烯醇凝胶的商品名为 Toyopearl，是以交联聚乙烯醇为骨架的凝胶过滤介质。适用于 HPLC 的介质 Fractogel TSK 是该系列的类似产品。Toyopearl 为多孔的三维网状结构，分子链上含有丰富的羟基，具有高度的亲水性。该系列凝胶与生物大分子有较好的相容性，作为固定化载体被广泛应用。

8.6.5　凝胶色谱的实验技术

1. 色谱柱　色谱柱是凝胶色谱中的主体，一般用玻璃管或有机玻璃管。色谱柱的直径大小不影响分离度，样品用量大，可加大色谱柱的直径，一般制备用凝胶柱，直径大于 2 cm，但在加样时应将样品均匀分布于凝胶柱床面上。此外，直径增大，洗脱液体积增大，样品稀释度增大。分离度取决于柱高，为分离不同组分，凝胶柱床必须有适宜的高度，分离度与柱高的平方根相关，但由于凝胶柱过高挤压变形阻塞，一般不超过 1 m。分组分离时用短柱，一般凝胶柱长 20～30 cm，柱高与直径之比为(5～10)∶1，凝胶柱床体积为样品溶液体积的 4～10 倍。分级分离时柱高与直径之比为(20～100)∶1。色谱柱滤板下的死体积应尽可能小，如果支撑滤板下的死体积大，被分离组分之间重新混合的可能性就大，其结果是影响洗脱峰形，出现拖尾现象，降低分辨率。在精确分离时，死体积不能超过总床体积的 1/1000。

2. 凝胶的选择 常用的凝胶类型有交联葡聚糖凝胶、琼脂糖凝胶、聚丙烯酰胺凝胶等。根据色谱物质分子量的大小选择不同型号的凝胶，如除盐和除游离的荧光素，则可选用粗、中粒度的 Sephadex G-28 或 Sephadex G-500，Sephadex G-250 多用于分离蛋白质单体，Sephadex G-200 多用于分离蛋白质凝胶聚合体等。根据所需凝胶体积，估计所需干胶的量。一般葡聚糖凝胶吸水后的凝胶体积约为其吸水量的 2 倍，例如 Sephadex G-20 的吸水量为 20 mL，1 g Sephadex G-20 吸水后形成的凝胶体积约 40 mL。凝胶的粒度也可影响色谱分离效果。粒度细胞分离效果好，但阻力大，流速慢。一般实验室分离蛋白质采用 100～200 号筛目的 Sephadex G-20 效果好，脱盐用 Sephadex G-25、G-50，用粗粒、短柱，流速快。

3. 凝胶的制备 商品凝胶是干燥的颗粒，使用前需直接在欲使用的洗脱液中膨胀。为了加速膨胀，可用加热法，即在沸水浴中将湿凝胶逐渐升温至近沸，这样可大大加速膨胀，通常 1～2 h 即可完成。特别是在使用软胶时，自然膨胀需 24 h 至数天，而用加热法在几小时内就可完成。这种方法不但节约时间，而且可消毒，除去凝胶中污染的细菌和排除胶内的空气。

4. 样品溶液的处理 样品溶液如有沉淀应过滤或离心除去，如含脂类可高速离心或通过 Sephadex G-15 短柱除去。样品的黏度不可过大，蛋白质含量不能超过 4%。黏度大影响分离效果。上柱样品液的体积根据凝胶床体积的分离要求确定。分离蛋白质样品的体积为凝胶床的 1%～4%(一般 0.5～2 mL)，进行分族分离时样品液体积可为凝胶床的 10%，在蛋白质溶液除盐时，样品体积可达凝胶床的20%～30%。分级分离样品体积要小，使样品层尽可能窄，洗脱出的峰形较好。

5. 防止微生物的污染 交联葡聚糖和琼脂糖都是多糖类物质，防止微生物的生长，在凝胶色谱中十分重要，常用的抑菌剂有以下几种。

(1)叠氨钠(NaN_3)：在凝胶色谱中只要用 0.02%叠氮钠已足够防止微生物的生长，叠氮钠易溶于水；它不与蛋白质或碳水化合物相互作用，因此叠氮钠不影响抗体活力；不会改变蛋白质和碳水化合物的色谱特性。叠氮钠可干扰荧光标记蛋白质。

(2)可乐酮[$Cl_3C—C(OH)(CH_3)_2$]：在凝胶色谱中使用浓度为 0.01%～0.02%。在微酸性溶液中它的杀菌效果最佳，在强碱性溶液中或温度高于 60 ℃时易引起分解而失效。

(3)乙基汞代巯基水杨酸钠：在凝胶色谱中作为抑菌剂使用浓度为 0.01%～0.05%。在微酸性溶液中最为有效。重金属离子可使乙基代巯基的物质结合，因而包含巯基的蛋白质可在不同程度上降低它的抑菌效果。

(4)苯基汞代盐：在凝胶色谱中使用浓度为 0.001%～0.01%。在微碱性溶液中抑菌效果最佳，长时间放置时可与卤素、硝酸根离子作用而产生沉淀；还原剂可引起此化合物分解；含巯基的物质亦可降低或抑制它的抑菌作用。

6. 凝胶柱的重复使用与保存 当样品的各组分全部洗脱下来之后，即可加入新的样品，继续使用。保存方法有以下三种。

(1)在液相中保存最方便，即于凝胶悬液中加入防腐剂(一般为 0.02%NaN_3或 0.002%洗必泰)或高压灭菌后于 4 ℃保存。此法可以保存半年以上。

(2)用完后，以水冲洗，然后用 60%～70%乙醇冲洗，凝胶体积缩小，即在半收缩状态下保存。

(3)长期不用者，最好以干燥状态保存，即水洗净后，用含乙醇的水洗，逐渐加大乙醇用量，

最后用 95%乙醇水洗,可全部去水,再用乙烯去除乙醇,抽滤干,于 60~80 ℃下干燥后保存。

8.7 亲和色谱

亲和色谱(affinity chromatography,AFC)是利用待分离物质和它的特异性配体间具有特异的亲和力,从而达到分离目的的一类特殊色谱分离技术。1955 年,有人将抗原链接于聚苯乙烯上,并用于亲和吸附其相对应的抗体获得成功。1968 年,"亲和色谱"这一名称首次被使用,并于羧肽酶 A 纯化中使用了特异配体。随着新型介质的应用和各种配体的出现,亲和色谱技术已经被广泛应用于生物分子的分离和纯化,如酶、抑制剂、抗原、抗体、激素和糖蛋白等,特别是对分离含量少又不稳定的活性物质最有效,经一步亲和分离可提纯几百到几千倍。

8.7.1 亲和色谱的基本原理

亲和色谱又称功能色谱(function chromatography)。其原理是通过将具有亲和力的两个分子中的一个固定在不溶性色谱填料上,利用分子间亲和力的特异性和可逆性,对另一个分子进行分离纯化。被固定在色谱填料上的分子称为配基,配基和色谱填料是共价结合的,构成亲和色谱的固定相,称为亲和吸附剂。

将含有另一个分子(配体或目标分子)的待分离样品上样后,该目标分子将被特异性吸附在亲和吸附剂上,而样品中的其他物质全部流穿被去除;在改变洗脱条件时,就可以把被特异性吸附的目标分子洗脱下来。一种亲和吸附介质只能用于一种或有限的一类分子的分离纯化。亲和色谱基本原理示意图如图 8-14 所示。

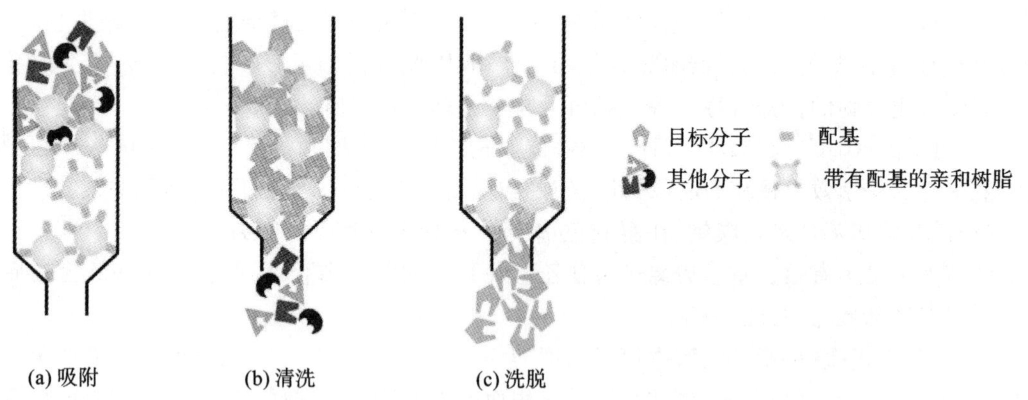

图 8-14 亲和色谱基本原理示意图

8.7.2 亲和色谱的配基

亲和色谱是利用某些生物分子之间高度专一可逆结合特性的一种吸附色谱类型。固体色谱填料具有一个与之共价相连的特殊结合分子(配基),连接后的配基对互补分子的亲和力不会改变。配基是发生亲和反应的功能部位,也是色谱填料和被亲和分子之间的桥梁。配基本身必须具有两个基团:一个能与色谱填料共价结合,一个能与被亲和分子结合。

亲和分离技术中,配基起着举足轻重的作用。亲和配基的专一性和特异性,决定着分离纯化所得产品的纯度;亲和配基与目标分子之间作用的强弱决定着吸附和解吸的难易程度,影响它们的使用范围。按选择性不同,配基可分为两类,一类是专一性配基,如抗原和抗体、酶及其抑制剂、激素和受体;一类是基团特异性配基,如辅酶 NAD^+、ATP 等能与许多需要它们的酶发生亲和作用。常用的配基如下:①三嗪染色素,用于蛋白质的纯化;②酶的底物或偶联因子,用于特定酶的纯化;③抗体,用于相应的抗原;④蛋白质 A,用于 IgG 抗体的纯化;⑤单链寡核苷酸,用于互补的核酸如 mRNA,或特定的单链 DNA 序列;⑥凝集素,用于特定的单糖亚基。

由于配基对之间结合的特异性,因而使其特别适合从大量稀薄的样品中一次性分离得到高纯度、高浓度的目标产物,产品制备过程简便、高效,在分离纯化生物大分子中应用十分广泛。

8.7.3 亲和色谱的基本操作

亲和色谱的基本操作如下。

(1)寻找能被分离分子(配体)识别和可逆结合的专一性物质——配基。

(2)将配基共价结合到色谱填料上,即把配基固定化。

(3)将色谱填料-配基复合物灌装在色谱柱内做成亲和柱。

(4)上样亲和→洗涤杂质→洗脱收集亲和分子(配体)→亲和柱再生。

亲和色谱一般采用柱色谱来完成,分离条件主要是考虑亲和吸附条件和洗脱条件。在亲和吸附过程中,充分考虑到样品的性质,以选择合适的平衡缓冲液。平衡缓冲液是样品通过亲和柱前后用于冲洗亲和柱上杂质的溶液。平衡缓冲液的组成、pH 和离子强度等应选择亲和双方作用最强,最有利形成配合物的条件。pH 一般控制在中性,温度在 4 ℃左右。在洗脱过程中,洗脱液的选择目的在于减弱配基与亲和分子(配体)之间的亲和力,利用其可逆性使两者组成的配合物完全解离。常用的洗脱剂有水、0.1～0.5 mol/L 氯化钠-磷酸缓冲液、0.1 mol/L 硼酸、0.1～1 mol/L 乙酸、稀氨水等。

8.7.4 亲和色谱的特点和应用

亲和色谱纯化过程简单、迅速,且分离效率高,对分离含量极少又不稳定的活性物质尤为有效。但本法必须针对某一分离对象,制备专一的配基和寻求色谱的稳定条件,因此亲和色谱的应用范围受到了一定的限制。

其缺点如下:价格较昂贵;在洗脱过程中,交联在色谱填料上的配基可能脱落并进入产品中,从而造成不良影响,如抗体、染料等配基,目前通过进一步的处理已能很好地解决此问题。金属螯合亲和色谱介质价格低廉,适用范围广,不易给分离体系带来对人体有危害的杂质,近年来应用逐渐增多。尤其在蛋白质的融合表达方面,如基因工程表达的带 His6 标签的蛋白质,可以通过金属螯合亲和色谱一次性分离获得高纯度的目标蛋白质。

亲和色谱可用于纯化生物大分子,是目前最为有效的蛋白质分离纯化方法,Ahirwar 等人研发了一种快速高效的一步亲和色谱技术纯化了刀豆蛋白 A,该色谱的固定相为携带刀豆蛋白 A 抗体的琼脂糖,一步亲和色谱得到的目标蛋白质纯度可以达到 90%,收率大于 66%,纯化倍数达到了 336。人白细胞介素-2 的融合蛋白(His-IL2)经亲和色谱纯化纯度达到 85%左右。分离核酸是亲和色谱应用的一个重要方面,Caramelo 等人利用 berenil 作为配基的亲和色谱技术纯化了质粒 DNA,该质粒 DNA 的收率和纯度分别为 87%和 99%。此外亲和色谱还可用于稀溶液的浓缩、不稳定蛋白质的贮藏、从纯化的分子中除去残余的污染物等。

8.8 高压液相色谱

8.8.1 高压液相色谱的特点

高压液相色谱(high pressure liquid chromatography,HPLC),又名高效液相色谱(high performance liquid chromatography)、高速液相色谱(high speed liquid chromatography)、高分辨率液相色谱(high resolution liquid chromatography),是20世纪70年代发展起来的分离技术,它具有如下特点。

(1)高压:供液压力和进样压力都很高,一般为9.8~29.8 MPa,甚至更高。

(2)分离速度快:流动相在此类色谱柱内的流速较经典液相色谱高得多,可达1~5 mL/min,甚至更高,可达100 mL/min,一般在几分钟到几十分钟就可以完成一次分离,较传统色谱分离速度快得多。

(3)高灵敏度:采用了基于光学原理的检测器,如紫外检测器灵敏度可达10^{-10}~5^{-10} mg/L,荧光检测器的灵敏度可达10^{-10} g,可见高压液相色谱进样量很小。

(4)分离效能高:高压液相色谱的分离效率和分辨率很高,每米色谱柱可达5000理论塔板数,同时可分析组分数为100以上的混合物。

(5)适用范围广:可用于分离分子量小、沸点低的样品,也可用于分离沸点高的高分子化合物、离子型化合物、热敏性生物分子等。

高压液相色谱从原理上讲和传统的液相色谱没有本质的区别,但因为采用了高效固定相、高压输液泵和高灵敏度检测器,高压液相色谱在生物产品的分离、纯化、分析和鉴定方面有着广泛的应用,是各国药典中很多药物检测、分析、鉴定的标准方法。

8.8.2 高压液相色谱仪及其应用

1. 高压液相色谱仪的结构 自第一台高压液相色谱仪问世以来,高压液相色谱仪已经发展出很多种类,包括分析型和制备型,但其结构大致相同,如图8-15所示,主要包括以下几个装置。

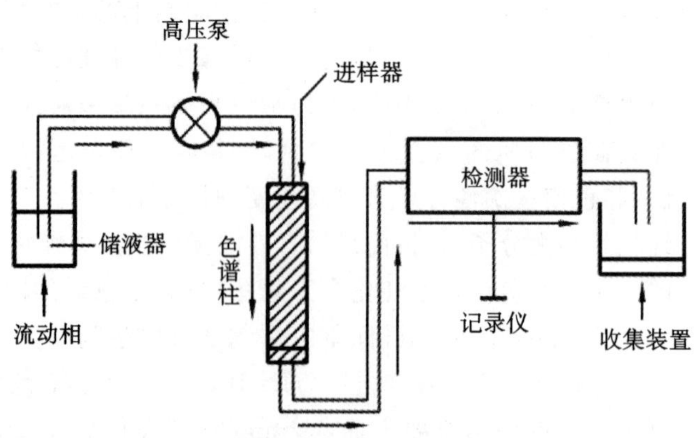

图8-15 高压液相色谱仪的构造示意图

(1)储液器:用于储备流动相溶剂,经过滤、脱气后进入高压泵。

(2)高压泵:高压液相色谱输液系统的主要装置,为流动相提供移动的驱动力并使流动相的移动维持恒定的流速。

(3)进样器:将样品溶液送入色谱系统的装置。

(4)色谱柱:高压液相色谱仪的核心部件,其性能决定了高压液相色谱分离的能力和效果。

(5)检测器:可对洗脱组分进行在线检测,分为通用型和选择型两类,前者包括蒸发光散射检测器(ELSD)和示差折光检测器(DRID),后者包括紫外检测器(UVD)、荧光检测器(FD)、二极管阵列检测器(DAD)和电导检测器(ELCD)。

(6)记录仪:自动记录检测结果装置,现在广泛采用色谱工作站进行数据的记录、处理和分析。

(7)收集装置:对于制备型、半制备型的高压液相色谱仪必须配备收集装置,收集纯化的产物,对于分析型的高压液相色谱仪可以不收集,但后续也一般配备收集设备流出液的器皿。

2. 高压液相色谱仪的应用 高压液相色谱分离的原理较多,相应开发的色谱仪器种类丰富,在医药、化工、生物等领域应用广泛,已成为生物工程产物分离与医药开发研究领域不可或缺的设备,其与质谱联用还可有效用于混合蛋白质样品的定性和定量分析。下面列举几个应用实例。

图 8-16 是采用高压反向色谱技术分离猪血小板生长因子(PDGF)的色谱图,色谱条件:①反向色谱柱为 Resource RPC 3 mL(6.4 mm×100 mm)。②流动相 A 为 0.1%TFA 水溶液。③流动相 B 1%TFA 乙腈溶液。④梯度洗脱:4 mL 流动相 A,不含流动相 B;4~48 mL 流动相 A+0~60%流动相 B。⑤流速:2 mL/min。可见,在此色谱条件下各组分得到了很好的分离。

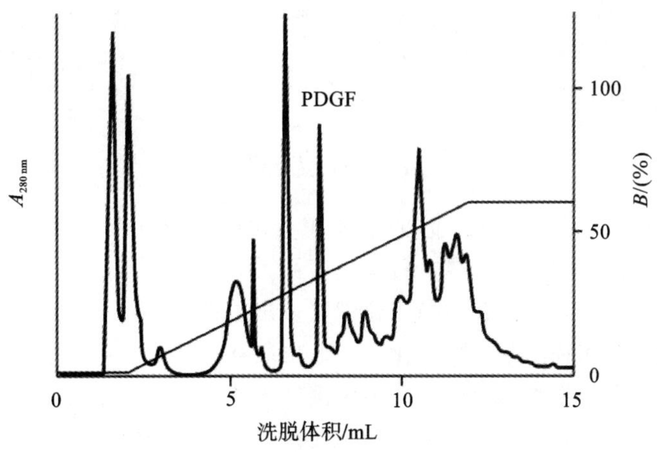

图 8-16 猪血小板生长因子的色谱图

采用高效离子交换色谱对激素多肽进行分离,色谱条件:①离子交换色谱柱为 TSKgel SP-5PW(7.5 mm×75 mm)。②流动相 A 为 0.02 mol/L 磷酸盐/乙腈(体积比 7∶3),pH 3.0。③流动相 B 为 0.5 mol/L 磷酸盐/乙腈(体积比 7∶3),pH 3.0。④线性梯度洗脱:流动相 A→流动相 B 洗脱 30 min。⑤流速:1 mL/min。离子交换色谱分离的结果如图 8-17 所示,主要组分分别是催产肽、脑啡肽、TRH、α-内啡肽、LHRH、神经降压素、α-MSH、血管紧张肽Ⅱ、P 物质、β-内啡肽。

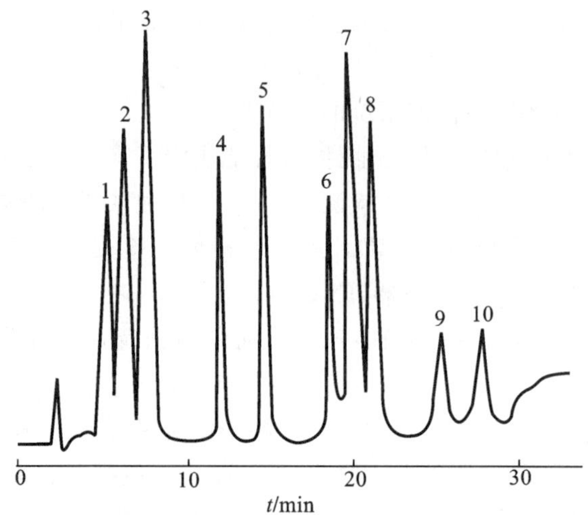

1—催产肽；2—脑啡肽；3—TRH；4—α-内啡肽；5—LHRH；6—神经降压素；7—α-MSH；8—血管紧张肽Ⅱ；9—P物质；10—β-内啡肽

图 8-17　离子交换色谱分离激素多肽

思　考　题

1. 色谱分离技术共分为几类？请简述其原理。

2. 简述高效反相液相色谱的工作原理。

3. 在一根长 3 m 的色谱柱上分析某样品时，得到两个组分的调整保留时间分别为 13 min 和 16 min，后者的峰底宽度为 1 min，计算：①该色谱柱的有效塔板数；②两组分的相对保留值；③欲使两组分的分离度 $R=1.5$，需要的有效塔板数，以及此时应使用的色谱柱长度。

4. 试分析 HPLC 和 HIC 技术的异同。

参 考 文 献

[1]　孙彦. 生物分离工程[M]. 3 版. 北京：化学工业出版社，2013.

[2]　田瑞华. 生物分离工程[M]. 北京：科学出版社，2008.

[3]　喻昕. 生物药物分离技术[M]. 北京：化学工业出版社，2008.

[4]　谭天伟. 生物化学工程[M]. 北京：化学工业出版社，2008.

[5]　毛忠贵. 生物工业下游技术[M]. 北京：中国轻工业出版社，1999.

[6]　宋航，李华. 制药分离工程(案例版)[M]. 北京：科学出版社，2020.

[7]　付晓玲. 生物分离与纯化技术[M]. 北京：科学出版社，2012.

[8]　李淑芬，姜忠义. 高等制药分离工程[M]. 北京：化学工业出版社，2004.

[9]　李军，卢英华. 化工分离前沿[M]. 厦门：厦门大学出版社，2011.

[10]　严希康. 生化分离工程[M]. 北京：化学工业出版社，2001.

[11]　朱宝泉. 生物制药技术[M]. 北京：化学工业出版社，2004.

[12]　罗川南. 分离科学基础[M]. 北京：科学出版社，2012.

[13] 陈文华,郭丽梅.制药技术[M].北京:化学工业出版社,2003.
[14] 胡永红,刘凤珠,韩曜平.生物分离工程[M].武汉:华中科技大学出版社,2015.
[15] 丁明玉.现代分离方法与技术[M].2版.北京:化学工业出版社,2012.

(王丽梅 王亚伟 范艳利)

第9章 新型生物分离技术

扫码看课件

9.1 新型生物分离技术及其特点

随着社会经济实力和科学技术的快速发展，分离技术的单元操作和耦合技术在持续创新，为了在分离纯化工艺中不断降低能耗、追求绿色环保、提高分离效率，过去十多年，新型生物分离技术仍然不断涌现并在化工、检测分析、食品工业、生物分离等领域得到广泛应用。

9.1.1 新型生物分离技术

目前有许多新型生物分离技术如分散液-液微萃取、低共熔溶剂萃取、整体柱固相微萃取、新型分子印迹膜分离、免疫磁珠细胞分选技术、多维色谱分离、超高效液相色谱、非水毛细管电泳、微流控芯片分离技术、亲和分离技术等在生物产品分离方面得到了广泛应用。

以上新型生物分离技术，虽然大多在分离理论上没有突出的革新，但它们在融合了其他科学技术之后，在分离度、收率、富集倍数、准确性和重现性等分离效果表征参数上获得了很大的进步。在实际应用中部分新技术还存在设备成本、运行成本、分离产能等方面的问题，尚需继续优化。

9.1.2 新型生物分离技术的特点

新型生物分离技术的发展可谓“百花齐放”，从生物分离领域的应用来看主要呈现以下几个特点。

(1)很多新兴生物技术的发展促进了分离技术的精细化和小型化。例如新型疫苗、抗体药物、细胞制剂，白蛋白、凝血因子、免疫球蛋白等血液制品，以及其他蛋白类、多肽类、核酸类药物研发和生产中涉及的分离技术，往往不是追求单纯的规模，而是更加注重产品品质。

(2)多种分离技术或多学科技术的组合应用。例如，结合不同分离技术的萃取色谱法就是将溶剂萃取中的萃取剂涂布或键合在惰性固体载体上，从而将萃取技术与色谱技术结合，应用于阳离子的高效和高选择性分离；再如分选细胞常用的免疫磁珠细胞分选技术及其个性化的高通量分选技术，则是融合了生物学科的细胞生物学、物理学科的超顺磁性，将细胞表面抗原与连接有磁珠的特异性单抗结合，实现在外加磁场作用下与其他无特定表面抗原的细胞高效分离。

(3)分离技术的自动化、微型化发展趋势明显。例如，在现代分析领域已经广泛使用的全自动快速溶剂萃取仪，自动化程度高，既可连续自动萃取几十个样品，也能对同一个样品进行改变溶剂萃取，用户自动编程，机器全自动快速完成萃取过程；再如基于磁泳原理的微流控分离技术，该技术充分利用微流控芯片体积小、成本低、样品试剂消耗少和分析速度快等优点，结合磁泳的非接触特性等优势，在临床医学、细胞分离和环境检测等领域迅速发展。

9.2 一些新型生物分离技术的原理及应用

本节我们将按照基本单元操作选取几项具有代表性的新型生物分离技术进行介绍，重点涉及新技术的原理、应用领域、操作流程和所需仪器，以及新技术的优点和发展方向。

9.2.1 深度共熔溶剂在生物分离中的应用

溶剂在多数生物分离过程中是必不可少的，目标物质的提取、液液萃取、层析技术的洗脱液都离不开溶剂，但现有溶剂基本上都是水、缓冲液、有机溶剂。水和缓冲液由于其极性强，对很多生物活性物质溶解能力有限，有机溶剂虽然极性范围广，但多存在易燃、易爆、有毒、损失大等不足，对环境也不友好。因此开发新的绿色溶剂在生物分离中的应用显得很有必要。例如，离子液体是由阴阳离子组成的，在室温或者接近室温下呈液体状态的低温熔融盐，它溶解能力强、热稳定性好、不易挥发，且具有可设计性，因此是传统溶剂的一种良好替代品。但离子液体有比较差的生物降解性、潜在毒性等缺点，这也促使研究者继续寻找更加环保、价格低廉且安全的新型溶剂，深度共熔溶剂（也被称为低共熔溶剂）就是在这种背景下被发掘出来的。

1. 深度共熔溶剂的概念 深度共熔溶剂（deep eutectic solvent，DES）是在 21 世纪初开发出来的，2003 年，Abbott 等人最早制备出 DES，他们将两种具有较高熔点的固体物质混合加热后发现其物理状态由固态变为了液态，这种液体是一种低共熔混合物，一般是由氢键受体和氢键供体通过氢键作用相互结合在一起的分子复合体，是一种混合盐溶液。DES 具有许多离子液体所不具备的优点，如可设计性和优良的物理化学性质（蒸气压较低、不易燃烧、优良降解性等），而且制备方法简单，无须后续纯化，成本低廉，相对离子液体，DES 并不完全由离子化合物构成。

形成 DES 的氢键受体一般为季铵盐（如氯化胆碱），而氢键供体可与季铵盐卤素阴离子之间形成氢键，如图 9-1 所示。来源于 DES 中的卤素阴离子屏蔽了氢键供体附近的电荷作用，而氢键作用的强弱又影响了溶剂的相转变温度、稳定性和溶剂的特性。例如季铵盐卤素阴离子与氢键供体之间的氢键作用力越强，形成的 DES 熔点降低得就越多。

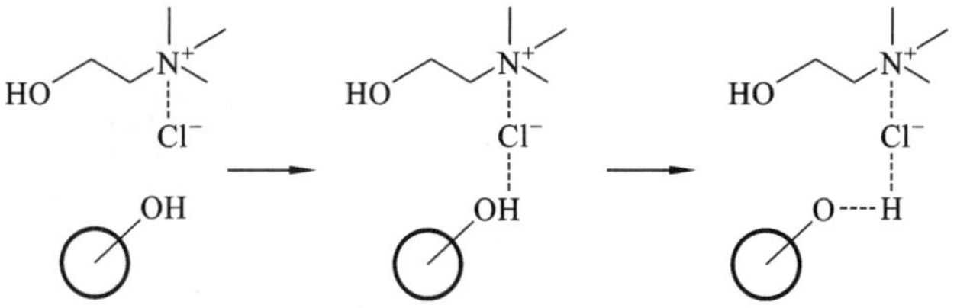

图 9-1 季铵盐氯化胆碱与氢键供体通过氢键作用形成 DES

2. 深度共熔溶剂的种类 DES 的种类很多，在 2007 年，Abbott 等人运用公式将 DES 进行了分类。

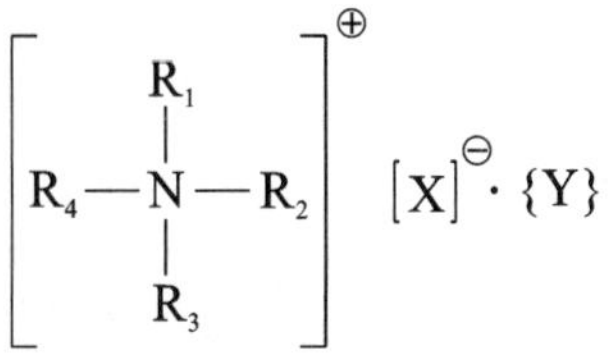

$$\left[\begin{array}{c} R_1 \\ | \\ R_4—N—R_2 \\ | \\ R_3 \end{array}\right]^{\oplus} [X]^{\ominus} \cdot \{Y\}$$

第一类 DES：$Y=MCl_x$，M=Zn，Sn，Fe，Al，Ga；

第二类 DES：$Y=MCl_x \cdot yH_2O$，M=Cr，Co，Cu，Ni，Fe；

第三类 DES：$Y=R_5Z$，Z=—$CONH_2$，—COOH，—OH。

第四类 DES：由金属氯化物（如 $ZnCl_2$）与尿素、乙酰胺、乙二醇等氢键供体形成的。

不同种类的 DES 具有不同的理化性质，合理调配氢键供体与氢键受体的成分可以设计所需的特定溶剂；多数 DES 相对有机溶剂而言更加安全，同时要注意不同 DES 也会在安全性上存在一定差异。

3. 深度共熔溶剂的制备和理化性质 通常 DES 需要在合适配比的氢键供体和氢键受体条件下进行制备，方法包括：①加热搅拌法：将配比好的试剂于 100 ℃下磁力搅拌成均一溶液，70 ℃真空干燥箱内干燥 48 h 后密封保存。②研磨法：原料进行真空干燥后，在室温下研磨至形成均一液体后密封保存。③旋转蒸发法：原料溶解在水中，于 50 ℃下进行减压旋转蒸发尽量脱除水分后，在干燥器内干燥到恒重。此外，DES 的制备还有微波辐射法、超声法、冷冻干燥法等。

DES 的熔点比较低，比组成它的初始化合物中的任何一种化合物的熔点都低。例如，当氯化胆碱和尿素以物质的量 1∶2 混合时，制备出的 DES 的熔点是 12 ℃，远远低于氯化胆碱、尿素各自的熔点（氯化胆碱和尿素的熔点分别是 302 ℃和 133 ℃）。更多研究报道的 DES 熔点见表 9-1。一般熔点低于 50 ℃的 DES 在实际应用中能产生更大的优势，当然同时也要考虑 DES 的黏度、电导率、密度以及溶解性能等。

表 9-1 研究报道的 DES 熔点

氢键供体（HBD）	氯化胆碱∶氢键供体（物质的量之比）	氢键供体熔点（$HBDT_m{}^*$）/℃	DES 熔点（T_m）/℃
硫脲	1∶2	134	12
1,3-二甲基脲	1∶2	102	70
2,2,2-三氟乙酰胺	1∶2.5	72	−45
苯乙酸	1∶1	77	25
苯丙酸	1∶1	48	20
琥珀酸	1∶1	185	71
丙三羧酸	1∶1	159	90
D-异山梨醇	1∶2	62	常温下液态
木糖醇	1∶1	96	常温下液态
咖啡酸	1∶0.5	212	63±3

（续）

有机盐（氢键受体，HBA）		氢键供体（HBD）	盐∶氢键供体（物质的量之比）	T_m/℃
阳离子	阴离子			
$HO-CH_2CH_2-N^+(CH_3)_3$	F^-	尿素	1∶2	1

续表

有机盐（氢键受体，HBA）		氢键供体（HBD）	盐∶氢键供体（物质的量之比）	T_m/℃
阳离子	阴离子			
$HOCH_2CH_2N^+(CH_3)_3$	BF_4^-	尿素	1∶2	67
$HOCH_2CH_2N^+(CH_3)_3$	NO_3^-	尿素	1∶2	4
$HOCH_2CH_2N^+(CH_3)_2(C_2H_5)$	Cl^-	尿素	1∶2	−38
$N^+(C_2H_5)_4$	Br^-	尿素	1∶2	113
$CH_3P^+(C_6H_5)_3$	Br^-	甘油	1∶2	3～4
$CH_3P^+(C_6H_5)_3$	Br^-	甘油	1∶3	−5.5
$CH_3P^+(C_6H_5)_3$	Br^-	甘油	1∶4	15.6

注：$T_m{}^*$ 表示初始化合物熔点；T_m 表示 DES 熔点。

4. 深度共熔溶剂在生物分离中的应用举例 由于 DES 具有环保、可设计、低成本等多个优良特性，其应用领域比较广泛，依据对几种生物质溶解性的差异，DES 可以用于生物质预处理，天然产物活性成分生物碱、黄酮、酚类等也都可以采用 DES 作为溶剂进行提取。

(1)例 1：在生物质预处理过程，针对不同种类的生物质原料，如木质素、纤维素、半纤维素，DES 表现出显著的溶解性差异，很多酸性 DES 对木质素有良好的溶解性，但对纤维素却溶解度很小。MA 等人提出了一种“水热-DES 协同预处理杨木木材”生物质炼制策略，首先利用氯化铝($AlCl_3$)催化和水热炭化预处理(hydrothermal pretreatment，HTP)裂解木质素-糖类复合体(lignin-carbohydrate complex，LCC)，水热滤液中含有低聚木糖、单糖、木聚糖型半纤维素等，具有良好的抗氧化活性，然后采用超快微波辅助三元 DES(氯化胆碱/乙二醇/氯化铝)预处理杨木木材，有效提取木质素，消除了木质素屏障，促进纤维素残基的酶解，糖化效率从 15.72%上升到 96.33%。

(2)例 2：作为氢键受体，氯化胆碱是常用的 DES 制备原料，人们也一直在开发氯化胆碱的替代品，以获得更便宜、更环保的 DES 氢键受体。Li 等人制备了六种新型的甜菜碱基深度共熔溶剂，其中甜菜碱可以作为优良的氢键受体，它具有可生物降解、来源广泛、无毒、安全等优点，将其制备成深度共熔溶剂-双水相体系(DES-ATPS)，最终成功应用于蛋白质的提取(图9-2)。例如，研究者选择甜菜碱-尿素(Be-U)作为合适的萃取剂，通过单因素实验确定了提取工艺的最佳条件，如盐浓度、DES质量、萃取时间、蛋白质量、温度和pH，在最佳工艺条件下，萃取率可达99.82%，且在实际蛋白质分离过程中也显现出一定的选择性，反萃取实验显示反萃取效率可达32.66%，并对萃取过程进行了精密度实验、重复性实验和稳定性实验。此外，通过紫外-可见光谱、红外光谱和圆二色谱证实，蛋白质在提取过程中构象没有改变。

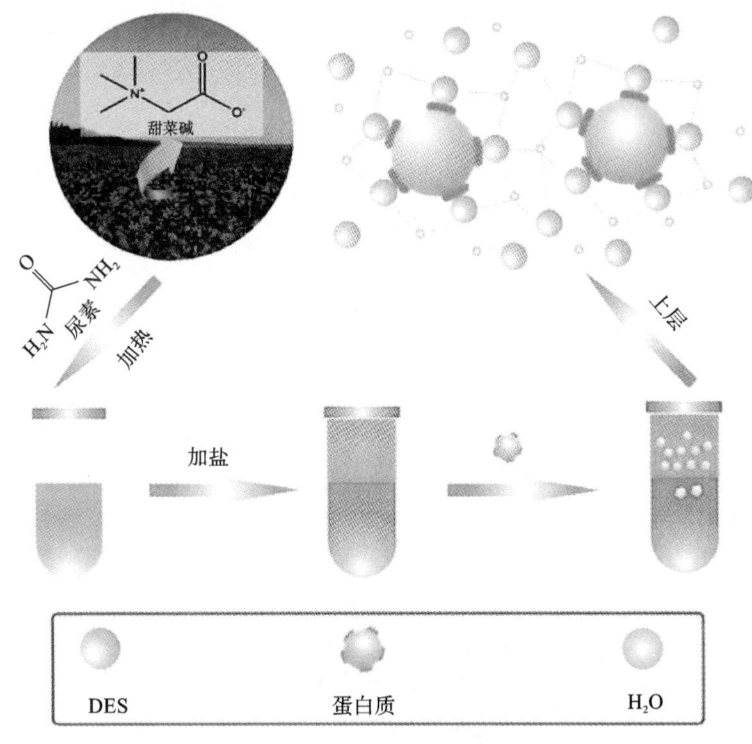

图 9-2　基于甜菜碱的 DES-ATPS 双水相萃取技术提取蛋白质

(3)例3：Garcia等人将氯化胆碱与糖、乙醇、有机酸或尿素按照一定比例进行组合获得的DES为萃取溶剂，用80%甲醇(V/V)做对照，从初榨橄榄油中提取酚类化合物，结果表明DES对橄榄油中不同极性的酚类物质均具有良好提取效果，用氯化胆碱/木糖醇和氯化胆碱/1,2-丙二醇提取的橄榄油中含量最丰富的两种裂环烯醚萜类衍生物是橄榄油刺激醛和橄榄裂环烯醚萜，两种主要化合物的萃取效率相较于80%甲醇萃取效率分别提高了20%～33%和67.9%～68.3%。显示出DES具备替代甲醇溶液进行植物中多酚类物质萃取的潜力。

9.2.2　浊点萃取技术

浊点萃取(cloud point extraction，CPE)是一种新型液-液萃取技术，它以表面活性剂胶束水溶液的溶解性和浊点现象为基础，通过改变实验条件而引起相分离，从而将水溶性物质与油溶性物质分离，该方法避免了挥发性有机溶剂的使用，绿色环保，安全高效，应用广泛且适用于大规模生产。

1. 浊点萃取的概念

(1)表面活性剂与浊点现象：表面活性剂的重要功能之一是它的增溶作用。增溶作用是表面活性剂在水溶液中浓度达到临界胶束浓度(CMC)而形成胶束后，能使不溶或微溶于水的有机物的溶解度显著增大，形成澄清透明溶液的现象。浊点萃取技术除利用了表面活性剂增溶作用外，还利用了表面活性剂的另一重要性质，即浊点现象。

所谓浊点(CP)现象，是指一个均一的表面活性剂水溶液在外界条件(如温度)变化时，因为引发相分离而突然出现浑浊的现象，此时的温度称为浊点。这种浑浊的溶液静置一段时间(或离心)后形成透明的两液相，一相为量少且含有较多被萃取物的表面活性剂相，另一相为量大且表面活性剂的浓度处于 CMC 的水相。这种现象是可逆的，一经冷却(或升温)又可恢复为均相的溶液。温度的改变，引起水化层的破坏，增强了表面活性剂的疏水性，可以理解为相分离是熵(倾向于水与胶束相溶)与焓(倾向于水与胶束相分离)竞争的结果(图 9-3)。

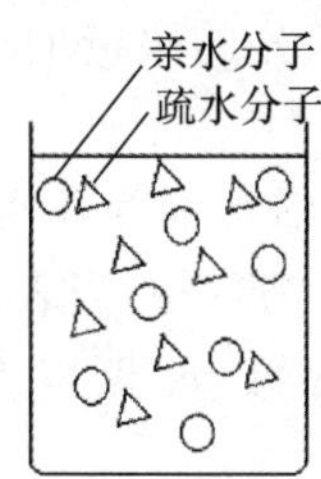

(a) 含有疏水性萃取物的初始溶液

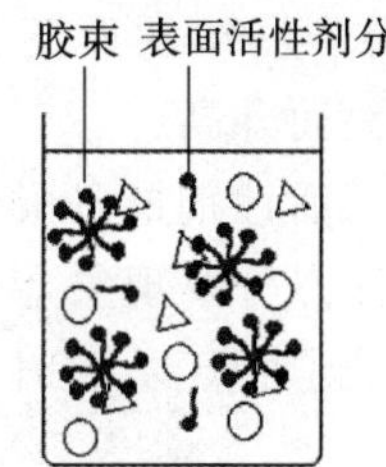

(b) 加入表面活性剂后萃取物与胶束结合

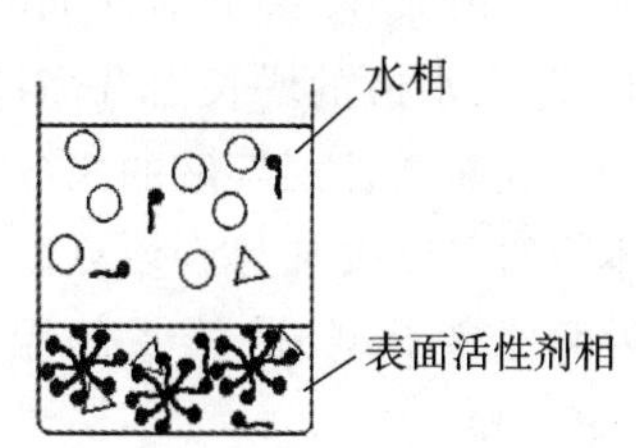

(c) 改变溶液条件发生相分离

图 9-3 温度引发表面活性剂相分离现象

产生浊点现象的温度依表面活性剂的类型、浓度和外界条件的变化而变化。CPE 中常用表面活性剂的浊点见表 9-2。

表 9-2 CPE 中常用表面活性剂的浊点

表面活性剂		浊点/℃
聚氧乙烯脂肪醇 $[C_nH_{2n+1}(OCH_2CH_2)_mOH, C_nE_m]$	C_4E_1	44.5
	C_6E_2	0
	C_6E_6	83
	C_8E_3	8
	C_8E_4	40
	C_8E_5	60
	$C_{10}E_3$	0
	$C_{10}E_4$	17.9
	$C_{10}E_5$	41.6
	$C_{10}E_8$	81.5
	$C_{12}E_4$(Brij 30)	2.0
	$C_{12}E_5$	28.9
	$C_{12}E_6$	50.1
	$C_{12}E_8$	77.9
	$C_{12}E_{10}$	77
	$C_{12}E_{23}$(Brij 35)	>100
	$C_{13}E_8$(Genapol X-080)	42
	$C_{14}E_5$	20
	$C_{14}E_6$	42.3
	$C_{16}E_{10}$(Brij 56)	64～68

续表

表面活性剂		浊点/℃
对叔辛苯基聚己二醇醚 [$(CH_3)_3CCH_2C(CH_3)_2C_6H_4(OCH_2CH_2)_mOH$,$OPE_m$或 Triton X-114]	Triton X-114 Triton X-100	22～25 55～64
正烷基苯基聚己二醇醚 [$RC_6H_4O(CH_2CH_2O)_mH$,NPE_m]	$NPE_{7.5}$(PONPE-7.5) NPE_{10}(PONPE-10) NPE_{10-11}(Igepal CO-710)	1 63 70～72

一般来说,表面活性剂的浊点随其类型和浓度而变化,即随憎水部分的碳链的增长而降低,随亲水链的增长而升高;随浓度的增大而升高。

表面活性剂溶液的相分离行为与表面活性剂的种类有关。当表面活性剂为非离子型时,体系的温度要加热到浊点以上才能产生浊点分离现象,温度在浊点以下为单相;当表面活性剂为两性离子型时,体系的温度则要降低到浊点以下时才产生浊点现象,浊点以上为单相(图 9-4)。

(2)产生浊点现象的原因:目前还不十分清楚。现已有如下几种观点:①当温度升高时,表面活性剂胶束的集聚数增加,使胶束的体积增大从而引起相分离;②非离子型的表面活性剂溶于水中是靠分子内的亲水基与水分子通过氢键结合而实现的。形成氢键的过程为放热过程,因此加热时,这种氢键的结合力会被减弱甚至消失,当温度超过某一范围时,表面活性剂不再水合而从溶液中析出产生浑浊等。

(3)浊点萃取的过程:浊点萃取一般要经过下述过程,即样品加入特定种类和浓度的表面活性剂,在特定温度下进行萃取,萃取平衡后,调节温度形成浊点现象并保持平衡,离心分离获得表面活性剂相。

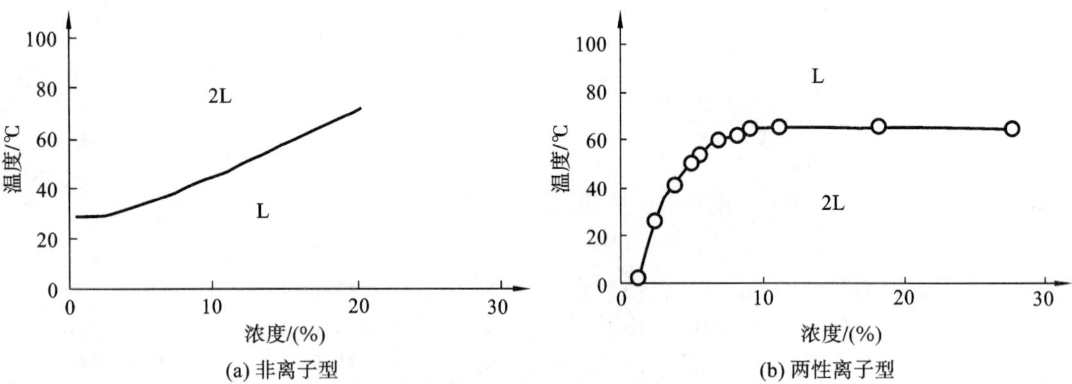

图 9-4　表面活性剂胶束溶液的相图

2. 影响浊点萃取效率的因素　浊点萃取效率的高低受表面活性剂的结构、浓度,体系的平衡温度、时间、酸度、离子强度等多种因素的影响。常用的参数包括表面活性剂的浊点(CP)、萃取率(E)、浓缩因子(C_F)和分配系数(K)。它们可以用下式表示:

$$E = c_S \times V_S/(c_0 \times V_0) = C_F \times V_S/V_0 \tag{9-1}$$

$$C_F = c_S/c_0 \tag{9-2}$$

$$K = c_S/c_W \tag{9-3}$$

式中，c_S——溶质在表面活性剂中的浓度；

c_0——萃取平衡后溶质在原始溶液中的浓度；

c_W——溶质在水相中的浓度；

V_S——表面活性剂的体积；

V_0——原始溶液的体积。

(1)表面活性剂的类型及性质：浊点萃取效率对于非离子型表面活性剂(C_nE_m)而言，受其憎水和亲水两部分的影响。理想的表面活性剂：n 的数目适中，m 的数目较小。因此 C_8E_3、C_7E_3 被认为是较理想的物质。

(2)平衡温度和时间：要具有较好的萃取效率，平衡温度至少要比表面活性剂的浊点高 15～20 ℃。延长平衡时间会提高萃取效率，通常平衡时间在 30 min 左右就具有较好的萃取效率。

(3)pH：体系的 pH 对离子型表面活性剂体系影响十分显著。要获得较好的萃取效率，体系的 pH 应控制在被萃取物处于电中性状态。在萃取生物大分子如蛋白质时，体系的 pH 应控制在等电点附近，此时蛋白质具有较强的疏水性，易被萃取。

(4)添加剂：添加剂的加入对萃取效率影响不大，但在很大程度上影响表面活性剂的浊点，引发表面活性剂水溶液的相分离。①使非离子型表面活性剂的浊点降低的物质，如盐析型的电解质和一些有机物(如水溶性脂肪醇、脂肪酸、多元醇、聚乙二醇等)，它们使非离子型表面活性剂浊点降低的原因，主要是使胶束中氢键断裂脱水，导致表面活性剂分子沉淀而引发相分离。②使表面活性剂浊点升高的物质有盐溶型的电解质、可溶于胶束的非极性有机物、蛋白质变性剂、阴离子型表面活性剂和其他水溶助剂(如甲苯磺酸钠)。③对于两性型表面活性剂，添加剂的作用与对非离子型表面活性剂的作用情况完全相反。

3. 浊点萃取技术的应用 浊点萃取技术最早应用于生物学领域，用非离子型表面活性剂 Triton X-114 成功分离出乙酰胆碱酯酶、噬菌调理素、细菌视紫红质、细胞色素 c 氧化酶等内嵌膜蛋白，其操作步骤较简单。应用浊点萃取技术分离纯化蛋白质已可实现规模操作，具体应用见表 9-3。

表 9-3 CPE 在分离纯化生物分子中的应用实例

分离出的生物大分子	表面活性剂	条件及收率
嗜天青中的蛋白酶 3	Triton X-114 TBS(5 mmol/L)	Tris-HCl(pH 7.4)150 mmol/L NaCl，离心，上清液中加蔗糖，37 ℃培养
细胞色素 b5	Triton X-114	产率 91%，Tris-HCl 缓冲液(pH 7.4)，葡聚糖硫酸盐
香蕉多酚氧化酶	Triton X-114	活性收率 50%，磷酸盐相分离
蘑菇菌盖中酪氨酸酶	Triton X-114	E=84%，37 ℃
植物细胞色素 P450	Triton X-114	E=26%，硼酸盐、磷酸盐两次萃取
己糖激酶	C_9APSO_4/辛基-β-D 葡糖苷	E=58%
细胞色素 c，大豆胰蛋白酶抑制剂，即清蛋白	$C_{10}E_4$	10 mmol/L 柠檬酸/20 mmol/L 磷酸氢钠缓冲液(pH 7.0)，0.02%叠氮化钠酶 C_8-Lecithin
哺乳动物乳酸脱氢酶	Triton X-114	E=83%，汽巴蓝络合物，PEG，羟丙基淀粉 Triton X-114

浊点萃取技术可用于分离膜蛋白质、酶、动物、植物和细菌的受体，还可以替代一些分离方法(如硫酸铵分级法)作为纯化蛋白质的第一步，与色谱方法联用。另外，浊点萃取技术分离纯化蛋白质已经可以实现大规模操作。Minuth等人成功地进行了胆固醇氧化酶浊点萃取的中试研究。虽然他们的方法耗时较长(约20 h)，但是投资少、劳动强度低，萃取效率及浓缩因子与实验室制备结果类似。使用离心分离器可以使浊点萃取大规模连续进行。但商品离心分离器用于浊点萃取技术的效率和容量仍需进一步研究。另外，他们发现相分离操作受细胞培养时产生的表面活性物质影响较大。还有，体系两相间密度差较小，表面张力较小，含产物的表面活性剂相的流变学行为较复杂，操作较难。

除此之外，浊点萃取技术还在生物样品的分析、金属离子的萃取、有机小分子的分离和一些物质的分析检测的预处理上得到了广泛的应用。

应用举例：浊点萃取技术用于分离纯化膜蛋白。

膜蛋白(内嵌膜蛋白、外围膜蛋白)疏水性强、难溶于水，抽提内嵌膜蛋白时，既要削弱它与膜脂的疏水性结合，又要使它保持疏水基在外的天然状态，较难分离纯化。由于表面活性剂具有两亲性，它一直作为膜蛋白理想的增溶剂。增溶时，膜蛋白疏水部分嵌入胶束的疏水核中而与膜脱离，保持了膜蛋白表面的疏水结构。相分离后，膜蛋白与表面活性剂共同析出，与亲水性蛋白质分离。所以，浊点萃取技术在分离纯化膜蛋白方面极有优势。

有一些蛋白质在表面活性剂/水两相间的分配比较反常。如一种管形内嵌膜蛋白：乙酰胆碱受体在浊点萃取体系中分配在水相。由于这种受体疏水部分不规则，很难与Triton X-114的疏水基团相互作用；而在体系中加入带有线形烷基链的亚麻油酸，乙酰胆碱受体可被萃取入表面活性剂相。另外，内嵌糖蛋白上的糖含量较高，在少量Triton X-114(0.06%)存在下，它们也表现为亲水性。

浊点萃取技术作为一种新兴的分离及样品前处理方法，无论是在理论基础还是实际应用方面都有待深入研究。虽然有大量的浊点萃取技术应用报道，但该技术的机理目前还不十分清楚，仍然需要研究一种理论来描述和预测这种通过胶束和目标分析物间的相互作用力进行分离的体系。优化分离条件、设计选择性更强的浊点萃取体系、拓宽应用范围等在实际工作中显得尤为重要。利用浊点萃取技术作为生物技术下游工艺进行大规模分离的研究有待深入开展。工业级浊点萃取技术操作中，生物大分子与表面活性剂的分离仍需改进，例如有研究用专门的沸石吸附非离子型表面活性剂，可以在较短的时间内将表面活性剂与蛋白质分离。

9.2.3 分子印迹膜技术

自1972年Wulff提出分子印迹的概念以来，这种模拟抗体-抗原相互作用的人工模板技术得到了蓬勃的发展，但是分子印迹技术主要应用在色谱、固相萃取和化学传感器等方面，分别作为色谱固定相、固相萃取吸附剂和传感器敏感元件，而对膜与分子印迹结合关注不是很多，现在许多具有技术挑战性和有商业价值的分离问题都不能被现有的膜过程解决，例如手性药物、复杂的生物分子等，它们的分离则需要新的更高选择性的分离膜，分子印迹膜技术就是在这个背景下产生的。

1. 分子印迹膜分离的原理与概念　分子印迹膜(molecularly imprinted membrane，MIM)是分子印迹技术与膜分离相结合的一种新型分离膜，具有高度的特异性分子识别能力，在分离工程中有着巨大的潜能。分子印迹技术(molecular imprinting technology，MIT)是一种将模板分子、功能单体和交联剂在特定条件下进行聚合，然后去除模板分子后获得对模板分子具有选择性"记忆"结合位点的吸附介质的技术，其分子立体空间识别能力强，具有分子水平上的专一性识别，可以实现基于分子识别机理的高选择性分离，这种吸附介质我们也称为分子印迹聚合物(molecular imprinted polymer，MIP)。

2. 分子印迹膜的制备

(1)分子印迹聚合物制备：取目标化合物作为模板分子与功能单体中的功能基团结合，形成功能单体-模板分子的主客体配合物；选择合适的交联剂，在惰性溶剂(致孔剂)中，对功能单体-模板分子配合物进行交联，形成共聚物。在交联过程中，将功能单体上与模板分子结合的功能基团的空间取向与排列位置固定下来；通过一定的方式(物理或化学方法)，断开模板分子与功能单体的结合键，再去除模板分子。

当模板分子去除后，在共聚物中就留下了可以与模板分子相匹配的三维空腔结构；同时，在该空腔结构中，具有结合功能的基团也按一定空间取向排列方式被保留下来。当待分离底物通过该空腔结构时，与空腔结构形态相似，且能与功能基团稳定结合的目标分子将被选择识别出来。如图 9-5 所示。分子印迹中模板分子在聚合物中的结合方式可以是共价键、非共价键或半共价键。

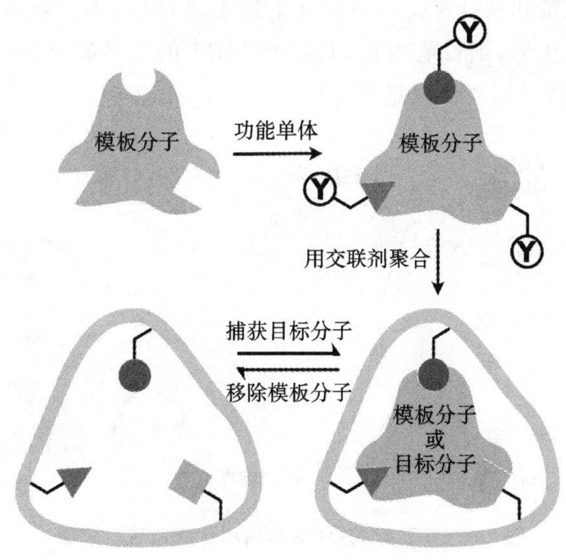

图 9-5 分子印迹聚合物制备常规流程

(2)分子印迹膜的构建和形态：分子印迹膜(MIM)的构建一般为在膜的表面和孔中填充或合成具有分子识别位点的分子印迹聚合物，根据制备策略的不同，MIM 可分为填充型、自支撑型、共混型和复合型。

填充型 MIM 是形式最简单的 MIM，由端膜(滤板)和填料(分子印迹聚合物)组成，其原型为填充型色谱柱。简单地说，需首先合成分子印迹聚合物，研磨粉碎后将其填充于两个端膜之间。由于填料的多样性，填充型 MIM 可以通过填充多种分子印迹聚合物的策略实现对多种目标分子的同时吸附分离。但由于在研磨粉碎分子印迹聚合物的过程中，分子印迹识别位点的形态和结构容易遭到破坏，大幅影响其实际性能。因此，填充型 MIM 目前在实际的工业分离中已很少应用。

自支撑型 MIM 与填充型 MIM 相反,其没有额外的支撑结构,直接以交联的分子印迹聚合物形成膜状结构。通常制备工艺如下:首先将分子印迹聚合物加入分散相中,通过沉淀聚合、原位聚合等方式得到高度交联的分子印迹聚合物,随后结合抽滤等方式去除溶剂,得到膜状结构的分子印迹聚合物层。这类 MIM 的构建通常需要分子印迹聚合物具备较高的交联度以确保所得 MIM 的选择性,稳定性较差、孔隙率和渗透通量较低。引入微纳米材料(如碳纳米管、金属氧化物纳米线、氧化石墨烯、氮化碳和生物纤维等)辅助合成自支撑型 MIM 则可提升自支撑型 MIM 有效位点数量及膜通量。

共混型 MIM 是膜基质和分子印迹聚合物共混制膜得到的一类 MIM,为填充型 MIM 的衍生类型。膜基质和分子印迹聚合物的混合有助于提高所得 MIM 的结构稳定性,同时兼具制备过程简单的特点。其制备过程可概括如下:首先制备合成分子印迹聚合物或将分子印迹聚合物负载于其他微纳米载体材料表面,并将其加入由膜基质材料构成的铸膜液中,造型后通过挥发溶剂、相转化等操作获得共混型 MIM。在共混成膜过程中,由于键合、配位、范德华力、限位等作用的存在,分子印迹聚合物与膜基质间具有均匀而稳定的结构特性,有效弥补了自支撑型 MIM 的不足。这类 MIM 虽然具有很强的稳定性以及位点均匀的分散性,但位点包埋始终是共混型 MIM 所面临的挑战,相比于大量包埋在膜基质内的位点,相对较少的暴露位点大大制约了膜整体的吸附量和选择性。尽管存在上述不足,但简单的制备流程和稳定的整体结构仍表现出不可替代的优势,到目前为止,共混型 MIM 仍然是研究和应用最为广泛的一类。共混型 MIM 的结构和常规制作流程见图 9-6。

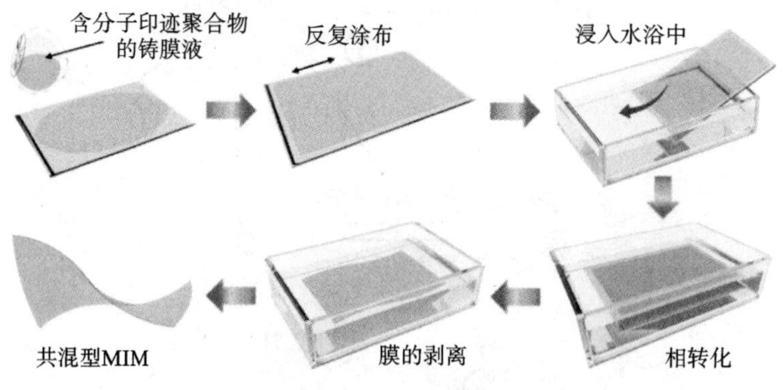

图 9-6 共混型 MIM 的结构和合成路线示意图

复合型 MIM 是指以成品滤膜为基底,通过原位聚合、界面缩聚、接枝和涂覆等方法在基底膜表面及孔道内壁负载分子印迹聚合物层的一类 MIM。复合型 MIM 相比于共混型 MIM 避免了位点在膜基质内的包埋,兼顾了分子印迹位点良好的表面分散性,同时基于共价键的负载作用保证了印迹层的稳定性,因而复合型 MIM 往往表现出吸附容量大、选择性高、稳定性好的综合优势。此外,逐层修饰的策略还使得复合型 MIM 在性能上具备多元性,可根据印迹膜的实际应用需求来改变其理化特性(如亲/疏水性、耐酸/碱性、耐热性、化学稳定性、抗污/抗菌性等),使其具有更广泛的应用范围。复合型 MIM 是最具有研究和应用前景的一类 MIM。复合型 MIM 的结构见图 9-7。

(3)MIM 在分离纯化上的应用。

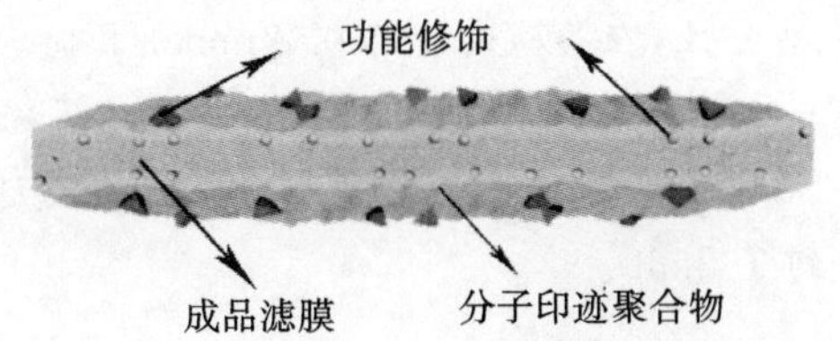

图 9-7 复合型 MIM 的结构示意图

举例 1:MIM 在手性分离方面的应用

自 1992 年,美国食品药品监督管理局(FDA)就明确要求凡是新的光学活性药物都必须把光学异构体分离出来,分别测定其药物动力学和毒理学的各项指标。这就给对映异构体分离技术提出了新的要求。由于 MIM 具有分子水平上的专一性识别,同时具有 MIP 良好的操作稳定性及识别性质不受酸、碱、热、有机溶剂等各种环境因素影响的特点,这决定了 MIM 手性分离的新领域。例如 Izumi 等人以 Boc-L-色氨酸(Boc-L-Trp)为模板,基于四肽衍生物成功制备了手性 MIM,其对 Boc-L-色氨酸具有优异的特异性识别及分离性能,由此形成的识别位点再次与外消旋混合物接触,则识别位点可能识别印迹分子 Boc-L-色氨酸,如图 9-8 所示。

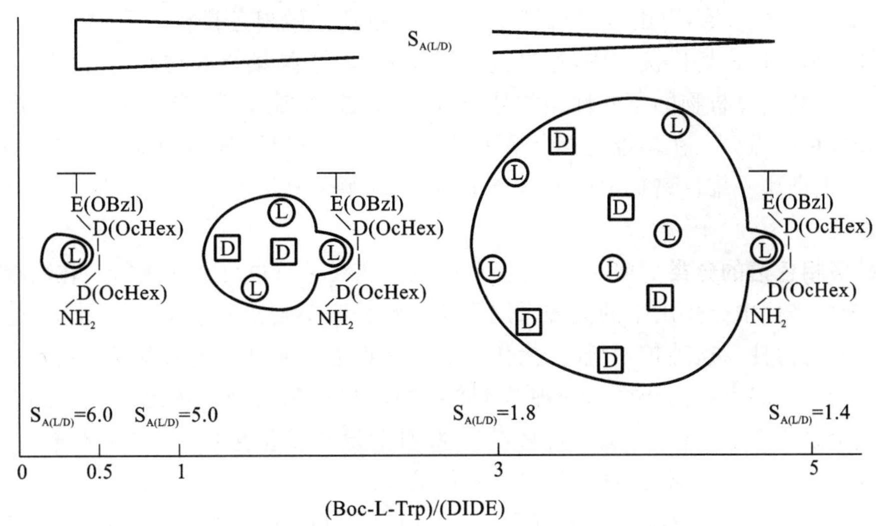

图 9-8 Ac-L-Trp 吸附选择性与分子印迹条件的关系

举例 2:基于与过渡金属离子形成配合物的 MIM 应用

茶碱主要用于治疗支气管哮喘以及伴有慢性支气管炎和肺气肿的可逆性支气管痉挛,其检测与分离受到广泛关注。茶碱和过渡金属离子(如铜离子等)能形成较稳定的配合物,也可用于其检测和分离。许振良等人以茶碱为模板分子,铜离子为配体、4-乙烯吡啶(4-VP)为功能单体、乙二醇二甲基丙烯酸酯(EDMA)为交联剂,在聚偏氟乙烯(PVDF)基膜上采用表面涂覆热聚合的方法制备了金属配位 MIM,通过平衡结合实验研究了印迹膜对茶碱的结合能力和结合选择性。结果表明，铜离子的配位作用能提高印迹膜的结合性，在茶碱浓度为 0.2 mmol/L 时，结合量从 1.61 μmol/g 提高到了 2.69 μmol/g。在铜离子配位的作用下印迹膜对茶碱的结合能力高于同样化学组成的非印迹膜。相比于可可碱印迹膜对茶碱有较好的选择性，在浓度为 0.05 mmol/L 时选择系数达到了 2.39。

9.2.4 多维液相色谱技术

HPLC 作为强大的分离方法已广泛应用于各种类型的样品分离和制备，然而尽管这种方法通过增加设备压力、增加色谱柱长度、减小填料粒径、增加填料选择性、改变固定相和优化流动相等方式实现了更高的分离度，但有时样品的复杂性超过了任何单一色谱系统的分离能力，也就是说常规的一维 HPLC 会由于色谱峰容量的限制，不足以解决成分复杂样品面临的分离问题，有时候即使是成分简单但性质极为接近的混合物，常规 HPLC 也难以实现单柱下的高效分离。这时，多步分离的联合运用就成为主要选择，多步分离可以大大提高色谱系统的分离能力、扩大分离空间、提高色谱峰容量，能够分离极其复杂样品中的各种成分，多步分离的系统化技术形成了多维液相色谱技术，应用最广泛的是二维液相色谱技术。

1. 多维液相色谱的概念 多维液相色谱(multi-dimensional LC，MD-LC)是指样品通过两种或多种不同机理的色谱模式(如反相色谱、离子交换色谱、凝胶过滤色谱、亲和色谱或毛细管电泳等)进行分离，利用分离机理的互补构建成多维液相色谱系统。目前，二维液相色谱(2D-LC)是最常用的一种系统，它由分离机理不同、相互独立的两根色谱柱串联而成，样品经过第一维色谱柱分离后进入切换接口中，通过接口的收集、富集、浓缩以及切割后，再进入第二维色谱柱继续分离，利用分析物的不同性质如分子量、等电点、亲疏水性、亲和作用等，可将复杂混合物逐一分成单一组分。在多维液相色谱中，样品中各组分以进样点为原点在多维方向分离展开，因此可提供比一维色谱更宽泛的分离空间，允许组分峰沿着各维的坐标方向展开，显著减少了峰重叠。

2. 多维液相色谱的分类 MD-LC 分离分析既可离线进行也可在线进行。在离线 MD-LC 中，从第一维色谱柱中分离出来的流分采用手动或流分收集器进行收集，必要时进行浓缩，然后注入第二维色谱柱。这种技术耗时、操作强度高且难于实现自动化和重现。此外，对微量定量分析而言的致命弱点是离线样品处理易于产生溶质损失和污染。然而，由于两个分析维度可被看作两个独立方法，离线方法非常易于实现，且对设备要求也不高。当只有第一维分离的某些部分需要进行二维分离时，这一技术使用得最多。

在线 MD-LC 系统中，两根色谱柱依靠一个特定的接口(通常是一个切换阀)连接，将第一维色谱柱的流分转换到第二维色谱柱上。在线二维液相色谱又有两种类型：中心切割和全二维。前者又称部分多维模式，能够使起始样品的特定部分实现二维分离，也就是第一维洗脱馏分中感兴趣的部分切换至下一维进行分离，常用于样品前处理或与亲和色谱柱偶联构成二维系统；后者又称整体多维模式，是更为强大的方法，能够将二维液相色谱优势扩展到全部基质，全二维色谱(comprehensive two-dimensional chromatography)分离是多维液相色谱技术中最为典型的方法，目前已经开发出多种全二维液相色谱系统并证实其对复杂样品组分分离的有效性。采用分流技术的二维系统中，虽然只有部分样品进入第二维分离，但只要这部分样品能代表全部样品组分的信息，也属于全二维液相色谱系统的范畴。

在线 MD-LC 又根据分离柱组合形式的差异分为线型和非线型。线型 MD-LC 中，色谱柱多采用两根分离特点有差异的色谱柱直接相连，流动相系统一致，可以控制不同色谱柱流动相比例；非线型 MD-LC 则更加复杂，需要两个或两个以上的相对独立的流动通路，即每根柱子有独立的溶剂输送系统，因此在柱选择上差异可以更大，待分离组分通过柱切换在两个流路系统中传递，这也是目前 MD-LC 中应用最为广泛的一种模式。

3. 多维液相色谱的仪器装置 MD-LC 仪器装置如图 9-9 所示，由两台输液泵，两个六通切换阀，一个进样阀，两根色谱柱及检测器组成。首先在柱 1 上将样品分成两个部分，如果后半部分需要转移到第二根色谱进一步分离，即为后端分割，两种流动相流路则按图中实线所示。由泵 1 输送的流动相 1 通过进样阀、阀 2、柱 1、阀 3，最后流入废液瓶。流动相 2 经泵 2 输送到阀 2，通过阀 3、柱 2 到检测器。当经柱 1 分离的前半部分组分全部流出柱 1 后，同时切换阀 2 和阀 3，使流动相按图中虚线方向流动。流动相 1 经阀 3 切换至柱 2，经柱 2 进一步分离后，输送到检测器检测。反之就称为前段分隔，操作程序则相反，流动相先沿图中虚线通道流动，待柱上保留弱的组分全部进入柱 2 后，切换阀 2 和阀 3，使流动相按实线方向流动，流动相 1 清洗柱 1 后至废液瓶，流动相 2 通过柱 2 实现对待分离组分在柱 2 上的分离。

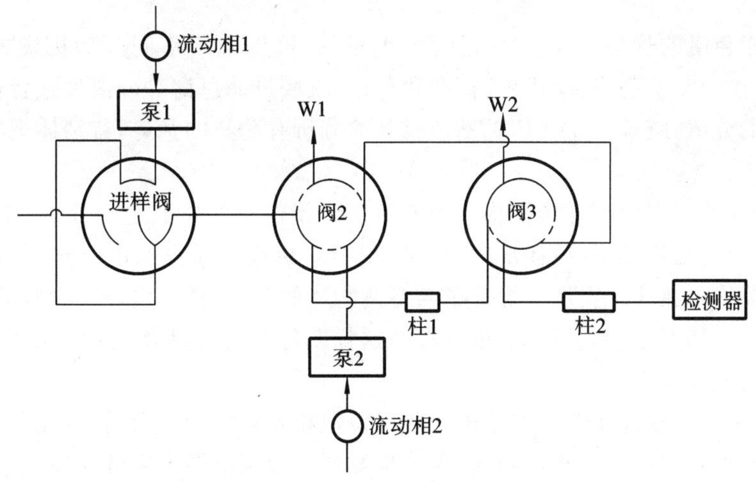

图 9-9 MD-LC 设备示意图

(1)接口：依靠一个高压切换阀将两个液相色谱(LC)系统连接起来是实现全二维色谱分离的典型方法，它能捕获特定量的第一维洗脱物并将其直接导入第二维色谱柱。理想的接口应该能够保留第一维分离色谱柱的洗脱物，并在需要的时候将它们以尖锐脉冲的形式重新导入系统。常见的接口包括六通阀、八通阀和十通阀。

(2)第一维分离：通常采用微型柱作为第一维分离柱，在低流速等度或梯度条件下洗脱。通过采用装备了两个相同进样环的多通道阀将小体积流分转入第二维色谱柱。这一系统已应用于蛋白质、合成聚合物、挥发油、药物和酸性或酚性化合物的分离。

当使用常规色谱柱作为第一维色谱柱时，可以采用两种不同的 LC×LC 配置，即平行配置两个捕集柱或两个用于第一维分离的快速柱而非储存式进样环。前者将第一维分离的每个流分交替捕集在两根色谱柱中的一根上，同时保留在另一根捕集柱上的前一个流分的化合物被反冲进入分析柱进行第二维分离。后者将第一维分离得到的流分交替捕集在两根色谱柱的柱头，当其中一根色谱柱进行进样操作时，另一根上保留的前一个流分中的组分被洗脱分离。这两种方式被应用于肽、蛋白质和酚类抗氧化剂的分离分析。

(3)第二维分离:每个转入流分的第二维色谱分离必须在后续的一个流分进样前完成并且应足够快,以便能够从每个第一维分离出的色谱峰中取出3～4个流分进行二维分离,这样可以避免二维分离中由于对一维色谱峰取样过少造成的严重信息损失。第二维快速分离的实现有多种途径,常用的方法是使用短的一体化固定相,它们能在高流速下操作而不影响分离度;此外,还可以平行使用一系列色谱柱或使用较高的温度来提高分离速度。

(4)检测器:大多数常规检测器都能用于二维液相色谱分析,检测器的选择应适用于色谱柱类型及待检成分。DAD检测器、四级质谱和具有较高扫描速度的TOF-MS系统的应用为待分离物质提供了组分鉴定信息。

(5)数据精细处理:二维液相色谱分析会产生大量数据,对这些庞大数据的处理可能是该系统应用的难点。通常数据处理会构建二维谱图,其主体具有对应于第二维色谱分析所持续时间的数据行和覆盖所有相继流出的第二维色谱图的数据列。其结果是一张二维等高线图,每个成分表示为一个椭圆形峰并由相应的两个坐标轴上的保留时间确定。如果创建三维色谱图就加入相对强度作为第三维坐标。每个峰的颜色和尺寸与存在于样品中相应成分的量相关。

4. 多维液相色谱的优势 基于不同的分析目的,可以采用不同分离机理的色谱柱构建MD-LC系统。离子交换色谱、反相色谱、亲和色谱、凝胶过滤色谱等分离模式皆可以相互组合用于特殊目的的分离分析。MD-LC对复杂成分的分析有明显的优势,特别体现在生物复杂样品的分析应用中。

(1)能从复杂的多组分中排除干扰。例如对富含蛋白质的体液进行分析,传统的预处理,其过程复杂、花费时间长、溶剂消耗量大,利用MD-LC可以在线去除蛋白质,实现血浆的直接进样分析。样品首先在柱1实现干扰分子与待测物质的分离,排除内源性物质的干扰,然后将待测组分从柱1转移到柱2完成下一维分离。这样既能起到样品预处理的作用,也可以使分析柱受到的污染大大减少。

(2)提高分离能力和选择性。如分析一些保留值相差很大的组分时,保留强的组分在柱1(一般为短柱)已得到很好的分离,可直接进入检测器。而保留弱的组分在柱1中洗脱很快,未彻底分离,则被送入柱2(一般为长柱)进一步分离。

9.2.5 亲和分离技术

1. 亲和分离技术的原理 亲和分离技术(affinity purification)很多情况下用于生物大分子(如蛋白质)的分离,其利用生物大分子和分离介质之间的特异性相互作用形成亲和作用的分子对而实现分离,亲和作用的分子对可以是大分子-小分子、大分子-大分子、大分子-细胞、细胞-细胞等。生物分子上具有特定构象的结构域与一些特定的配体相应区域结合,具有亲和作用的分子对之间具有“钥匙”和“锁孔”的空间结构关系,形成高度的特异性和亲和性,通过静电作用、氢键、疏水作用、配位键、弱共价键等作用力结合起来。

如酶与底物的专一性结合被认为是一种多点结合,即底物分子中至少存在三种官能团与酶分子的各个对应官能团结合,而且这种结合为立体构象结合,具有空间位阻效应(图9-10)。常见的亲和作用体系见表9-4。常用的亲和分离方法有亲和色谱分离、膜亲和过滤、亲和双水相萃取、亲和反胶团萃取、亲和沉淀和磁性亲和分离等。

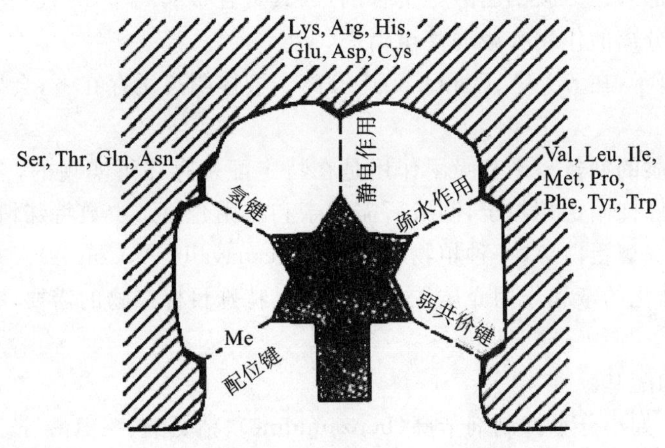

图 9-10 蛋白质的结合部位及各种结合作用力

表 9-4 常见的亲和作用体系

特异性	亲和作用体系
高特异性	抗原-单克隆受体
	荷尔蒙-受体蛋白
	核酸-互补碱基链段、核酸结合蛋白
	酶-底物、产物、抑制剂
群特异性	免疫球蛋白-A 蛋白、G 蛋白
	酶-辅酶
	凝集素-糖、糖蛋白、细胞、细胞表面受体
	酶、蛋白质-肝素
	酶、蛋白质-氨基酸(组氨酸等)
	酶、蛋白质-过渡金属离子
	酶、蛋白质-活性色素(染料)

2. 影响亲和作用的因素

(1)离子强度:离子强度会影响静电作用、氢键、疏水作用等。当亲和作用力主要为静电引力时,增大离子强度会减弱或完全破坏亲和作用,也会减弱或消除氢键作用;当亲和作用主要为疏水作用时,增大离子强度可增强亲和作用。

(2)pH:蛋白质含有多种解离基团,其解离常数因其类型和位置不同而不同,如 α-羧基的 $pK_a=3.4\sim3.8$,β-羧基的 $pK_a=3.9\sim4.0$,α-氨基的 $pK_b=7.4\sim7.5$,ε-氨基的 $pK_b=10.0\sim10.4$。

(3)抑制氢键形成的物质:如果亲和作用中存在氢键,加入脲或者盐酸胍等抑制氢键形成的物质会减弱亲和作用。

(4)温度:温度升高时,分子和原子热运动增强,静电作用、氢键和配位键减弱,疏水作用增强。

(5)螯合剂:如加入乙二胺四乙酸等螯合剂,因其螯合金属离子,导致一些与金属离子发生配位作用进行亲和分离的作用会减弱甚至消失。

(6)离子液体离子:在 SCN^-、I^- 和 ClO_4^- 等离子液体阴离子存在下,会导致疏水相互作用减弱。

3. 亲和作用介质的制备 亲和吸附作用是在特定配基存在下实现的,需根据目标产物选择适当的亲和配基修饰固定相粒子,制备所需的亲和作用介质。少数特殊情况如 Sephadex 凝胶可亲和吸附伴刀豆球蛋白 A(一种植物凝集素 concanavalin A,Con A)。在利用亲和技术纯化目标产物时,商品化的亲和作用介质往往不能满足特殊目标产物的需要,有必要专门制备亲和作用介质。

(1)常用的亲和配基。

①酶的抑制剂:如小分子抑制剂苄脒(benzamidine)、精氨酸、赖氨酸等。

②抗体:利用抗体为配基的亲和色谱又称免疫亲和色谱(immunoaffinity chromatography)。抗体与抗原之间的 K_{eq} 一般为 $10^7 \sim 10^{12}$ L/mol。因此,利用免疫亲和色谱法是高度纯化蛋白质类生物大分子的有效手段。

③A 蛋白:A 蛋白(protein A)为分子量约为 42000 的蛋白质,与 IgG 具有很强的亲和作用,结合部位为 IgG 分子的 Fc 片段。A 蛋白分子上含有 5 个 Fc 片段可结合部位。不同 IgG 的 Fc 片段的结构非常相似,因此 A 蛋白可作为各种抗体的亲和配基,但不同抗体的结合常数有所不同。A 蛋白与抗体结合并不影响抗体与抗原的结合能力,因此 A 蛋白也可用于分离抗原-抗体的免疫复合体。

④凝集素:凝集素(lectin)是与糖特异性结合的蛋白质(酶和抗体除外)的总称。伴刀豆球蛋白 A(Con A)可用作糖蛋白、多糖、糖脂等含糖生物大分子的分析、纯化。pH<5.6 时 Con A 为二聚体,分子量为 52000;pH>5.6 时,Con A 为四聚体,分子量为 102000,两个亚基(subunit)之间通过二硫键结合。因此,在利用 Con A 为配基的亲和色谱操作中,操作条件应当适宜。

⑤辅酶和磷酸腺苷:脱氢酶和激酶与辅酶之间具有亲和结合作用。辅酶主要有 NAD(nicotinamide adenine dinucleotide)、NADP(NAD phosphate)和 ATP(adenosine triphosphate)等,这些辅酶可用作脱氢酶和激酶的亲和配基。AMP(adenosine monophosphate)、ADP(adenosine diphosphate)的腺苷部分与上述辅酶的结构类似,可用作这些酶的亲和配基。

⑥三嗪类色素:利用色素为配基的亲和色谱法又称色素亲和色谱(dye-ligand affinity chromatography)。三嗪类色素(triazine dye)是一类分子内含有三嗪环(图 9-11)的合成染料,与 NAD 的结合部位相同,又称为生体模拟色素(biomimetic dye)。除脱氢酶和激酶外,三嗪类色素还与血清白蛋白、干扰素、核酸酶等具有很强的亲和力。

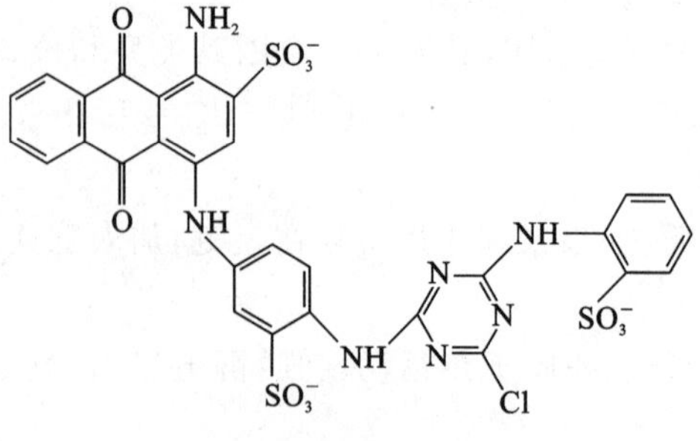

O NH$_2$ SO$_3^-$ O NH NH N N N NH N SO$_3^-$ SO$_3^-$ Cl

图 9-11 三嗪类色素的结构

⑦过渡金属离子:Cu^{2+}、Ni^{2+}、Zn^{2+}和Co^{2+}等过渡金属离子可通过与亚胺二乙酸(IDA)或三羧甲基乙二胺(TED)形成螯合金属盐固定在固定相粒子表面,作为亲和吸附蛋白质的配基。这种利用金属离子为配基的亲和色谱一般称为金属螯合色谱(metal chelate chromatography)或固定化金属离子亲和色谱(immobilized metal affinity chromatography,IMAC),如属于IMAC的镍柱常用于分离His6标签的基因工程蛋白。

⑧组氨酸:组氨酸可与蛋白质发生亲和结合作用,静电和疏水相互作用均有可能参与亲和结合。在盐浓度较低和pH约等于目标蛋白质pI的溶液中,固定化组氨酸的亲和吸附作用最强,随着盐浓度增大,亲和吸附作用降低。

⑨肝素:肝素(heparin)是存在于哺乳动物的肝、肺、肠等脏器中的酸性多糖类物质,分子量一般为5000～30000,具有抗凝血作用。肝素与脂蛋白、脂肪酶、甾体受体、限制性核酸内切酶、抗凝血酶、凝血蛋白等具有亲和作用,可用作这些物质的亲和配基。肝素的亲和结合作用在中性pH和低浓度盐溶液中较强,随着盐浓度的增大结合作用降低。

(2)亲和作用介质的载体:亲和作用介质的理想载体应具有下列特性。①不溶性;②渗透性;③高硬度及适当的颗粒形式;④最低的吸附力;⑤较好的化学稳定性;⑥抗微生物和酶的侵蚀;⑦亲水性;⑧具有大量的供反应的化学基团。

常规的亲和作用介质都是以软质凝胶,如葡聚糖、琼脂糖、聚丙烯酰胺等作为载体材料的。近年来,为了满足快速高效分离的需要,以多孔硅胶和合成高分子化合物为载体的高效亲和作用介质,得以迅速发展。

(3)亲和作用介质的制备过程:亲和作用介质的制备过程一般包括载体的选择、载体的活化和配基的连接。选择好合适的载体后,可通过溴化氰(CNBr)活化法(图9-12)、环氧基活化法(图9-13)、硅胶活化法(图9-14)等对载体进行活化,然后准备和相应的配基进行连接。

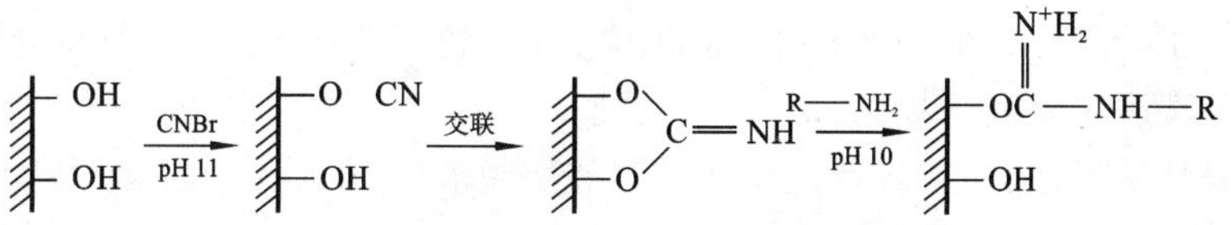

$$\text{载体}\begin{cases}-OH\\-OH\end{cases}\xrightarrow[\text{pH 11}]{\text{CNBr}}\begin{cases}-O\;\;CN\\-OH\end{cases}\xrightarrow{\text{交联}}\begin{cases}-O\\-O\end{cases}\!\!>C{=}NH\xrightarrow[\text{pH 10}]{R-NH_2}\begin{cases}-O\overset{N^+H_2}{\overset{\|}{C}}-NH-R\\-OH\end{cases}$$

图 9-12 溴化氰活化法活化载体的示意图

$$-OH+\underset{\text{BGE}}{CH_2\overset{O}{—}CHCH_2O(CH_2)_4OCH_2CH\overset{O}{—}CH_2}\xrightarrow{NaOH}-OCH_2\underset{OH}{\underset{|}{C}}HCH_2O(CH_2)_4OCH_2CH\overset{O}{—}CH_2$$

$$-OH+Cl-CH_2CH\overset{O}{—}CH_2\xrightarrow{NaOH}-OCH_2CH\overset{O}{—}CH_2$$

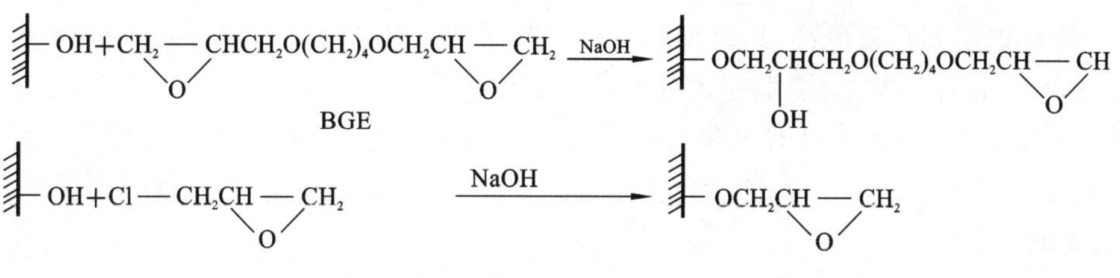

图 9-13 环氧基活化法活化载体的示意图

当配基较小时,若将其直接固定在载体上,会由于载体的空间位阻,配基大分子不能发生有效的亲和吸附作用。这时,需要在配基与载体之间连接一个"间隔臂"(spacer),使其发生有效的亲和结合。

环氧基活化法中的双环氧化合物起间隔臂的作用。事实上,除溴化氰活化法外,其他活化法都引入了不同的活性基因,这些活性基团如果有适当的长度,都可起到间隔臂的作用。利用溴化氰活化法固定小分子配基时,一般需先引入ω-氨基己酸或1,6-二氨基己烷后再用相应的方法固定配基。引入间隔臂的长度有一定限制,当间隔臂超过一定长度时,配基与目标分子的亲和力又会减弱。

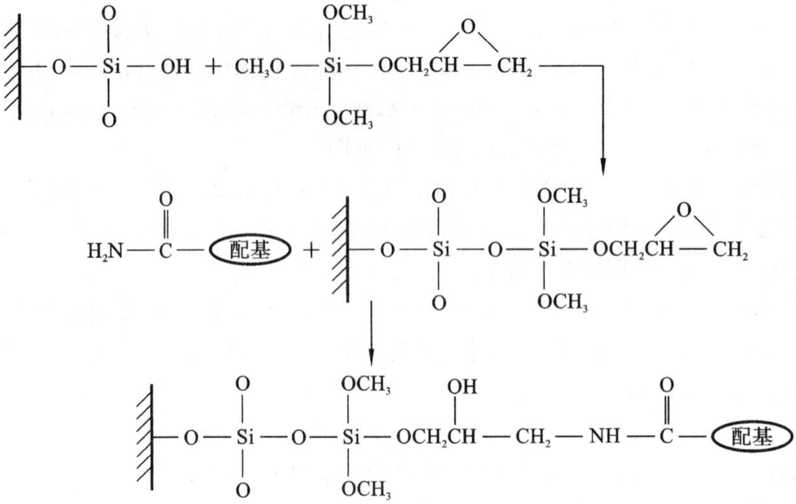

$$\text{Support}-O-Si(O)(O)-OH + CH_3O-Si(OCH_3)_2-OCH_2CH(-O-)CH_2 \rightarrow$$

$$H_2N-C(=O)-\text{配基} + \text{Support}-O-Si(O)(O)-O-Si(OCH_3)_2-OCH_2CH(-O-)CH_2 \rightarrow$$

$$\text{Support}-O-Si(O)(O)-O-Si(OCH_3)_2-OCH_2CH(OH)-CH_2-NH-C(=O)-\text{配基}$$

图 9-14　硅胶活化法活化载体的示意图

4. 亲和作用分离的洗脱方法

(1)特异性洗脱法:利用含有与亲和配基或目标产物具有亲和结合作用的小分子化合物溶液为洗脱剂,通过与亲和配基或目标产物的竞争性结合,洗脱目标产物。例如:Lys 和 Arg 均为 t-PA 的抑制剂,利用固定化 Lys 为配基亲和分离 t-PA 时,可用 Arg 溶液进行洗脱。利用 Con A 为配基的目标产物可用葡萄糖溶液洗脱。

特异性洗脱法的洗脱条件温和,有利于保护目标产物的生物活性,另外,由于仅特异性洗脱目标产物,对于特异性较低的亲和体系(如用三嗪类色素为配基时)或非特异性吸附较严重的物系,特异性洗脱法有利于提高目标产物的纯度。

(2)非特异性洗脱法:非特异性洗脱通过调节洗脱液的 pH、离子强度、离子种类或温度等理化性质降低目标产物的亲和吸附作用,是使用较多的洗脱方法。

5. 亲和作用分离的应用

(1)t-PA 的亲和色谱分离:组织型纤溶酶原激活剂(t-PA)是一种糖蛋白,具有激活纤溶酶原、促进血纤维蛋白溶解的作用,是治疗血栓等心脑血管疾病的蛋白药物。赖氨酸、精氨酸、氨基苄脒和纤维蛋白与 t-PA 具有亲和结合作用,常用作亲和色谱纯化 t-PA 的配基。图 9-15 是利用精氨酸-Sepharose 4B 亲和色谱纯化猪心组织 t-PA 的结果。原料为猪心丙酮粉,经醋酸钾抽提、硫酸铵沉淀。

(2)干扰素的亲和色谱分离:干扰素(interferon,IFN)对癌症、肝炎等疾病具有特殊疗效。IFN 主要分 α、β 和 γ 三种类型,可通过动物细胞培养或重组 DNA 大肠杆菌发酵大量生产。色素亲和色谱、固定化金属离子亲和色谱和免疫亲和色谱可用于 IFN 的纯化。图 9-16 是利用单抗免疫亲和色谱法纯化源于大肠杆菌的重组人白细胞干扰素(rhIFN-α)的操作条件和结果。rhIFN-α 的活力提高了 1150 倍,收率达 95%。

(3)G6PDH 的膜亲和分离:膜亲和分离利用亲和配基修饰的膜进行分离,亲和配基固定在膜孔表面,流体在对流透过膜的过程中目标蛋白质与配基接触而被吸附(图 9-17)。利用色素作为配基进行亲和膜纯化 G6PDH(图 9-18),在 9 min 内即完成了 0.6 L 料液的纯化处理,G6PDH 收率达 82%,活力提高了 27 倍。

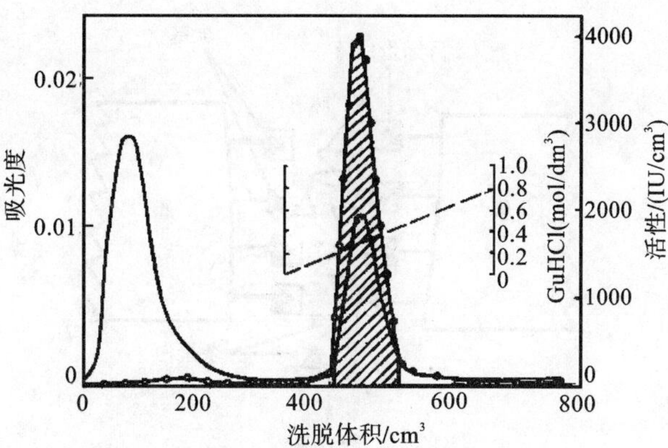

(ϕ25×50)纯化t-PA

——：280 nm处的吸光度；-●-：t-PA活性；

-----：盐酸胍（洗脱液）浓度梯度；

斜线部分：收集的t-PA活性部分

图 9-15 精氨酸-Sepharose 4B 亲和分离 t-PA

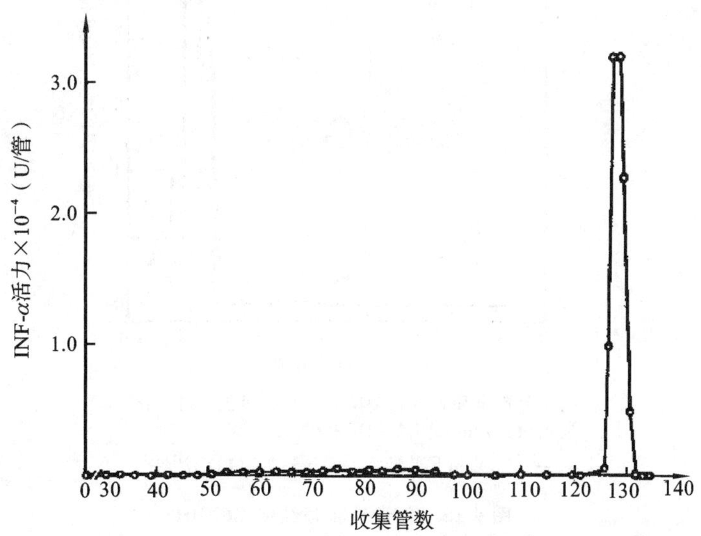

色谱柱：ϕ25×35

料液：700 cm³，总蛋白=37.1 g（缓冲液A+0.1 mol/L NaCl）

清洗液：30～80管，缓冲液A=25 mmol/L Tris-HCl+0.01%硫代二甘醇+
+10 μmol/L 苯甲基磺酰氟

81～116管，缓冲液B=25 mmol/L Tris-HCl+0.5 mol/L NaCl+
+0.2%Triton X-100，pH7.5

117～124管，缓冲液C=0.15 mol/L NaCl+0.1%Triton X-100

洗脱液：125～140管，缓冲液D=0.2 mol/L 醋酸+0.1 mol/L NaCl+
+0.1%Triton X-100，pH2.5

收集部分：127～131管（30 mg 蛋白质）

图 9-16 单抗免疫亲和色谱法纯化 rhIFN-α

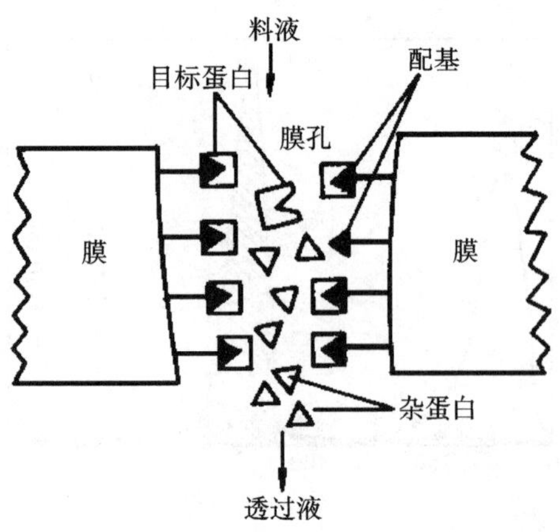

图 9-17　亲和膜吸附原理示意图

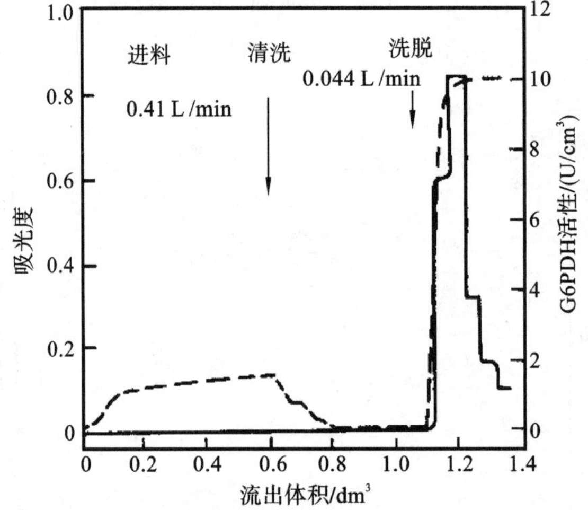

图 9-18　色素亲和膜纯化 G6PDH

(4)伴刀豆球蛋白 A(Con A)的亲和反胶团萃取:亲和反胶团萃取(affinity-based reversed micellar extraction)是指在反胶团相中除通常的表面活性剂(如 AOT)以外,添加另一种亲水头部为目标分子的亲和配基的助表面活性剂(cosurfactant),通过亲和配基与目标分子的亲和结合作用,促进目标产物在反胶团相的分配,提高目标产物的分配系数和反胶团萃取分离的选择性的分离方法。

利用正辛基-β-D-吡喃葡萄糖苷(octyl-β-D-glucopyranoside,OGP)作为配基与 AOT 连接,制备得到的亲和反胶团大大提高了 Con A 的萃取率(图 9-19)。

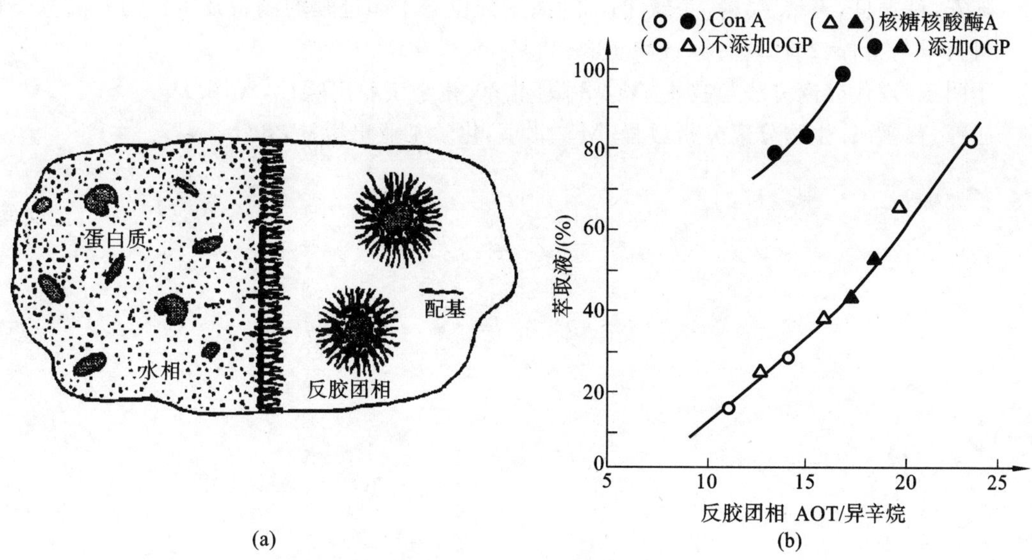

图 9-19　Con A 的亲和反胶团萃取

思　考　题

1. 深度共熔溶剂(deep eutectic solvent,DES)的概念是什么？DES 与离子液体有什么区别？
2. DES 常用的氢键供体和氢键受体有哪些,如何制备 DES 溶剂？
3. 浊点萃取的概念是什么？影响浊点萃取形成的影响因素有哪些？
4. 举例说明如何使用 CPE 法分离纯化膜蛋白。
5. 什么是分子印迹膜技术,如何制备分子印迹膜？
6. 分子印迹膜的构建有几种方式,不同构建方式的优缺点有哪些？
7. 举例说明手性化合物分离的重要性,以及分子印迹膜技术如何分离手性化合物。
8. 多维液相色谱如何实现对复杂化合物的高效分离？
9. 何谓生物亲和作用？影响亲和作用的因素有哪些？

参 考 文 献

[1] Abbott A P, Barron J C, Ryder K S, et al. Eutectic-based ionic liquids with metal-containing anions and cations[J]. Chemistry, 2007, 13(22): 6495-6501.

[2] Li N, Wang Y, Xu K, et al. Development of green betaine-based deep eutectic solvent aqueous two-phase system for the extraction of protein[J]. Talanta, 2016, 152: 23-32.

[3] 严希康. 生物物质分离工程[M]. 北京：化学工业出版社，2010.

[4] 马岳，阎哲，黄骏雄. 浊点萃取在生物大分子分离及分析中的应用[J]. 化学进展，2001，13(1)：25-32.

[5] 邓燕芳，刘桉如，罗明辉，等. 分子印迹膜分离技术进展[J]. 化工进展，2020，39(6)：2166-2176.

[6] Lofgreen J E, Ozin G A. Controlling morphology and porosity to improve performance of molecularly imprinted sol-gel silica[J]. Chemical Society Reviews, 2014, 43(3): 911-933.

[7] 陈安，许振良，王靖宇，等. 茶碱-铜(Ⅱ)离子配位分子印迹膜的制备及表征[J]. 高分子材料科学与工程，2012，28(3)：130-133.

[8] 丁明玉. 现代分离方法与技术[M]. 2 版. 北京：化学工业出版社，2012.

[9] 屈锋，吕雪飞. 生物分离分析教程[M]. 北京：化学工业出版社，2020.

(金文闻)

第10章 浓缩与干燥

扫码看课件

10.1 蒸发浓缩

蒸发浓缩指利用各种蒸发设备给溶液加热，使溶液中的一部分溶剂汽化后，得到较高浓度溶质的操作单元。含待分离目标产物的发酵液经过滤分离后，目标产物存在于滤液中，由于滤液体积大，目标产物浓度低，必须经过进一步浓缩以除去大量的溶剂，提高液相中溶质的浓度，同时也便于干燥、结晶等下一步操作。另外，用溶剂进行有效成分提取后，回收溶剂一般也用浓缩方法。

根据相间是否直接接触，浓缩可分为平衡浓缩和非平衡浓缩。平衡浓缩是利用两相在分配上的某种差异而使溶质和溶剂分离的方法。蒸发浓缩和冷冻浓缩过程中，气液或液固两相都是直接接触，均属于平衡浓缩。非平衡浓缩是利用半透膜分离溶质和溶剂的过程，分离不靠两相间的直接接触，通过浓度差或压力差等推动力，有选择地让某些分子通过，使溶液中不同的溶质和成分分离，故也称为膜浓缩或膜分离。

冷冻浓缩是利用稀溶液与固态溶剂在凝固点下的平衡关系，使溶剂（水）以晶体（冰晶）形式从溶液中析出，通过固-液分离使溶液浓度增大。由于在低温下操作，能耗低，物料几乎不发生可能产生的化学变化和生化反应，浓缩产品中有效成分和营养成分保留率高，但成本高、溶质损失等问题限制了其应用。蒸发浓缩仍是目前应用最为广泛的浓缩方法。

10.1.1 蒸发浓缩的特点

蒸发浓缩是利用溶剂和溶质挥发性差异，当溶液中溶质挥发性较小，溶剂具有较明显的挥发性时，通过加热使溶剂汽化，从而使溶液浓缩。

被蒸发的料液含有非挥发性溶质，根据拉乌尔定律可知，相同温度下，溶液的蒸气压低于溶剂的蒸气压。换言之，在相同压力下，溶液的沸点高于纯溶剂的沸点，此即溶液沸点上升。因此，当加热蒸汽温度一定，蒸发溶液时的传热温差要小于蒸发溶剂时的温差。溶液浓度越高，这种影响也将越明显。

料液的性质对蒸发有很大影响，特别是生物系统的物料，有些具有结垢性、泡沫性、结晶性，在蒸发浓缩过程中可能会结垢、产生泡沫或析出晶体；有些具有热敏性，在蒸发过程中易变质、变性；有些具有较大的黏稠性、腐蚀性、易挥发性等，溶液在蒸发过程中性质的变化相比一般化工物料更为复杂。

物料在蒸发器内停留时间较长，容易导致热敏性成分破坏，且物料不断浓缩，其沸点也随着溶质浓度的提高而升高，黏稠度不断变化，需要合理选择和控制蒸发温度。另外，液层静压效应可导致液层局部沸腾温度高于液面上的沸腾温度，同时因料液黏稠度不断增大，料液流动性小，更加增大温差，引起局部结垢、焦化，严重影响热传导。

10.1.2 蒸发浓缩的原理

根据分子运动学，溶液受热时，溶剂分子获得动能，当一些溶剂分子的能量足以克服分子间吸引力时，就会逸出液面成为蒸汽分子，此即汽化。若不除去这些蒸汽分子，返回液体的分子数将不断增多，当在相同时间内从液体逸出的分子数与返回液体的分子数相等时，则气相、液相间的水化学势将渐趋平衡，汽化过程也逐渐减弱至停止，蒸汽达到饱和状态。故蒸发的必要条件就是热能不断供给和蒸汽不断排除。

一般而言，溶液在任何温度下都会有水的汽化。由于这种汽化速率慢，工程上多采用沸腾状态下的汽化过程，也即蒸发。为了维持溶液在沸腾条件下汽化，需要不断供给热量，通常采用饱和水蒸气为热源，其在冷凝过程中放出的汽化潜热提供蒸发所需热量。因此，蒸发过程一方面是水蒸气的冷凝放热，另一方面是溶液的沸腾放热。

蒸发器的生产能力是指单位时间蒸发水的质量，以 W 表示，由于它主要取决于过程的热流量，通常又以热流量来衡量蒸发器的生产能力。蒸发器的生产强度是指单位传热面积的生产能力或指单位时间单位传热面积上的蒸发量，以 U 表示，是评价蒸发器性能优劣的重要指标，也是评价蒸发过程的主要技术经济指标之一。

$$U=\frac{W}{A}=\frac{K\cdot\Delta t_{\mathrm{m}}}{r'} \tag{10-1}$$

式中，U——生产强度，$\mathrm{kg/(m^2\cdot h)}$；

r'——二次蒸气的汽化潜热，kJ/kg；

A——蒸发器传热面积，$\mathrm{m^2}$；

W——蒸发量，kg/h；

Δt_{m}——加热蒸汽饱和温度与溶液沸点之差，即传热温差；

K——传热系数，$\mathrm{W/(m^2\cdot K)}$。

$$K=1/(1/a_0+1/a_{\mathrm{i}}+R_{\mathrm{w}}+R_{\mathrm{s}})$$

式中，a_0——管间蒸汽冷凝传热膜系数；

a_{i}——管内溶液沸腾传热膜系数；

R_{w}——管壁热阻；

R_{s}——管内垢层热阻。

由式(10-1)可知，生产强度与传热温差、蒸发器传热系数成正比例。

(1)传热温差主要取决于加热蒸汽的压力和冷凝器的真空度。加热蒸汽的压力越大，其饱和温度也越高，可以增大温差，但是加热蒸汽压力常受具体的供气条件限制，其压力范围一般为 300～500 kPa(绝压)，高的为 600～800 kPa(绝压)；若提高冷凝器的真空度，即减压蒸发，可降低溶液沸点，也可以增大温差，但是这样不仅增加真空泵的功率消耗，而且还会因溶液的沸点降低，使其黏度增大，导致沸腾传热系数下降，故一般冷凝器中的压力不低于 10 kPa。此外，为了控制沸腾操作处于泡核沸腾区，也不宜采用过高的传热温差。因此，传热温差的提高是有一定限度的。

(2)增大传热系数是提高蒸发浓缩效率的主要途径。管内溶液侧的垢层热阻在许多情况下是影响传热系数的重要因素，尤其在处理易结垢或结晶的物料时，往往很快就在传热面上形成垢层，致使传热速率降低，为了减小垢层热阻，除了要加强搅拌和定期除垢外，还可从设备结构上改进。对于不易结垢或不含结晶的物料，可通过增加沸腾区域、调整料液厚度、增加循环等方式改善管内溶液沸腾传热膜系数。

10.1.3 蒸发浓缩过程的节能

蒸发浓缩时既要增加热能，使溶剂汽化，同时要用冷凝介质使溶剂冷凝排走热能，故能耗很大。如何减少能耗、降低生产成本，是目前蒸发浓缩生产过程中需要解决的重要问题。

循环利用热能是目前降低蒸发浓缩能耗的最好办法。蒸发过程的二次蒸汽直接冷凝不再利用的称为单效蒸发。将产生的二次蒸汽用作加热介质去蒸发另外的物料而同时其本身也被冷凝，这种热能的循环利用称为多效蒸发。理论上，蒸发操作可以做到多效，但实际上由于传热温差与沸点上升的存在，效数不能增加太多，最多达七效，再增加效数反而不经济。目前而言，多效蒸发只能在规模较大的连续生产系统中应用，对于中小规模的设备，则难以实现。

二次蒸汽由于温度较低，不能用作自身的加热介质，若提高其蒸汽温度则可重新加以利用。热泵蒸发使用机械泵或蒸汽喷射泵将低压蒸汽压缩成较高压力的蒸汽，对二次蒸汽重新加热，将低品质能源转化为高品质能源后进行利用，也是当前蒸发过程节能的重要措施。

发挥多效蒸发和热泵蒸发更大节能效益的关键，在于增大蒸发过程中的传热系数，降低传热温差和减少蒸发过程中溶液沸点上升。热量传递与传热系数、传热温差和传热面积成正比。既要降低传热温差，又要保持同样的热量传递，就必须通过提高传热系数或增加传热面积来强化传热过程。目前蒸发设备中较为理想的是降膜式蒸发器，只要成膜理想，传热系数就较大，且增加传热面积也比较容易，只需要增加管子数量或管子高度。溶液沸点上升是阻碍热量重复利用、增大损耗的重要原因。沸点上升的主要原因是溶质的存在而引起分子运动阻力增大，以及溶液具有一定的黏度和液柱高度导致液体汽化的蒸汽较难排出所致。溶质的影响由物质的性质所决定，难以避免，但对于溶液的黏度和液柱高度的阻碍，则可以通过蒸发设备的选择和设计来解决。采用薄膜蒸发设备时，由于液层很薄，液柱影响较小。对于黏性溶液，则可以通过增大物料流速来减少影响。目前使用较多的是二效、三效降膜式蒸发器，效果最好的是带两组热泵的五效蒸发设备，其单位蒸汽消耗量是二效的 21.93%和三效的 31.25%。

目前，多效蒸发与热泵蒸发已成为蒸发浓缩单元操作的主要节能措施。如何应用还应结合具体物料性质、工艺要求与生产规模进行合理选用，同时还要研制更理想的蒸发设备和效率更高的热泵，不断提高节能效果。

10.1.4 蒸发浓缩的方法

蒸发浓缩过程中一般会采用加热的方式提高料液温度以除去溶剂，但生物产品在高温下容易分解、变性，所以根据物料的性质和制备工艺的要求，蒸发浓缩过程往往采用不同的操作条件和方法，如常压蒸发浓缩、减压蒸发浓缩、薄膜蒸发浓缩、单效蒸发浓缩、多效蒸发浓缩等。

1. 常压蒸发浓缩技术 常压蒸发浓缩设备包括加热器、蒸发器、冷凝器和溶剂接收器。蒸发器包括加热室和分离室两部分，加热室利用水蒸气为热源加热待浓缩的料液，分离室可以将二次蒸汽中夹带的雾沫分离出来，也称为除沫器，需要有足够大的直径和高度来降低蒸汽流速，使雾滴有足够的机会下落到液体中。常压蒸发时冷凝器和蒸发器侧的操作压力为大气压或略高于大气压，系统中不凝性气体依靠本身的压力从冷凝器中排出。此法常用于液体食品、果汁等的浓缩，具有设备简单、操作简便的优点，但是因蒸发温度高、能耗高而导致生产成本增加,浓缩后液体浓度的升高会进一步升高料液温度,料液中许多成分容易出现焦化、分解、氧化等现象,使产品质量下降。

2. 减压蒸发浓缩技术 减压蒸发浓缩是根据蒸发过程中压力的降低可使液体沸点降低的原理,通过抽真空而进行的操作,也称为真空蒸发浓缩。冷凝器和蒸发器溶液侧的操作压力低于大气压,蒸发的不凝性气体必须用真空泵抽出。在低压状态下,蒸汽间接加热的物料可在较低的温度下沸腾,可能会出现冲料现象,可通过排气阀门吸入部分空气,使蒸发器内的真空度降低,升高溶液沸点,调整料液沸腾的状况。

与常压蒸发浓缩相比,减压蒸发浓缩具有如下优点:①溶液沸点低,可将较低温度的蒸汽或废蒸汽作为热源;②溶液沸点低,采用同样的加热蒸汽,加大了传热温差,蒸发器的蒸发推动力增加;③有利于处理热敏性物质。如中药浸出液在常压下 100 ℃沸腾,当操作压力降为 $8.0\times10^4\sim9.3\times10^4$ Pa 时,40～60 ℃即可沸腾,有利于防止有效成分的分解;④蒸发器操作温度低,系统热损小。其缺点是在较低沸点下溶液黏度大,蒸发器传热系数小,需要用真空泵抽出不凝性气体以保持一定的真空度,这需要额外的能耗。采用减压蒸发浓缩技术时,冷凝器的压力一般为 10～20 kPa。

3. 薄膜蒸发浓缩技术 使待浓缩的料液形成薄膜后再进行蒸发的方式称为薄膜蒸发浓缩技术。形成薄膜的液体具有很大的汽化面积,热传导快而均匀,可避免生物制品因加热时间过长而分解。

物料从加热区的上方径向进入蒸发器,经布料器分布到蒸发器加热壁面,防止物料溅到蒸发器内部喷入蒸汽流和防止刚进入的物料在此处闪蒸,有利于泡沫的消除,使得物料只能沿着加热面蒸发。然后旋转的刮膜器将物料连续均匀地在加热面上刮成厚薄均匀的液膜,以螺旋状向下推进,以保证连续和均匀的液膜产生高速湍流,并阻止液膜在加热面结焦、结垢。在此过程中低沸点的组分被蒸发,而残留物从蒸发器底部的锥体排出。

4. 吸收浓缩技术 通过吸收剂直接吸收溶液中的溶剂进行浓缩,吸收剂不与溶液发生化学反应,对生化药物不发生吸附作用,吸收剂可以反复利用。常用的吸收剂有聚乙二醇、聚乙烯吡咯烷酮、蔗糖、凝胶、浓缩胶等。

10.2 干燥

干燥(drying)是利用热能除去物料中湿分(水或溶剂),或用冷冻法使水结冰后升华而除去的单元操作。通过干燥,目标产物更稳定,便于物料进一步处理或制备各种制剂,同时也利于包装、贮存和运输。因此,干燥通常是固体生物产品(如酶制剂、单细胞蛋白、谷氨酸等)生产过程中的最后一个操作单元,也是与最终产品质量密切相关的一道关键工序。干燥操作,不仅对工业应用具有重要的研究和发展意义,而且也与分析检测密不可分,广泛用于生物、医药、化工、食品、轻工等加工和检测领域。

10.2.1 物料干燥机理

1. 物料中水的类型 物料中水的性质与物料内部结构、水与物料结合的方式有关。物料内部结构不同,导致水与物料结合的方式也不同。根据去除的难易程度,水可分为非结合水和结合水。根据能否用干燥方法去除,水可分为平衡水和自由水。

非结合水多是附着在固体表面和较大孔隙中的水，与普通水有相同的热容、黏度、密度和蒸气压，与物料的结合力较弱，水活度近似等于 1，能够在物料中流动，在干燥过程中容易除去，也是首先除去的水。

结合水则与物料存在某种物理或化学作用力，是在细胞壁内或毛细管内的水，主要有结构水、渗透水等，与物料的结合力较强，水活度小于 1，不能自由流动，汽化潜热更高。相比非结合水，其饱和蒸气压低，且随物料性质不同而变化。所以，结合水在干燥过程中比非结合水更难除去。不同物料中结合水的来源不同，在毛细-多孔胶体中，存在三种主要形式的结合水，即化学结合水、物理化学结合水和机械结合水。

(1)化学结合水。与物质按一定质量比例直接化合的水，水与物质牢固结合，通常只有在化学反应或煅烧时才能去除。

(2)物理化学结合水。由于吸附等作用，水分子在物料表面形成一层薄膜或扩散到物料内部，通常肉眼不可见。水与物料的结合比较牢固，干燥也只能除去一部分。物理化学结合水包括吸附水、渗透水和结构水，其中吸附水结合力最强。

(3)机械结合水。机械结合水包括毛细管水、湿润水、孔隙水等。由于松散物料之间存在孔隙，甚至物料内部也存在空穴或裂隙，如同很多毛细管，水在毛细管吸力作用下能保持在孔隙中。如图 10-1 所示，毛细管吸力作用能保持水柱高度 h，则有：

$$h=\frac{2\sigma\cos\theta}{\gamma\rho g} \tag{10-2}$$

式中，σ——水的表面张力；

θ——水与物料的接触角；

γ——毛细管直径；

ρ——水的密度。

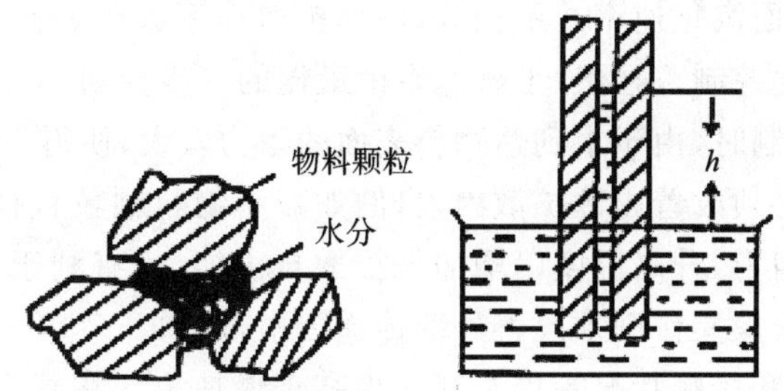

图 10-1 孔隙水示意图

由式(10-2)可知：

(1)物料间孔隙越小，即 γ 越小，则其间水除去越困难。物粒越细，表面积越大，吸附的水越多，同时细粒物料存在大量孔隙，毛细管作用明显，故粒度越小，含水量越高，导致脱水困难；但粒度小到一定程度时，由于容纳水的孔隙变小，含水量反而降低。

(2)亲水物料与水接触角小，即 $\cos\theta$ 值大，也会导致水去除困难。增加物料疏水性则可使水去除更容易。

当湿物料表面所产生的水汽分压大于空气中的水汽分压，湿物料中的水将向空气中传递从而得以干燥；反之，物料将吸收空气中的水，即发生“返潮”现象。当湿物料表面所产生的水汽分压等于空气中的水汽分压，两者处于平衡状态，物料中的水不会因为与空气接触时间延长而改变。这种恒定的含水量称为该物料在一定空气状态下的平衡水。平衡水代表物料在一定空气状态下的干燥极限，即用热空气干燥法，平衡水是不能去除的。物料中超出平衡水的那一部分水，称为该物料在一定空气状态下的自由水。自由水在干燥过程中能够去除。

物料的总水量、平衡水、自由水、结合水、非结合水之间的关系见图 10-2。物料的结合水和非结合水的划分只取决于物料本身的性质，而与干燥介质的状态无关；平衡水与自由水则还取决于干燥介质的状态，干燥介质状态改变时，平衡水和自由水的数值将随之改变。

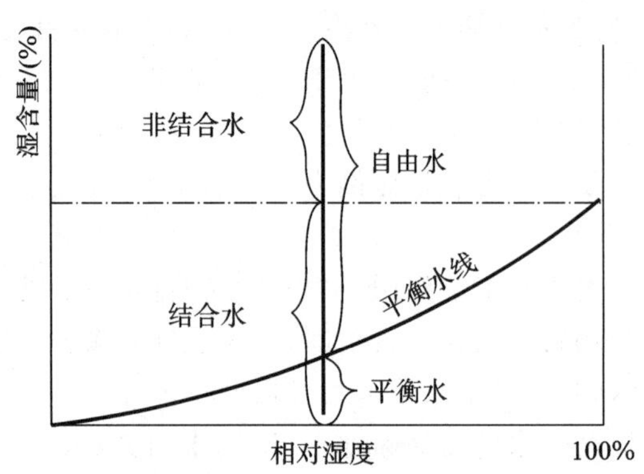

图 10-2　物料水相互关系示意图

2. 干燥机理　干燥包括两个基本过程，一是热空气等干燥介质传递热量给湿物料，二是物料内部水向表面扩散，并在表面汽化而被带走。因此，干燥属于传质传热同时进行的过程，且二者传递方向相反，此过程中空气既是热载体，又是湿载体。

干燥过程中，水在物料的内部扩散和表面汽化同时进行。引起内部扩散的推动力是物料内部与表面之间存在湿度梯度，其扩散阻力与物料内部结构、水和物料的结合方式有关。表面汽化并向气流中传递的推动力是物料表面气膜内的水蒸气分压与气流主体中水蒸气分压的差值。水的内部扩散和表面汽化速率并不相等，内部扩散速率大于表面汽化速率称为内部扩散控制，反之称为表面汽化控制。显然，干燥速率由最慢的一步控制。

干燥受内部扩散控制时，由于水到达物料表面的阻力较大，使得汽化表面逐渐向物料内部移动，提高干燥速率则必须改善内部扩散因素，例如减小物料颗粒直径，缩短水在内部的扩散路程，以减少内部扩散阻力，升高温度以增加水扩散自由能，也有利于提高干燥速率。干燥受表面汽化控制时，强化干燥操作则须改善外部传递因素，比如升高空气温度、降低空气湿度、改善空气与物料间的流动和接触状况等均有利于提高干燥速率。在真空干燥条件下，物料表面水的汽化温度不高于该真空度下水的沸点，此时提高真空度则可降低汽化温度，从而提高干燥速率。

3. 干燥速率与干燥曲线

(1)干燥速率：单位时间内在单位干燥面积上汽化的水量。对于物料湿含量 X 与干燥时间 τ，则

$$M=-\frac{\mathrm{d}W}{A\,\mathrm{d}\tau}=-\frac{G}{A}\cdot\frac{\mathrm{d}X}{\mathrm{d}\tau} \tag{10-3}$$

式中，M——干燥速率，$\mathrm{kg/(m^2\cdot s)}$；

W——汽化水质量，kg；

A——物料表面积，即干燥面积，$\mathrm{m^2}$；

G——绝干物料质量，kg。

若物料形状规则，干燥面积容易求出，则使用干燥速率较为方便；若物料形状不规则，则可使用干燥速率进行计算，其微分形式为

$$N=-\frac{\mathrm{d}W}{\mathrm{d}\tau}=-G\cdot\frac{\mathrm{d}X}{\mathrm{d}\tau} \tag{10-4}$$

式中，N——干燥速率，kg/s。

干燥速率既与传质速率有关，也与传热速率有关，影响因素包括物料的性质、结构和形状，干燥介质的温度和湿度，干燥操作条件（如干燥介质与物料的接触方式、相对运动方向和流动状况等），干燥器的结构形式等。

（2）干燥曲线：物料湿含量 X 与干燥时间 τ 的关系曲线称为干燥曲线。如图 10-3 所示，干燥曲线可分为预热段、恒速段、降速段。

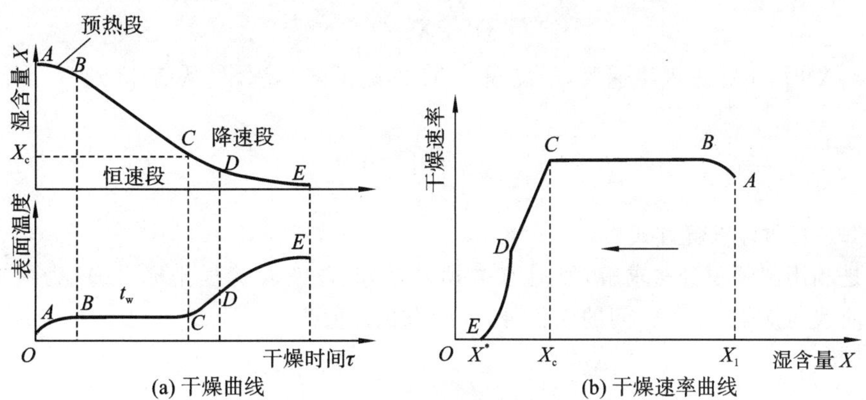

图 10-3　干燥曲线与干燥速率曲线

预热段（pre-heat period）：即 AB 段，物料吸热升温以提高汽化速率，但湿含量变化不大。由于预热段时间很短，通常将其并入恒速段。

恒速段（constant-rate period）：即 BC 段，物料温度恒定为 t_w，X 与 τ 的变化呈直线关系，气体传给物料的热量全部用于水汽化。该阶段的干燥速率几乎等于纯水的汽化速率，取决于物料表面水汽化的速率，以及水蒸气通过干燥表面扩散到气相主体的速率，和物料湿含量、物料类别无关，故又称为表面汽化控制阶段。

降速段（falling-rate period）：即 CDE 段，转折点 C 称为恒速段与降速段的临界点，对应的物料湿含量称为临界湿含量（X_c）。物料湿含量降至临界点以后，非结合水已经被蒸发，只能蒸发结合水，结合水的蒸气压恒低于同温下纯水的饱和蒸气压，传质、传热推动力逐渐减小，干燥速率随之降低，故物料开始升温，X 变化减慢，直到降为该空气条件下的平衡含水量（X^*），气体传给物料的热量仅部分用于水汽化，其余用于物料升温。因此，该阶段亦称为内部扩散控制阶段，干燥速率取决于水和蒸汽在物料内部的扩散速率，与外部条件关系不大，主要影响因素为物料结构、形状和大小。

以临界湿含量 X_c 为界，物料初始湿含量为 X_1，产品湿含量为 X_2，则

当 $X_1>X_c$，$X_2<X_c$ 时，干燥有两个阶段；

当 $X_1>X_c$ 或 $X_2>X_c$ 时，干燥都只有一个阶段，即恒速段。

需要指出的是，当干燥速率曲线形状呈现急剧转变时，物料可能有不止一个临界湿含量，与组织或化学变化而导致干燥机理变化有关；干燥过程中，一些多孔性物质降速段只有 CD 段，一些无孔吸水性物质无恒速段，且降速段也只有 DE 段。

(3)干燥时间：干燥时间的计算可以根据相同条件下测定的干燥速率曲线以及干燥速率的定义式求取，也可用对流传热系数或传质系数进行计算。

恒速段，基于临界湿含量 X_c 下的恒定的干燥速率 M_c，随着干燥时间增加到 τ_1，湿含量从 X_1 降到 X_c，则根据式(10-3)有

$$M_c = -\frac{G}{A} \cdot \frac{dX}{d\tau}$$

变量分离并积分，则

$$\int_0^{\tau_1} d\tau = -\frac{G}{M_c \cdot A}\int_{X_1}^{X_c} dX$$

则所需干燥时间为

$$\tau_1 = -\frac{G}{M_c \cdot A}(X_1 - X_c) \tag{10-5}$$

当 $X < X_c$ 时，干燥进入降速段，干燥速率 M 逐渐下降，湿含量从 X_c 降到 X_2，所需干燥时间为

$$\tau_2 = -\frac{G}{A}\int_{X_c}^{X_2} \frac{dX}{M} \tag{10-6}$$

式(10-6)有两种求解方式。

一种是利用图解积分法求解，如图 10-4 所示，以湿含量 X 为横坐标，$1/M$ 为纵坐标，量出介于所得曲线与横轴 $X_c \sim X_2$ 间的面积，即为所求积分值。

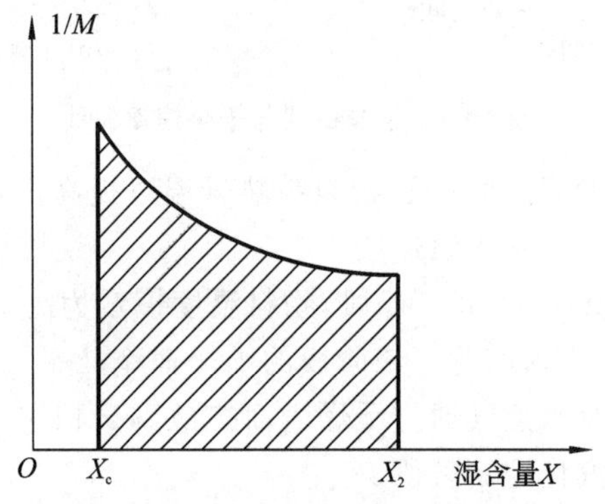

图 10-4　图解积分求解示意图

另一种是近似计算求解。将降速段干燥曲线近似看作 CE 两点间的直线，则根据式(10-3)有

$$M = -\frac{G}{A} \cdot \frac{dX}{d\tau} = K_X(X - X^*)$$

其中，K_X 即为直线 CE 的斜率，有

$$K_X = \frac{M_c}{X_c - X^*}$$

则变量分离并积分：

$$\int_0^{\tau_2} d\tau = -\frac{G}{AK_X}\int_{X_2}^{X_c} \frac{dX}{X - X^*}$$

故所需干燥时间为

$$\tau_2 = -\frac{G(X_c - X^*)}{A \cdot M_c}\ln\frac{X_c - X^*}{X_2 - X^*} \tag{10-7}$$

物料总干燥时间：　$\tau=\tau_1+\tau_2$

例1：湿物料100 kg，含水量由20%干燥处理至5%（均为湿基），干燥器干燥面积为4 m^2，测得临界处含水量为0.2 kg/kg干物料，干燥速率为1 kg/(m^2·h)，平衡含水量为0.05 kg/kg干物料，计算其干燥时间。

解：$G=100\times(1-0.2)=80$(kg)

$X_1=W_1/(1-W_1)=0.2/(1-0.2)=0.25$(kg/kg干物料)

$X_2=W_2/(1-W_2)=0.05/(1-0.05)=1/19$(kg/kg干物料)

根据式(10-6)和式(10-7)则有

$\tau_1=80\times(0.25-0.2)/(4\times1)=1$(h)

$\tau_2=80\times(0.2-0.05)\times\ln((0.2-0.05)/(1/19-0.05))/(4\times1)=12.12$(h)

故干燥时间 $\tau=\tau_1+\tau_2=1+12.12=13.12$(h)

10.2.2 常用干燥方法

按照加热方式，干燥可分为直接干燥、间接干燥、介电加热干燥；按照操作类型，干燥可分为常压干燥（如气流干燥）、减压干燥（如真空干燥）、喷雾干燥、冷冻干燥。针对热敏性物质的干燥操作单元有接触时间短、气流温度高的瞬时快速干燥；有时间短、热效低、可同时造粒的喷雾干燥；有接触时间较长的气流干燥；有接触时间长、热效高的沸腾干燥；有适用于黏稠状物料，活性保持好的低温干燥；有时间短、效率高的微波干燥；有温度高、速率快的红外干燥等。

1. 气流干燥　利用热空气与粉状或颗粒状湿物料在流动过程中充分接触，气体与固体物料之间进行传热传质，使湿物料达到干燥的目的。操作中，将细粉或颗粒状湿物料用空气、烟道气或惰性气体将其分散于悬浮气流汇总，并和热气流做并流流动。干燥器可以在正压或负压下工作。若物料为高温的膏糊状物料，则可以在干燥器底部串联一粉碎机，使物料边干燥边粉碎，而后再进入气流干燥管中进行干燥。气流干燥装置的示意图见图10-5。

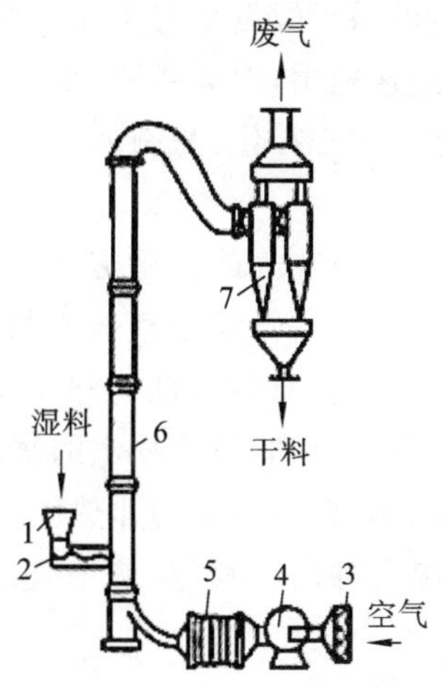

1—料斗；2—螺旋加料器；3—空气过滤器；4—风机；5—预热器；6—干燥管；7—旋风分离器

图10-5　气流干燥装置

该法干燥时间短，适用于热敏性物质；生产能力大，投资费用少；将干燥、粉碎、输送、包装可组合成一道工序，整个过程在密闭条件下进行，可减少粉尘污染和杂质渗入，既可改善产品质量又可提高收率。但是，该法对晶形磨损严重，且不适合黏厚物料的干燥。

2. 喷雾干燥 利用不同喷雾器，将悬浮液和黏滞液体喷成雾状，形成具有较大表面积的分散微粒，同热空气发生强烈的热交换，迅速排除本身的水，在几秒至几十秒完成干燥。成品以粉末沉降于干燥室底部，连续或间断地从卸料器排除。

喷雾干燥过程可分为四个阶段：料液雾化、雾滴与空气接触、雾滴干燥、干燥产品与空气分离。图 10-6 是喷雾干燥设备（带气流输送系统）流程图。

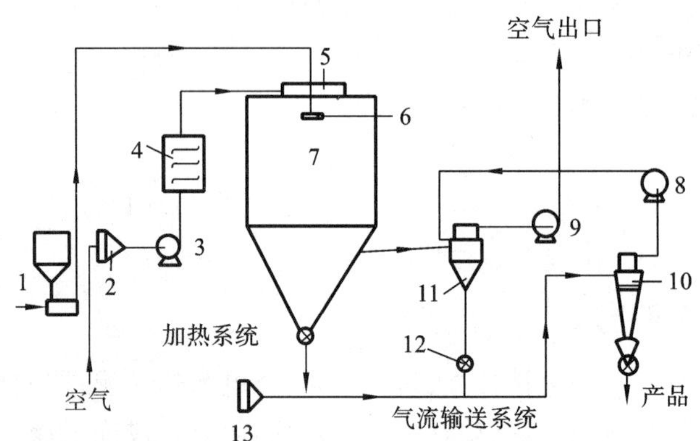

1—供料系统；2—过滤器；3—鼓风机；4—加热器；5—空气分布器；6—雾化器；7—干燥器；8—循环风机；9—排风机；10—旋风分离器(Ⅱ)；11—旋风分离器(Ⅰ)；12—蝶阀；13—过滤器

图 10-6 喷雾干燥设备(带气流输送系统)流程图

(1)料液雾化：将料液用雾化器分散成微细的雾滴，平均直径为 20～60 μm，使其具有很大的表面积。当雾滴与热空气接触时，迅速汽化而干燥为粉末或颗粒产品。雾化器是喷雾干燥设备的关键部位，目前常用的雾化器有气流式喷嘴、压力式喷嘴和离心式喷嘴。气流式喷嘴依靠压缩空气或蒸气通过喷嘴时产生的高速将液体吸出并使之雾化，称为气流雾化，广泛用于制药工业，如核苷酸、蛋白酶、农用细菌杀虫剂等的干燥。压力式喷嘴利用往复运动的高压泵将物料喷出分散成液滴，称为压力雾化，可用于酵母粉的干燥。离心式喷嘴利用在水平方向做高速旋转的圆盘给予溶液离心力，使其高速甩出，形成薄膜、细丝或液滴，同时又受到周围空气的摩擦、阻碍与撕裂等作用形成细雾，称为离心雾化，酶制剂的大型生产多采用此法，也用于酵母粉的干燥。

(2)雾滴与空气接触：干燥室内，雾滴与空气的接触方式有并流式、逆流式和混流式三种。并流式即液滴和热风呈同一方向流动，最热的干燥空气与水最大的雾滴接触，故水迅速蒸发，从雾滴到干燥成品的过程中，物料温度不高，对热敏性物料干燥有力，所获产品常为非球形的多孔颗粒。逆流式即液滴和热风呈反方向流动，塔顶喷出的雾滴与塔底上来的较湿空气接触，水蒸发速率比并流式慢，适用于耐受高温、含水量低的非热敏性物料的处理。混流式即液滴和热风呈不规则混合流动，干燥室底的喷雾嘴向上喷雾，热空气从室顶进入，性能介于并流式和逆流式之间。

(3)雾滴干燥：分为恒速干燥和降速干燥两个阶段，干燥过程是传热和传质同时进行的过程。

(4)干燥产品与空气分离：干燥的粉末或颗粒落在干燥室的椎体四壁并滑落到锥底，通过蝶阀之类的排灰阀排出，少量的细粉则随空气进入旋风分离器进一步分离，然后将成品输送到另一处混合后存入成品库或直接包装。

喷雾干燥法能直接干燥溶液状态的物料，特别适合于黏稠液；可控制成品含水量，可获得空心球状产品；加热时间短，适用于热敏性物料干燥；操作具有规模效益，规模越大成本越低。但设备体积较大，热容量大；雾化对物料的浓度和黏度有要求；干品粒度小，收集贮存要求高。

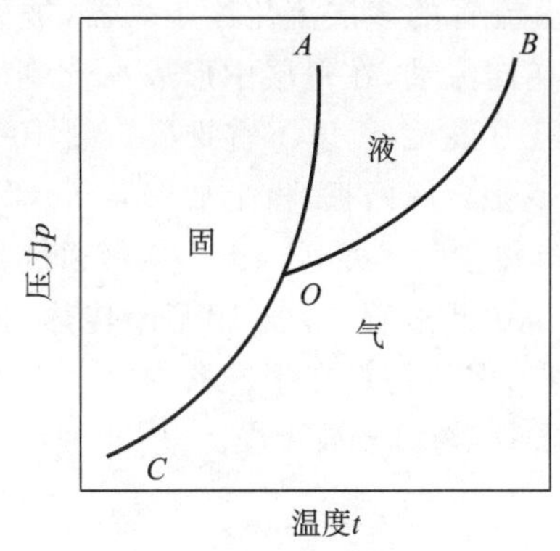

图 10-7 水的三相点相图

3. 冷冻干燥 冷冻干燥是使被干燥的液体在极低温度下冷冻成固体；在低温、低压下利用水的升华性能，使冰升华变为水蒸气而除去，以达到干燥的目的。如图 10-7 所示，图中 *OA* 是固液平衡曲线，*OB* 是液气平衡曲线（表示水在不同温度下的蒸气压曲线），*OC* 是固气平衡曲线（即冰的升华曲线），*O* 为三相点。凡是在三相点 *O* 以上的压力和温度下，物质可由固相变为液相，最后变为气相，而在三相点 *O* 以下的压力和温度下，物质可由固相不经液相直接变为气相，气相遇冷后仍变为固相，这个过程即为升华。冷冻干燥就是利用这个原理使冰不断生成水蒸气，再将水蒸气抽走，从而获得干燥制品。该法适用于绝大多数生物产品的干燥和浓缩，可以最大限度地保证生物产品的活性。

冷冻干燥工艺过程包括预冷、升华干燥、解吸干燥。预冷即将待处理样品完全冻结，不仅要使物料中自由水完成结冰，还要使其他部分也完全固化，形成固态的非晶体，此过程中样品称为冰晶和分散的溶质制品，产品冻结温度通常为 −50～−25 ℃。为加快干燥速率，应尽可能增大产品升华的表面积。升华干燥又称一级干燥或一次干燥。为保持升华表面与冷凝器之间的温差，冷冻干燥过程中必须对产品提供足够能量，但不能使产品的温度超过产品自身的共熔点温度。对生物产品而言，理想的升华干燥压力控制在 20～40 Pa，此时 90%以上水可被除去。解吸干燥又称二级干燥或二次干燥。此过程是为了除去以吸附方式存在的残留水。残留水包括化学结合水与物理结合水。对于生物产品，其水含量以低于或接近 2%为宜，原则上不超过 3%。此阶段压力以 10～30 Pa 为宜。

图 10-8 是一种小型冷冻干燥装置示意图。操作时先用小压缩机将待干燥的料液冷冻至 −40 ℃，然后用真空泵将压力抽至 1.3 Pa，同时用大压缩机将干燥室及冷凝室中温度降至 −40 ℃以下。关闭小压缩机，利用电源适当缓缓加热，使冷冻的料液温度逐步升高至约 −20 ℃，料液中的水将升华，最后药瓶中留有疏松干燥的目标物质。

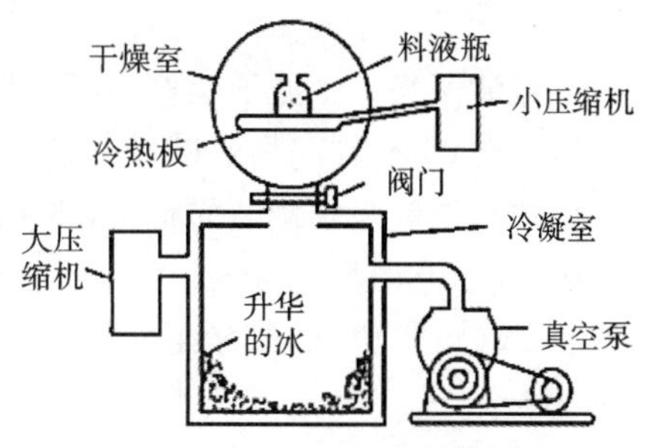

图 10-8 冷冻干燥装置示意图

近年来所开发出的生物药品大都是通过冷冻干燥制成药剂，作为制药流程的最后阶段，干燥的优劣对药品品质起着关键作用。为防止冷冻干燥过程中蛋白质的变性或膜结构破坏，生物制剂的冷冻干燥都需要加入适当的保护剂。保护剂的种类、浓度、pH 等均会对生物药品品质产生重要影响。

4. 流化床干燥 流化床干燥主要是将生物物料悬浮液通过雾化喷涂在载体上进行干燥的一种干燥方式。通过调节热空气的流速，实现颗粒在空气中悬浮以及与热空气的接触，从而实现热传递过程，达到干燥的目的。这种干燥方式的优点是温度条件可控，成本较低，主要缺点是干燥持续时间相对较长，不适宜热敏性物质的干燥。因此，流化床常与冷冻干燥和喷雾干燥结合使用，以进一步提高干燥速率。

流化床干燥器有多种类型，如图 10-9 所示。单层流化床干燥器虽然结构简单、操作方便，但其热量利用率低，物料在干燥器内停留时间不均，故而使用得不多。为了改善上述情况，发展了多层流化床干燥器，如图 10-9(b)所示，这是一种具有溢流管的多层流化床干燥器，被干燥物料从最上层逐层往下流动，热空气则由下而上，与物料逆向流动，在每层中形成一台单独的流化床。由于多层流化床干燥器对控制的要求很高，且阻力很大，所以不宜推广。图 10-9(c)所示的是卧式多室流化床干燥器，在干燥器内平放一块多孔金属网板，板上放置若干块纵向隔板，在干燥器的一侧不断加入被干燥物料，在网的下侧有热空气不断送入。热空气通过金属网板的小孔，使物料颗粒流化起来，并剧烈地湍动、混合。在此过程中，气-固不断传热、传质，固体粒子所含水不断汽化，同时因为干燥器结构上的特点，促使物料在干燥器内沿水平方向移动，即自右向左逐次经过各室，待移动到干燥器左端排出时，物料已被干燥。

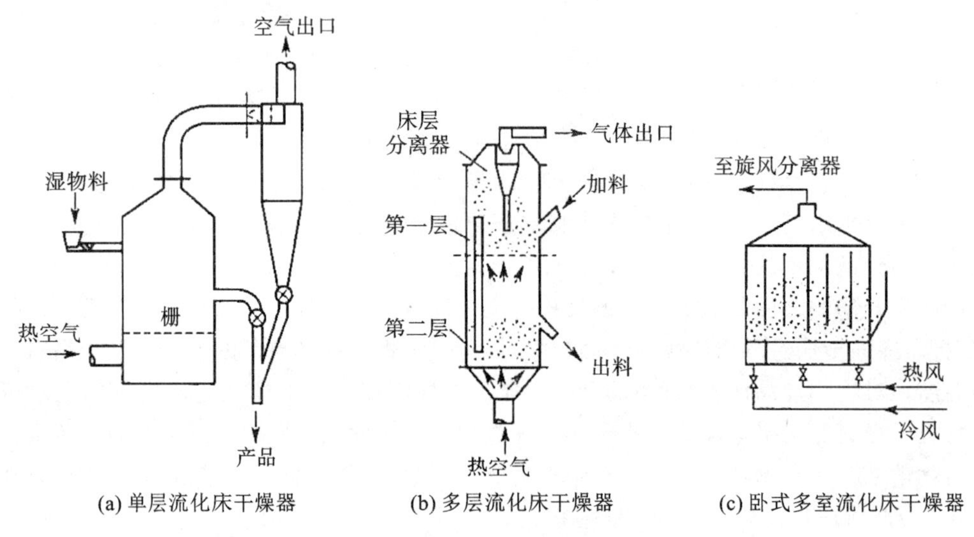

(a) 单层流化床干燥器　(b) 多层流化床干燥器　(c) 卧式多室流化床干燥器

图 10-9　流化床干燥器

5. 微波干燥　微波干燥作为一种以高效著称的干燥技术，其原理是快速、连续地改变微波的电磁方向，引导空间内的极性分子不停地移动，与其他分子发生碰撞，从而产生热能。利用物料中的水能够吸收微波的特性，将吸收的微波转化成热能，使内部水转化为蒸汽，达到干燥的效果，其示意图如图 10-10 所示。微波干燥具有加热均匀、操作简便、干燥效率高、护色以及能耗相对较低等优点，但存在温控不灵敏、产品易发生形变，且不好控制干燥终点，容易干燥过度等缺点。

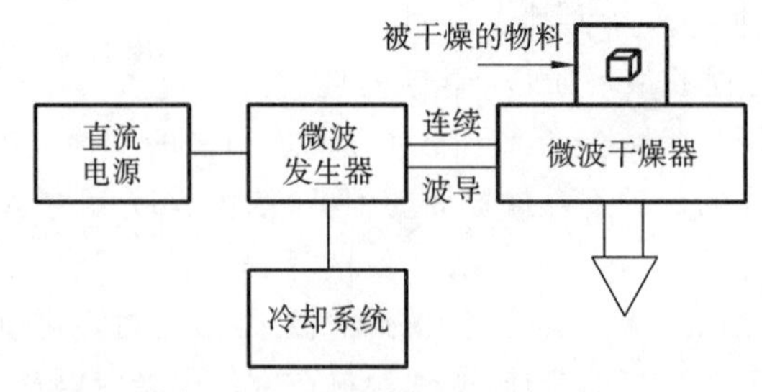

图 10-10　微波干燥组成示意图

6. 红外线干燥　在红外线干燥中，热量通过红外线辐射从加热元件的表面辐射至物料，红外线辐射是波长为 0.75～1000 μm 的电磁辐射，该辐射由分子热振动激发，而吸收的红外线辐射又会引起热振动，因此在两种固体之间通过辐射的方式传递热量，可用于干燥。红外线干燥可获得高的热量，此热量能使物料产生很大的温度梯度，此法不太适用于生物产品的干燥，因而红外线干燥的应用仅限于稀薄的物料。红外线辐射器是产生红外线的主要设备，有管状、灯状和板状几种形式，辐射器的选择取决于被加热物料的吸收性能。

10.2.3 干燥过程的强化、节能和产品质量

干燥速率并非衡量干燥过程优劣的唯一因素，甚至还不是主要因素。对一个具体的工艺过程而言，干燥产品的质量通常是首要考虑因素，其次是干燥过程的能量消耗，而整个干燥系统，包括物料的预处理、后处理以及收尘或消除所排出废气的有毒或异味的净化处理系统也需重点考虑。换句话说，评价干燥过程的优劣不能只看干燥设备的操作，而是要从整个干燥系统的配置来衡量。

恒速段，动态干燥比静态干燥具有更高的干燥速率。在干燥过程中，物料处于静态则干燥强度降低，若能采取措施，在干燥过程中翻动物料，则可使干燥得以强化。恒速段受外部条件控制，故其强化手段与对流传热相似，改善流体动力学条件是基本手段。降速段的干燥速率主要受内部条件制约，即主要取决于物料内部水或水汽的扩散阻力，当然，外部条件对其干燥速率也有一定影响。如能将能量有效地供给物料内部水而又不致引起物料骨架吸收大量能量而过度升温，并且能减少水或水汽向外传递的内阻，则降速段的速率可提高而又不降低物料品质。在干燥过程中，施加能量场激励物料内部水分子的振荡有利于水分子扩散，但目前达到这种要求的手段并不充分。微波可将能量直接集中地供给水，使其迅速受热汽化，这似乎是提高降速干燥速率理想的能源，但且不计能源价格因素，微波能使物料内部水迅速汽化后，如不能及时排除则会在物料内部形成高温高压空腔，使物料“膨化”和过热，因此微波干燥时常需辅以对流或真空。尽量减小物料尺寸，使内部水或水汽扩散距离减小是提高降速段速率或缩短干燥时间的有效方法，但对产品形态尺寸有一定要求时，这种方法就有局限性。由降速段控制的干燥过程，更注重的是产品质量。在可获得优质产品的基础上再考虑节能和加速干燥过程。如冷冻干燥、过热蒸汽干燥分别适用于热敏性和氧敏性物料干燥。当然，利用蒸汽或过热蒸汽为干燥介质不仅对防止物料氧化有利，而且可以发展为与多效蒸发相似的多效干燥，对节能意义重大。也要指出的是，虽然冷冻干燥对保证热敏性物料的质量具有优势，但采用该法之前也应根据物料耐热程度试验一下其他更为便宜的干燥方法，如对于耐 40～60 ℃的物料，采用热风干燥也可保证产品质量，且更为经济。

一般来说，提供能量使物料中的水发生相变而除去水的方法，总是耗能的。在干燥过程中采取一些措施，如回收排气和排料的余热，甚至开发多效干燥等方法可使干燥过程的热效率提高。但是，在热力干燥前采用机械方法先去除一部分游离水，如挤压脱水、渗透脱水等，则可减少热能消耗。

思　考　题

1. 蒸发浓缩的定义和基本原理是什么？有何特点？
2. 蒸发浓缩的节能方法有哪些？
3. 喷雾干燥的基本原理是什么？有何特点？
4. 在冷冻干燥食品生产时，为什么要先进行预冻？
5. 物料中所含水的种类有哪些？

6.冷冻干燥的原理是什么?

参考文献

[1] 李从军,罗世炜,汤文浩.生物产品分离纯化技术[M].武汉:华中师范大学出版社,2009.

[2] 田瑞华.生物分离工程[M].北京:科学出版社,2008.

[3] 胡永红,刘凤珠,韩曜平.生物分离工程[M].武汉:华中科技大学出版社,2015.

[4] 李万才.生化分离技术[M].北京:中国农业大学出版社,2009.

[5] 潘永康.干燥过程特性和干燥技术的研究策略[J].化学工程,1997,25(3):37-41.

[6] 严希康.生物物质分离工程[M].2版.北京:化学工业出版社,2010.

[7] 朱明军,梁世中.生物工程设备[M].3版.北京:中国轻工业出版社,2020.

[8] 欧阳平凯,胡永红,姚忠.生物分离原理及技术[M].3版.北京:化学工业出版社,2019.

(向 福 吴 鹏)

第11章 分离过程的清洁生产技术

扫码看课件

随着社会的持续进步和经济的快速发展，我国的环境和自然资源之间产生了极大的冲突，为此我国已经把节约资源、保护环境确立为基本国策，而实施清洁生产是落实基本国策的重要举措。《中华人民共和国清洁生产促进法》中所指的清洁生产，是指不断采取改进设计、使用清洁的能源和原料、采用先进的工艺技术与设备、改善管理、综合利用等措施，从源头削减污染，提高资源利用效率，减少或者避免生产、服务和产品使用过程中污染物的产生和排放，以减轻或者消除污染物对人类健康和环境的危害。

我国在 2002 年颁布的《中华人民共和国清洁生产促进法》中就体现了清洁生产的思想，而生物分离技术作为一种先进技术，在清洁生产方面发挥着重要作用。尤其是进入 20 世纪 90 年代，生物技术基础研究与化工分离学科、材料学科等相关学科的发展，极大地推动了新型高效生物分离技术的发展。美国 MIT 著名教授 Daniel I. C. Wang 和其他生物工程领域的专家认为生物分离技术难度大、成本高。生物技术产品一般具有多样性、易变性和复杂性，同时因其特殊性，需要在分离条件相对温和且分离能力相对高效的条件下进行。

目前在各种生物分离技术和生物分离过程中，除了比较传统的技术以外，一些新型分离技术由于更注重节能减排、避免有毒有害物质的使用和排放及更注重高效简便，因而被认为是新型绿色分离技术的代表。但是这些分离方法和技术大多处于实验室研究阶段，实际应用中还有不少问题有待解决。

11.1 主要技术

11.1.1 萃取分离技术在生物分离清洁生产中的应用

萃取分离的实质是利用欲分离组分在溶剂中与原料液中溶解度的差异来实现的。萃取分离一般步骤为混合、分离以及溶剂回收。最常用的溶剂萃取操作是将一种溶剂加入料液中，使溶剂和料液充分混合，则欲分离的物质能较多地溶解在溶剂中，并与剩余料液分层，从而达到分离的目的。

1. 超临界流体萃取技术 部分物质随着温度和压力的变化，会相应地呈现出固态、液态、气态三种相态。三态之间相互转化的温度和压力称为三相点，除三相点外，分子量不太大的稳定物质还存在一个临界点，临界点由临界温度、临界压力和临界密度构成，当将处于气液平衡的物质升温升压时，热膨胀引起液体密度减小，压力升高使气液两相的界面消失，成为均相体系，这一点称为临界点。超临界流体(SCF)是温度和压力高于临界状态的流体。所谓超临界流体萃取就是当物质处于超临界状态时，环境的压力和温度与被萃取物在 SCF 中的溶解度有密切的关系，由此能够将各物质进行萃取分离。当 SCF 与被萃取物混合后，各物质因极性、沸点等性质不同而分离。常用的 SCF 在常温常压下多为气体，容易和待萃取相完全分离。CO_2 是最常用的超临界萃取剂。超临界 CO_2 萃取能力强，安全低毒，成本低廉，效率高，且可以保证萃取物的生物活性，无有害物质残留，被认为是新一代绿色分离技术之一。SCF 萃取技术已广泛应用于食品、医药、化工、环境分析等多个领域中。

在对天然食品进行改良的工艺中，同样采用 SCF 萃取技术对辣椒中的辣椒红素进行提取，收率是传统溶剂法的 1.5 倍，且 SCF 萃取技术得到的色素色泽鲜艳，品质高，无辣味，产品在感官上均优于传统溶剂法。SCF 萃取技术在萃取动植物油、食品中的添加剂等方面也有广泛应用。在中医药方面，可以从天然植物中萃取和分离出所需的生物碱。例如，采用 SCF 萃取技术萃取降香叶中的药用成分，研究得到最适宜的萃取温度和萃取压力后，加入少量夹带剂，最终获得了可用于药用的成分降香黄酮等。此方法与传统的水蒸馏方法比较，不仅提高了原料的利用率，同时分离效率高，在生产过程中无有毒物质产生，有利于环境的保护。除此之外，还可用于萃取药品中的常见成分丹参酮ⅡA、阿魏酸等。在农业生产中，采用 SCF 萃取的方法进行萃取，在确定了最佳工艺条件后，通过对比研究发现效果最好的夹带剂为无水乙醇。加入少量的无水乙醇后的萃取率比不添加时提高了 1%。在环境方面，可以运用 SCF 萃取技术萃取样品中的金属离子。CO_2 的扩散性较高且黏度低，适合作为萃取剂。超临界流体 CO_2（SC-CO_2）在萃取时会产生很少有机溶剂废料，操作简便，分离效果好，这一优点使该技术在环境分析上备受关注。SCF 萃取技术主要应用见表 11-1。

表 11-1　SCF 萃取技术在生物分离中的应用

原料	提取物
椰子	椰子油
漆树果实	槲皮素
红木种子	香叶基香叶醇
树莓种子	树莓籽油
芒果皮	类胡萝卜素
花椒叶	吉马烯
椴树花	黄酮类化合物
雪莲果叶	脂肪酸
微藻	叶黄素

SCF 萃取技术因具有萃取能力强、安全低毒、成本低、效率高、无有害物质残留等优点，具有广阔的发展前景，又因其具有绿色环保、高效提取等多种优点，既符合人们在生活生产中的需求，又符合当今绿色发展的绿色生态理念。SCF 萃取技术可以作为清洁生产技术在生物分离领域中发挥重要作用。

2. 深度共熔溶剂萃取技术　将两种或多种不同的氢键受体和氢键供体，以一定的物质的量之比在一定温度下混合，直到形成均匀透明液体即深度共熔溶剂（deep eutectic solvent，DES）。其概念最早由 Abbott 等人在 2003 年提出。DES 与离子液体具有类似性质，在室温下呈液态。DES 除了有离子液体的特性之外，还具有其独特的优势。

DES 对分离过程,特别在生物活性化合物的提取中起到了重要的作用。DES 在萃取中的优势是提高萃取效率,提高 DES/NADES 基质中目标化合物的稳定性以及无限的生产可能性。同时利用超声波辅助技术可以提高生产率。在爪哇龙船花提取类黄酮化合物的过程中,DES 和超声辅助提取方法获得的提取物比利用乙醇提取有更高的总类黄酮产量。在藏红花加工废物回收过程中,DES 被认为是一种绿色有效的方法来生产富含抗氧化多酚的提取物。在艾草提取酚酸的过程中,DES 可作为提取溶剂高效地提取生物活性酚酸,是一种高效且可持续的绿色提取溶剂。这表明它们在植物提取物方面具有巨大潜力。DES 的主要应用见表 11-2。

表 11-2　深度共熔溶剂(DES)在生物分离中的应用

原料	提取物
特级初榨橄榄油	酚类化合物
藤	酚类化合物
山核桃皮	酚类化合物
秦皮	香豆素类
苦参花	黄酮类化合物
洋葱皮	多酚抗氧化剂
薯蓣	生物活性甾体皂苷
薄荷	生物活性化合物
柚子皮	多酚
黄芪	黄芪多糖
西洋参	多糖和人参皂苷
人参	人参皂苷
薄荷叶	挥发性单萜烯和酚类化合物
姜黄	姜黄素
姜黄根粉	姜黄素和芳姜黄酮
海藻	海藻多糖
黄蜀葵	黄酮类化合物
前胡	香豆素类
红薯	总黄酮类化合物

共晶溶剂的制备相较于离子液体更加简单、快速、成本低廉、毒性低,并且在萃取过程中效率高,不产生废弃物等,故可实现清洁生产。

3. 双水相萃取技术　某些有机物之间或有机物与无机盐之间,在水中以适当的浓度溶解后会形成互不相溶的两相或多相水相体系。而双水相萃取则是指基于物质在双水相体系中的选择性分配。常用的双水相体系有 PEG/Dextran 和 PEG/无机盐系列。

双水相萃取技术具有以下优点:①作用条件温和;②产品活性损失小;③无有机溶剂残留;④各种参数可以按照比例放大而不降低产物收率;⑤处理量大;⑥分离步骤少,操作简单,可持续操作;⑦设备投资少。

双水相萃取技术广泛用于生物小分子物质的分离、纯化。在环氧乙烷占比为 20%、环氧丙烷占比为80%的双水相体系中，从发酵液中提取泰乐菌素和螺旋霉素的收率分别达到70.67%和86.70%。双水相萃取技术适用于发酵行业的大规模提取。利用醇盐双水相体系可以从黄芪根中提取出高产量的黄芪多糖，是一种高效可持续的技术。

11.1.2 吸附分离技术在生物分离清洁生产中的应用

1. 大孔树脂吸附技术 大孔树脂是指一类具有多孔网状结构的有机高分子聚合物。常用的大孔树脂有聚苯乙烯树脂和聚丙烯酸酯树脂等。树脂品种很多，单体的变化和单体上官能团的变化可赋予树脂以各种特殊的性能。固体内部分子所受分子间作用力是对称的，而固体表面分子所受分子间作用力是不对称的。表面向内的一面受内部分子的作用力较大，而表面向外一面所受的作用力较小，因而当气体分子或溶液中溶质分子在运动过程中碰到固体表面时就会被吸引而停留在固体表面上，从而达到吸附的目的。

与活性炭以及其他吸附剂相比，大孔树脂具有以下优点：①选择性好；②吸附速率快、解吸容易、再生容易；③物化性质稳定，机械强度好；④流体阻力较小；⑤品种多，根据需要选择；⑥直径为0.2～0.8 mm，无粉尘，不污染环境。

大孔树脂吸附技术在生物分离中应用广泛。大孔树脂吸附技术主要应用见表11-3。

表11-3 大孔树脂吸附技术在生物分离中的应用

原料	提取物
产酶溶菌发酵液	热稳定抗真菌因子
产酶溶菌发酵液	抗真菌改良剂
5-氨基戊酸酯生物转化液	5-氨基戊酸
丁香	丁香苷和橄榄苦苷
紫锥菊/紫竹	菊苣酸
睡莲	抗氧化类黄酮
防风	三色酮

2. 泡沫分离技术 泡沫分离是一类利用物质在气泡表面吸附性质的差异进行分离的技术，主要是根据表面吸附原理，通过鼓泡使溶液内具有表面活性的物质或能与表面活性剂相络合的物质都聚集在气-液界面上，然后上浮至溶液主体表面形成泡沫层，将泡沫层与液相主体分开，从而达到浓缩表面活性物质和净化液相主体的目的。泡沫分离的操作由两个基本过程组成：待分离的溶质被吸附到气-液界面上；对被泡沫吸附的物质进行收集并用化学、物理方法破坏泡沫，将溶质提取出来。

泡沫分离技术作为一种新型分离技术，它具有设备简单、能耗低、易于操作、低浓度条件下效率高和无污染、处理对象广及处理效果显著等优点。该技术在降低表面活性物质分离成本方面具有极大的潜力，在工业上得到了广泛的应用。可以预料，该技术在不久的将来不仅可应用于工业废水的处理和电解液的净化，还可应用于蛋白质的分离提取。

泡沫分离技术在生物分离清洁生产中具有重要作用。与传统分离方法相比，泡沫分离技术收率更高。在泡沫分离技术提取柴胡皂苷工艺研究中，采取传统正丁醇萃取法提取柴胡皂苷纯度比、富集比、收率分别为2.95%、2.67%、69.40%，而采取泡沫分离技术提取柴胡皂苷纯度比、富集比、收率分别为2.68%、2.69%、97.86%。可见泡沫分离技术提取物纯度比略低于正丁醇萃取法，富集比相当，而收率远远高于正丁醇萃取法，且符合绿色环保理念。在工业废水处理及油水分离中，利用膨胀石墨(EG)和聚偏氟乙烯(PVDF)所制备的 EG-PVDF 表现出优异的疏水性和对多种油组分的吸收能力。同时它可以通过在乙醇中分离而方便地回收。超亲油聚苯乙烯/碳纳米管泡沫具有较大的吸收能力，较快的吸收速率，并且很容易吸收有机液体，能够有效地从水面和表面活性剂稳定的水油乳液中除去油，为减少环境污染和将废物转化为有价值的资源提供了有效的途径。

11.1.3　膜分离技术在生物分离清洁生产中的应用

膜分离是以选择性透过膜为分离介质，当膜两侧存在某种推动力时，原料侧组分选择性透过膜，以达到分离、提纯的目的的技术。其推动力可以是浓度差、压力差和电位差等。膜分离过程的实质是小分子物质透过膜，而大分子物质或固体粒子被阻挡。因此，膜必须是半透膜。按照分离过程与分离对象划分，膜分离可以分为微滤、超滤、纳滤、反渗透等。

有机物脱水、回收贵金属、分离有机体系中，均可以应用膜分离技术。与传统技术相比，膜分离技术优势如下：①不会产生相变，能源消耗少。②在常温、低温状态下，可以应用到热敏性物质分离与浓缩中，比如生化制剂、酵母、蛋白酶等。③具有高选择性，能够精确分离目标产品。④适用对象广，可分离可见颗粒物、溶解性离子与气体。⑤设备结构简单，简化操作难度，同时降低检修难度。⑥可降低二次污染，设备操作方便。⑦可以实现连续操作，设备利用率高，能够在密闭系统内循环使用，减少外部污染影响。分离操作时，无须添加化学物质，可循环使用透过液，降低运行成本，控制环境污染。⑧耦合生化反应，减少产物抑制，提高反应速率，增加产能。

在生物分离清洁生产中，膜分离技术起到了重要的作用。在鱼腥草芩蓝合剂的制备中，利用醇沉除杂工艺所制备的鱼腥草芩蓝合剂中绿原酸、黄芩苷平均含量分别为 0.95 mg/mL、5.34 mg/mL，且样品中有浑浊现象；而利用膜过滤除杂所制备的鱼腥草芩蓝合剂中绿原酸、黄芩苷平均含量分别为 1.11 mg/mL、8.53 mg/mL，且样品中未出现浑浊现象。在整个过程中，膜分离技术除杂所制备鱼腥草芩蓝合剂工艺稳定可靠、简便易行，且绿色、安全，显著降低生产成本，实现清洁生产。在辛弗林提取中，利用纳滤技术可以有效富集降脂活性成分以及辛弗林。Dahee Kim 等人在研究油棕空果串时发现膜分离技术可以有效提取酚类化合物，对低聚木糖进行提纯。在白藜芦醇生产中，利用微滤膜对白藜芦醇提取液进行除杂处理后，白藜芦醇的纯度由 8.7%提升到 30.5%。再采用超滤膜对微滤膜滤液进行浓缩分离处理，得到的白藜芦醇的纯度为 55.8%。同时在整个过程中无废水产生，能耗低，降低了生产成本，实现清洁生产。

11.1.4　分子印迹技术在生物分离清洁生产中的应用

分子印迹技术是一种新兴的分子识别技术，先将功能单体和目标分子通过非共价或者共价的方式形成共聚物，再通过溶剂将目标分子洗脱，最终在聚合物中留下独特的“空穴”，此“空穴”在空间形状以及确定官能团上可以与原来的目标分子完全相匹配，这样的“空穴”可以与混合物中的目标分子进行可逆的特异性结合，从而筛选出目标分子。分子印迹技术主要分为共价键法和非共价键法。共价键法中印记分子与功能单体以共价键的形式结合生成印记分子的衍生物，该聚合物进一步在化学条件下打开共价键使印记分子脱离。非共价键法中，印记分子与功能单体之间预先自组织排列，以非共价键形成多重作用位点，聚合后这种作用保存下来。分子印迹技术中的主要作用是离子作用，其次是氢键作用。

与传统分离方法相比，分子印迹技术具有以下优势：①分子印迹技术具有预定性，可以根据不同的目的制备不同的分子印迹聚合物。②分子印迹技术具有识别专一性。③分子印迹技术具有实用性,它是由化学合成的方法制备的,能够有效地进行识别,与天然的生物分子识别系统不同的是,它不会受到恶劣环境的影响,从而表达出高度的稳定性和较长的使用寿命。

分子印迹技术在生物分离清洁生产中具有非常广泛的应用。在金银花提取绿原酸的过程中,利用分子印迹聚合物与HPLC结合,能够成功地选择性提取出绿原酸,收率高达92%以上,且分子印迹聚合物的吸附能力几乎没有下降,且可以重复利用。

11.1.5 其他技术在生物分离清洁生产中的应用

1. 顺序式模拟移动床分离技术 顺序式模拟移动床分离技术(SSMB)是一种改进的间歇顺序操作的模拟移动床色谱技术(SMB)。SMB是通过阀切换周期性地改变物料进出口的位置,模拟固定相与流动相的逆流移动来实现组分的连续分离。它用于从多种化合物中分离出一种或几种化合物,提纯效率较一般色谱高40%,并且可降低设备投资,因而使加工成本降低50%以上。SMB采用连续化操作,便于实现自动化,具有分离精度高、处理量大、无热损伤和能耗低等显著优点,大型设备每年处理量可达百万吨级水平,通过选用合适的洗脱剂(相对廉价),确定初始分离条件,优化中间过程,控制工艺,实现对某些物化性质极其相似的混合物(如同分异构体或者手性化合物)的分离。SMB的"升级版"——SSMB,是一种改进的间歇顺序操作的模拟移动床色谱技术,在保留传统SMB高效分离、便于操作、利于工业化优点的同时,采用间歇进料、间歇出料,完全解决了系统内物料的反混问题。近年来在生命科学、医药领域、石油化工行业、糖醇食品行业等领域已得到广泛的应用。

制糖工业中分离果糖是SSMB进入市场后主要应用的领域之一,随着生物转化法开发功能糖领域的快速发展,更多的功能糖分离纯化过程开始应用SSMB。SSMB的广泛应用,使分离果葡糖浆实现了工业化和连续化生产。采用传质扩散模型研究色谱分离的动力学过程,根据物料守恒原理,结合传质扩散模型推导色谱分离连续方程,通过不同流速下脉冲实验测定模型参数。分别用静态法、前沿分析法、吸附脱附法测定果糖葡萄糖在制备柱上的吸附等温线,对比选择前沿分析法测定的参数作为SSMB模拟优化的基础参数。改进填装色谱柱方式和物料、洗脱液的加热方式,使SSMB分离过程更接近建立的理论模型。

引入SSMB,可在葡萄糖纯度达到95%以上的前提下,使收率达到90%以上,使得葡萄糖产业的附加值大幅提高。因其收率高,同时在整个生产过程中产生的废弃物少,能耗低,故降低了生产成本,实现了清洁生产。

2. 超声波辅助提取技术 超声波辅助提取技术是采用超声波辅助溶剂进行提取,声波产生高速、强烈的空化效应和搅拌作用,破坏植物药材的细胞,使溶剂渗透到药材细胞中,缩短了提取时间,提高了提取效率。

超声波辅助提取技术具有以下优点:①提取效率高。提取效率比传统工艺显著提高。②超声波提取时间短。超声波强化药材提取时间通常为24~40 min,即可获得理想提取效率,其提取时间较传统工艺方法缩短2/3以上,因此药材原材料处理量大。③超声波提取温度低。④超声波提取适应性广。⑤超声波提取的药液杂质少,有效成分易于分离、纯化。⑥超声波提取简单易行,设备的维护和保养方便。

超声波辅助提取技术在生物分离中具有重要应用。利用超声波辅助提取技术可以从黄花菜中高效、快速地提取出多糖。超声波辅助提取技术产生的杂质少、提取时间短、提取效率高,既节约成本又节约时间,实现了生物分离清洁生产。

11.2 现存问题与前景展望

现阶段，绿色分离纯化过程的推进势在必行，生物分离技术因其特殊性，需要在分离条件相对温和且分离能力相对高效的条件下进行。萃取分离技术、吸附分离技术、膜分离技术等分离技术的应用具有很强的针对性，虽然取得了理想的分离效果，但是依然存在某些限制性问题。

超临界流体萃取技术的主要缺点是由于高压带来的高昂设备投资和维护费用，所以目前应用面还不宽，但是对于高经济价值的产品以及精馏和液相萃取操作应用不妥的情况，还是应该考虑使用超临界流体萃取技术。

双水相萃取技术存在易乳化、分离时间长、分辨率不高等缺点。同时系统中水的含量较高，分离出的物质浓度低，还需对产物进行浓缩处理。因此需要一个更高效的双水相体系，提高萃取质量。

膜分离技术中会出现浓差极化的问题，影响膜通量从而严重影响膜分离的效率，且随着浓缩倍数的提高，浓差极化现象也越严重。可以采用错流操作、加大流速或提高液温等措施减少浓差极化的现象。同时，膜在使用过程中可能会受到污染，膜的污染会直接降低分离效率，膜再生过程中又会产生大量的含碱废水，增加环保成本。因此该技术还需要不断改进，提高膜的质量。

分子印迹技术是一种高效的选择性提取方式，但由于其吸附量低，聚合性能难以调节等缺点，分子印迹技术很难在生物分离过程中大规模使用。

顺序式模拟移动床分离技术存在溶剂消耗大、吸附剂利用率低等问题，直接导致了生产成本的增加，需要利用更加有效的溶剂或吸附剂。同时其操作复杂，在一定程度上限制了 SMB 的进一步推广。

总之，这些分离技术在某些方面均存在缺点，在一定程度上阻碍了生物分离清洁生产的发展。在未来，相信会出现更高效、更简便同时能大规模生产的技术，让生物分离清洁生产能够快速地发展。

思 考 题

1. 什么是清洁生产？为什么要进行清洁生产？
2. 分离过程的主要清洁生产技术有哪些？

参 考 文 献

[1] 吕黎曙，邓朝晖，刘涛，等. 面向清洁生产的磨削工艺方案多层多目标优化模型及应用[J]. 中国机械工程，2022，33(5)：589-599.

[2] 张会均，欧阳晚秋. 饮料茶清洁生产和废弃物资源化利用研究进展[J]. 中国沼气，2019，37(6)：44-49.

[3] 龚俊波，陈明洋，黄翠，等. 面向清洁生产的制药结晶[J]. 化工学报，2015，66(9)：3271-3278.

[4] 周加祥，刘铮. 生物分离技术与过程研究进展[J]. 化工进展，2000，19(6)：38-41.

[5] 梅乐和，姚善泾，林东强，等. 生物分离过程研究的新趋势——高效集成化[J]. 化学工程，

1999,27(5):38-41.

[6] 赵黎明,周卫强.生物技术产品绿色分离纯化技术进展[J].生物产业技术,2018(1):56-61.

[7] 任松宇,李斌,赵光明,等.超临界流体的特性及其应用进展[J].科技展望,2016,26(4):178.

[8] 孙亚伟.超临界 CO_2 流体萃取技术在生物碱萃取中的最新进展[J].中国药业,2014,23(14):120-122.

[9] 王晶晶,孙海娟,冯叙桥.超临界流体萃取技术在农产品加工业中的应用进展[J].食品安全质量检测学报,2014,5(2):560-566.

[10] 周子皓,张若曦,连俊青,等.超临界流体在化学方面的应用[J].广东化工,2017,44(2):60.

[11] Patil P, Killedar S. Improving gallic acid and quercetin bioavailability by polymeric nanoparticle formulation[J]. Drug Development and Industrial Pharmacy, 2021, 47(10):1656-1663.

[12] Olalere O A, Gan C Y. Microwave-assisted extraction of phenolic compounds from *Euphorbia hirta* leaf and characterization of its morphology and thermal stability[J]. Separation Science and Technology, 2021, 56(11):1853-1865.

[13] Andrea S C, Gutierrez L F, Milena Vargas S, et al. Valorisation of mango peel: proximate composition, supercritical fluid extraction of carotenoids, and application as an antioxidant additive for an edible oil[J]. The Journal of Supercritical Fluids, 2019, 152:1-9.

[14] Cruz P N, Fetzer D L, Amaral W D, et al. Antioxidant activity and fatty acid profile of yacon leaves extracts obtained by supercritical CO_2 + ethanol solvent[J]. The Journal of Supercritical Fluids, 2019, 146:55-64.

[15] Huang J, Guo X Y, Xu T Y, et al. Ionic deep eutectic solvents for the extraction and separation of natural products[J]. Journal of Chromatography A, 2019, 1598:1-19.

[16] Lakka A, Grigorakis S, Karageorgou I, et al. Saffron processing wastes as a bioresource of high-value added compounds: development of a green extraction process for polyphenol recovery using a natural deep eutectic solvent[J]. Antioxidants, 2019, 8(12):586.

[17] Duan L, Zhang C, Zhang C, et al. Green extraction of phenolic acids from *Artemisia argyi* leaves by tailor-made ternary deep eutectic solvents[J]. Molecules, 2019, 24(15):2842.

[18] Fanali C, Posta S D, Dugo L, et al. Application of deep eutectic solvents for the extraction of phenolic compounds from extra-virgin olive oil[J]. Electrophoresis, 2020, 41(20):1752-1759.

[19] Cao Q, Li J, Xia Y, et al. Green extraction of six phenolic compounds from Rattan (*Calamoideae faberii*) with deep eutectic solvent by homogenate-assisted vacuum-cavitation method[J]. Molecules, 2018, 24(1):113.

[20] Razborek M I, Ivanovi M, Krajnc P, et al. Choline chloride based natural deep eutectic solvents as extraction media for extracting phenolic compounds from Chokeberry (*Aronia Melanocarpa*)[J]. Molecules, 2020, 25(7):1619.

[21] Wang Y, Hu Y, Wang H, et al. Green and enhanced extraction of coumarins from *Cortex fraxini* by ultrasound-assisted deep eutectic solvent extraction[J]. Journal of Separation Science, 2020, 43(17): 3441-3448.

[22] Naseem Z, Zahid M, Hanif M A, et al. Environmentally friendly extraction of bioactive compounds from *Mentha arvensis* using deep eutectic solvent as green extraction media[J]. Polish Journal of Environmental Studies, 2020, 29(5): 3749-3757.

[23] Liu B, Tan Z. Separation and purification of *Astragalus membranaceus* polysaccharides by deep eutectic solvents-based aqueous two-phase system[J]. Molecules. 2022, 27(16): 5288.

[24] Zhou R R, Huang J H, He D, et al. Green and efficient extraction of polysaccharide and ginsenoside from American Ginseng(*Panax quinquefolius* L.)by deep eutectic solvent extraction and aqueous two-phase system[J]. Molecules, 2022, 27(10): 3132.

[25] Tu Y, Li L, Fan W, et al. Development of green and efficient extraction of bioactive ginsenosides from *Panax ginseng* with deep eutectic solvents[J]. Molecules, 2022, 27(14): 4339.

[26] Yasutomi R, Anzawa R, Urakawa M, et al. Effective extraction of limonene and hibaene from Hinoki (*Chamaecyparis obtusa*) using ionic liquid and deep eutectic solvent[J]. Molecules, 2021, 26(14): 4271.

[27] Zhang W, Zhao Q, Zhou X, et al. A deep eutectic solvent magnetic molecularly imprinted polymer for extraction of laminarin from seaweeds[J]. Mikrochim Acta, 2022, 189(10): 399.

[28] Wan Y, Wang M, Zhang K, et al. Extraction and determination of bioactive flavonoids from *Abelmoschus manihot* (Linn.) Medicus flowers using deep eutectic solvents coupled with high-performance liquid chromatography[J]. Journal of Separation Science, 2019, 42(11): 2044-2052.

[29] Li Z, Li Q. Ultrasonic-assisted efficient extraction of coumarins from *Peucedanum decursivum* (Miq.) maxim using deep eutectic solvents combined with an enzyme pretreatment[J]. Molecules, 2022, 27(17): 5715.

[30] Zhang Y, Bian S, Hu J, et al. Natural deep eutectic solvent-based microwave-assisted extraction of total flavonoid compounds from Spent Sweet Potato(*Ipomoea batatas* L.)Leaves: Optimization and Antioxidant and Bacteriostatic Activity[J]. Molecules, 2022, 27(18): 5985.

[31] Yang T, Zheng T, Wang Y, et al. Effective extraction of tylosin and spiramycin from fermentation broth using thermo-responsive ethylene oxide/propylene oxide aqueous two-phase systems[J]. Journal of Separation Science, 2022, 45(2): 570-581.

[32] Xu S, Lu X D, Li M, et al. Separation of 5-aminovalerate from its bioconversion liquid by macroporous adsorption resin: mechanism and dynamic separation[J]. Journal of Chemical Technology and Biotechnology, 2020, 95: 686-693.

[33] Bai Y D, Ma J, Zhu W F, et al. Highly selective separation and purification of chicoric acid from *Echinacea purpurea* by quality control methods in macroporous adsorption

resin column chromatography [J]. Journal of Separation Science, 2019, 42 (5): 1027-1036.

[34] Tungmunnithum D, Drouet S, Kabra A, et al. Enrichment in antioxidant flavonoids of stamen extracts from *Nymphaea lotus* L. using ultrasonic-assisted extraction and macroporous resin adsorption[J]. Antioxidants, 2020, 97(6): 576.

[35] Sun J J, Su X Y, Zhang Z, et al. Separation of three chromones from *Saposhnikovia divaricata* using macroporous resins followed by preparative high-performance liquid chromatography[J]. Journal of Separation Science, 2021, 44(17): 3287-3294.

[36] 王洪波，刘衡，孙伟，等. 泡沫分离技术在核电站冷却水水质净化中的可行性研究[J]. 电力设备管理，2020(6): 107-111.

[37] 韩娟，方思含，黄文睿，等. 泡沫分离设备的研究进展[J]. 过程工程学报，2022，22(7): 839-852.

[38] 孙志伟，李红月. 泡沫分离法提取柴胡皂苷工艺研究[J]. 中国食品工业，2021(24): 107-109.

[39] Tian Y, Ma H. Solvent-free green preparation of reusable EG-PVDF foam for efficient oil-water separation[J]. Separation and Purification Technology, 2020, 253: 1-8.

[40] Shan W, Du J, Yang K, et al. Superhydrophobic and superoleophilic polystyrene/carbon nanotubes foam for oil/water separation [J]. Journal of Environmental Chemical Engineering, 2021, 9(5).

[41] 陆安，杜红娜，刘炳炜，等. 膜分离技术在鱼腥草芩蓝口服液制备工艺中的应用[J]. 中国兽药杂志，2018，52(10): 50-56.

[42] Li C, Ma Y, Gu J, et al. A green separation mode of synephrine from *Citrus aurantium* L. (Rutaceae) by nanofiltration technology[J]. Food Science & Nutrition, 2019, 7(12): 4014-4020.

[43] 刘志昌，夏炎，张莹，等. 膜分离技术纯化白藜芦醇的研究[J]. 时珍国医国药，2009，20(1): 203-204.

[44] Gao Y, Tang Y, Gao L, et al. Fabrication of acid-resistant imprinted layer on magnetic nanomaterials for selective extraction of chlorogenic acid in *Honeysuckle*[J]. Analytica Chimica Acta, 2021, 1161: 338475.

[45] 翟学萍，齐建平，尤慧艳. 模拟移动床色谱技术研究进展[J]. 化学教育(中英文)，2018，39(4): 1-9.

[46] 赵黎明，周卫强. 生物技术产品绿色分离纯化技术进展[J]. 生物产业技术，2018(1): 56-61.

[47] 刘宗利，王乃强，王明珠. 模拟移动床色谱分离技术在功能糖生产中的应用[J]. 农产品加工，2012，51(3): 70-77.

[48] 陈永涛. 顺序式模拟移动床分离果葡糖浆的过程研究[D]. 温州：温州大学，2017.

[49] 李凌，袁德成，井元伟. 模拟移动床过程的软测量建模仿真研究[J]. 计算机与应用学，2014，31(11): 1298-1302.

[50] Meng Q, Chen Z, Chen F, et al. Optimization of ultrasonic-assisted extraction of polysaccharides from *Hemerocallis citrina* and the antioxidant activity study [J]. Journal of Food Science, 2021, 86(7): 3082-3096.

[51] Lokare O, Vidic R D. Impact of operating conditions on measured and predicted concentration polarization in membrane distillation[J]. Environmental Science & Technology, 2019, 53(20): 11869-11876.

[52] Giacobbo A, Moura Bernardes A, Filipe Rosa M, et al. Concentration polarization in ultrafiltration/nanofiltration for the recovery of polyphenols from winery wastewaters [J]. Membranes, 2018, 8(3): 46.

(吴　伟　王蔚新)